A CABINET OF PHILOSOPHICAL CURIOSITIES: A Collection
of Puzzles, Oddities, Riddles and Dilemmas
by Roy Sorensen

First published in Great Britain in 2016 by Profile Books Ltd

Copyright © Roy Sorensen, 2016

Japanese translation rights arranged with Profile Books Limited
c/o Andrew Nurnberg Associates Ltd, London through Tuttle-Mori
Agency, Inc., Tokyo

Japanese language edition published by KYORITSU SHUPPAN CO.,
LTD.

目　次

はじめに		1
1	反駁に同調する	9
2	打ち砕かれた期待	10
3	歌に隠されたメッセージ	11
4	ありがたい本の呪いの言葉	13
5	反例に耳を傾ける	14
6	ショーペンハウアーの知能試験	15
7	私の前提に関する大ボケ	17
8	トベルスキーの知能試験	18
9	生死にかかわる問題	21
10	不可識別者同一の原理	21
11	識別不可能な錠剤	22
12	クローバーと千鳥の見分け方	22
13	論理学者の感情の範囲	22
14	カラカラ浴場の小石	23
15	暗殺の証明	25
16	後継者の後を継ぐ方法	25
17	すべての論理学者が聖人ではない	26
18	ルイス・キャロルに垣間見る『メノン』の奴隷少年	29
19	古参科学者	30
20	さらなる証明を	31

21	エミリ・ディキンスンのハチドリ	33
22	プラトンの詰め込み問題	34
23	うっかり者のテレパシー	35
24	順序の不在と不在の順序	36
25	不在者の無視	36
26	子供耐性	38
27	ウィトゲンシュタインの平行四辺形	44
28	平行四辺形の面積を求める	44
29	フロイト対夢見る論理学者	47
30	蝶は夢を見るか	50
31	デカルトの消失	53
32	もっとも公平に分配されたモノ	55
33	枠にはめられた公平性	56
34	より公正な食器洗いの分担に向けて	56
35	食器洗い当番が見落としたこと	58
36	発展的自滅	62
37	抜き打ち試験	62
38	グレシャムの法則を強要する	63
39	数に対するグレシャムの法則	64
40	一番不精な背理法	65
41	旅のエア連れ	66
42	双子都市の競争	67
43	二人でフグを	68
44	名前当て	69
45	リチャード・ファインマンは矛盾している	73
46	ガルブレイスの牝牛	75
47	赤ちゃんの論理名	77
48	相対的に悪い名前	80

目 次　　　iii

49	ローマ人と類似のユーモア	81
50	言語の獄舎	82
51	バイリンガルのユーモア	82
52	ピエールのパズルと暗黙の人種差別	85
53	大文字の発音	85
54	論理的に完璧な言語	86
55	眉による句読記号	86
56	キェルケゴールの1天文単位のダッシュ記号	87
57	片目を閉じる	88
58	「ゆえに」記号	94
59	18頭目のラクダ	96
60	否定によるナンセンスの判定	97
61	0のやりくり	102
62	ルイス・キャロルの回文たっぷり	103
63	ないものねだり	108
64	何事も可能なのか	112
65	半分満たされているのか半分空なのか	114
66	科学的酒飲み	116
67	無自制はイカれているのか	120
68	無自制の治療法	121
69	ルイス・キャロルの豚のパズル	123
70	小から大へ行ったり来たり	126
71	滑りやすい坂を途中まで下りる	127
72	今度はポジティブ思考	128
73	常軌を逸した量	132
74	ニュージーランドのアーサー・プライアー	135
75	もっとも離れている首都	138
76	「オーストラリア」の論理	138

77	予言者を予言する	140
78	硬貨投げによる解放	141
79	偏りのある硬貨で公平な硬貨投げ	143
80	無作為な選択を予言する	143
81	氷上のウィトゲンシュタイン	145
82	論理的帰結の耐えられない軽さ	146
83	不可能犯罪	148
84	二股信奉	149
85	不可能を成し遂げることの害悪	150
86	同一性泥棒	152
87	無限チェス	152
88	2分間の無限論争	153
89	インド式討論競技会	154
90	負けるが勝ち	155
91	自己チューの最小化	157
92	アラビアのロレンス，ヒョウに首輪をつける	158
93	橋桁のない橋	159
94	鄧析の助言	160
95	タレスによる影を使ったピラミッドの計測	163
96	牛痘伝染問題	163
97	カントの手袋	164
98	対蹠点アルゴリズム	165
99	機能語の不可視性	166
100	必要な無駄	175
101	反例の芸術	178
102	スケール効果の哲学	181
103	つつましやかな訓練	186
104	視覚の哲学	187

目　次　　　　　　　　　v

105	アプリオリな嘘の総合命題	201
106	アプリオリな受動的ごまかし	203
107	クレタ島再訪	207
108	ムチノ教授	207
109	石には何も書かれていない	211
110	自己実現的かつ自己破滅的な予言	211
111	哲学者の陳情	211
112	ナポレオンのメタ発見	212
113	演繹に関するハンディキャップ	214
114	論理的侮辱	215
115	論理的謙遜	216
116	不敬なトートロジー	219
117	一般性ジョークと無矛盾性の証明	222
118	ありなのか，そして，ありではないのか	225
119	ロブスターの論理	225
120	3重契約	230
121	ボルテールの大博打	231
122	聖書の数え上げ	232
123	ラッセルも筆の誤り	233
124	最初の女性哲学者は誰か	237
125	ブリトーはサンドイッチか	240
126	2番手	241
127	ドラクマの不備	243
128	非論理的硬貨蒐集	245
129	サンチームと『壜の子鬼』	245
130	意見の一致	247
131	ゲティアのもっとも極端な事例	247
132	早すぎる説明飽和	253

133	逆立ちした善意	256
134	善意は集団信念に適用されるか	257
135	レイク・ウベゴンの人口	258
136	この論法に従えば	258
137	予期しない最初の日の授業視察	259
138	外れなしの数当てゲーム	260
139	あなたの死亡日を予言する	261
140	最古のイスラム教寺院	263
141	査読者の二律背反	263
142	査読結果の最悪の組み合わせ	264
143	悲惨なトートロジー？	267
144	量化子を含む標語	267
145	中国式オルゴール	268
146	クリスマス・イブ[364]	271
147	パロディーの実践	272
148	でっち上げ耐性	273
149	一文惜しみ	275
150	プラトンの言葉遊び	275
151	チェス問題の問題	276
152	スパイの謎	276
153	なぜ1はもっとも孤独な数か	277
154	真実の瞬間	279
155	言い逃れを逃がさない	282
156	論証とオスカー・ワイルドの『嘘の衰退』	282
157	想定の倫理	284
158	卵の行動主義	289
159	鶏よりも卵が先	289
160	楕円よりも卵が先	290

目　次　　　　　　　vii

161	ガードナーの触れて解く問題	291
162	不慮の悪意	291
163	100万桁乱数表の書評	292
164	不当だが公平な死亡記事	296
165	鏡映的真理値表	297
166	ビキニ回文	300
167	霊長類の家族的類似性	301
168	最小の類似性	304
169	義理の兄弟の類似性	306
170	トルストイの三段論法	309
171	ウディ・アレンの死の願望	312
172	無限の彼方でのチェックメイト	313
173	物忘れ	314
174	最後から2番目の州	315
175	忘れ去られた哲学者としての名声	317

💡💡💡 解答 💡💡💡　　　　　　　327

謝　辞　　　　　　　375

訳者あとがき　　　　　　　377

献　辞

私の折れた腕に

　私は，物事を完成させるよりも始めるのに向いている．大詰めの習わしによって，この本の完成は，遅れに遅れた上に，遅れた！

　右手を骨折して以来，左手でゆ つ く り としか入力できなくなった[原注 1]．このため，ほかのプロジェクトに取りかかれずに，ほとんど終わりかけの仕事を完成させるのにこの夏を費やすはめになった[原注 2]．

　骨折によって得られた教訓は，「無視するには些細すぎる頭の怪我はない」という救急処置室のポスターから始まった．この文は「頭の怪我がいかに些細であったとしても，無視すべきではない」と読まれることを意図している．しかし，この文が実際に意味することは，その逆である．「頭の怪我がいかに些細であったとしても，無視すべきである．」結局，この警告は「禁止するには小さすぎるミサイルはない」と同じ構文である[原注 3]．

　もし腕を骨折していても，看護師の注意の目をその回復に向けさせてはならない．看護師は，それに間違った種類の関心をもつ．すぐ，CT スキャンにしっかりと頭を固定されてしまうだろう．

　手術の後，私の腕はまる一日麻痺していた．このことが幻肢を見さ

[原注 1] 編集注：私たちは，ソレンセン教授の腕の骨折に関与しない．
[原注 2] そして，「米国のどの州は左手のキーだけでタイプできるか」というような変な問題に興味をもつようになった．
[原注 3] 言語学者は「無視できるほど些細な頭の怪我はない」を爆雷文とみなす．この文は，はじめに意識の表面に着水したあと，分析の深いレベルにまで貫通し，そこでその本当の意味が表面的な意味とは正反対に爆発する．

せて，ホレーショ・ネルソン（初代ネルソン子爵）の不死についての論証を不気味にも理解することになった．1797年，この英国の提督は，右腕に怪我を負った．右腕を切断されたあと，提督はその腕の存在，感じることはできるがもはや見ることはできない腕の存在をまざまざと実感した．ネルソン子爵は，なくなった後も腕があると感じるならば，人まるごとであっても同じことが起こりうると推測した．

　私の折れた肢は，幻肢を乗りこえた．そのことが，わずかに右利きであり，そして微妙に両利きではない世界で，いかに左利きとなるかを教えてくれた．よい教師のように，折れた腕のおかげで，私は小説に精通し，親友はこれまでにないものになった[原注4]．

[原注4] 実験してみて，TEXASだけが左手のキーだけでタイプできる州だと分かった．思考実験してみて，OHIOだけが右手のキーだけでタイプできる州だと分かった．

はじめに

私は城を作る.
私は山を砕く.
私はある人を盲目にする.
そして, ほかの人が見るのを助ける.
💡私は誰?

大きな量を「無数」という. 怒れる数学者アルキメデスは, これが
ものを数える能力のないことと実在の数がないことを混同させている
と信じていた. その時代のローマ数字はこの混同を助長していた. 『砂
粒を数える者』において, アルキメデスは, この世界の砂粒の数を見
積もることができるような別の表記法を開発した. ここで, ある人が
砂粒を数えてその正確な数が分かったと主張しているとしよう. 💡彼
の主張を確認するために実験してみることができるだろうか. (本書
の巻末で答えを示す問題には, 💡印をつける.)

すべてのものは原子からできているとする[原注5]. そして, どのよ
うな原子の組み合わせも物体になるとする. 💡原子の種類は有限とい
う前提のもとで, あなたがいる世界の物体の種類は奇数であることを
証明せよ. 💡関連問題:物体の種類が偶数の世界にいるということが
ありえるだろうか.

ルイス・キャロルは, 彼の哲学的関心を風変わりな対話とばかげた

[原注5] 部分と全体の論理学であるメレオロジーでは, 原子は目に見えない. 周期表
の元素は化学的には原子とみなされるが, キュリー夫妻が発見した物理的過程にお
いてはそうではない. 物理学者は, すべての物理的な意味において原子とみなせる
ようなものを知らない. 現実は, どこまでいってもきりがないのかもしれない.

三段論法に昇華させた.

> 身長が 5 フィート（約 152 cm）以上の人は無数にいる.
> 身長が 10 フィート以上の人は無数にはいない.
> それゆえ，身長 10 フィート以上の人は，身長 5 フィート以上の人を超えない.
> 💡ここから無数についてどのような知見が引き出されるだろうか.

　本書には，前述のような問題が無数にある．これらの問題は，論理学と言語，歴史と数学に関する哲学者の関心の現れである．これらの問題は，チャールズ・ダーウィンの習慣を真似ることに端を発している．ダーウィンは，彼の理論に対する反論を見事なほどすぐ忘れてしまう．ダーウィンは，それをすぐに手帳に書き留めるようにした.

　心理学者は，次のようにしてダーウィンの方針を支持する．あなたは，数列 2, 4, 6, ... を延長するように求められる．あなたは，8, 10, 12 と推測する．心理学者はあなたをこう褒める．「正解です．しかし，その数列を延長する規則は何でしょうか.」あなたは，偶数を小さい順に並べただけだと答える．「いや，それはこの数列を生成する規則ではありません．もう一回やってみますか」

　あなたは，もっと込み入った仮説を立てる．あなたは，別の三つの数がその数列に含まれるかどうか尋ねることで，その仮説を確かめようとする．よい知らせは，それらの数はいずれも数列の一部であるということだ．そして，悪い知らせは，またしても，あなたの立てた仮説は間違っているということだ．このよい知らせと悪い知らせの繰り返しは，あなたが仮説を確かめようとする戦略を逆転させるまで続く．あなたは，仮説の誤りを立証しようとしなければならない.

　心理学者が意図した規則は，2, 4, 6，そして 6 の後は整数である．探す空間は，この規則を支持する例で溢れかえる．この規則を発見するのは難しい．なぜなら，反駁ではなく支持するものを探すことで仮

はじめに

説を確かめようとするからである．この確証バイアスの誘因は，自分の仮説を好むことである．私たちは悪い知らせを期待していない．反証がえられたときでさえ，失敗を忘れ，成功を誇張することで，自分のお気に入りの理論を守るのである．

確証バイアスは，きわめて支持されている．ある講師に何か反例があるかどうかと尋ねたとき，講師はまったく反例を思いつかなかった．しかしまた，反例がありうることにもおずおずと同意した．なぜなら，講師は，仮説を支持する方向に偏っているという原理を反駁しようとしたことはなかったからである．このとき，心理学者は明るくこう言った．「そう，それが私の主張を立証している」

それにも関わらず，例外の蒐集家は，変則的な例外を取り込むべきである．「支持理論のパラドックス」は，個別には支持するデータを組み合わせることによって，理論がどのように反証されうるかを示している．「反駁に同調する」では，一般論には同調するがそれ自体は拒絶する例を論じている．チャールズ・ダナ・ギブソンの一コマ漫画での相続人の期待にもそれがある．

いとこのケイト「今やあなたは裕福だわ，チャールズ．あなたのことを馬鹿者からはすぐにお金が逃げていくなんて彼らに言わせておいちゃダメよ」

チャールズ「けっしてそうはならないよ．僕がほかのやつらとは違うことを彼らに見せてやる」

科学哲学家や科学史家は，科学の教科書の系統的にきちんと分類された章立てには当てはまらない，当惑させるような皮肉を言う．

心理学者は，私たち自身の仮説に避難するという確証バイアスに焦点を当てる．私たちは他者の理論に投資することはない．実際，子供は，他者からの暗示に逆らった反応を示すような言い回しを経験する．「完璧な人はいない」と言われて，日曜学校の小さな女の子は黙りこむことでそのことを際立たせた．

法律家は，生計の手段を生み出す反例を作る．報復の原理「目には目を，歯には歯を」に応えて，ウィリアム・ブラックストーン (1723–1780)は，「二つの目がある人が片目の人の目をつぶしてしまったらどうする」と問うた．

私たちは相手に反例を示すことが楽しいので，その原理を誰かほかの人が思いついたと想像することによって，確証バイアスに反論することができる．これは，「自虐 (auto-sadism)」の方法である．この用語は，レンタカー業者から採用した．

私が大事に育てていても，倉庫に入れておいたほとんどの例外は，放置されて消滅してしまった．しかしながら，ごく少数のものはそれなりの形に仕上がった．

大学院生として私が論理学者バス・ファン・フラーセンから受け取った「手紙」の影響によって，進展の道筋は急増した．ファン・フラーセンは急いでいて，その手紙ではなく，その手紙の覚書を私に送ってきた．その覚書は，彼の磨き上げられた書簡や論文とは異なる考え方の

はじめに 5

流儀を示していた. 足早に証明へと進むのではなく, ファン・フラー
セン教授は, 生き生きとした内面的な議論を行っていた.

彼の対話がどれほど選択肢を増やし, 人の意見を早まって固定する
のを防ぎ, 演繹的推理を促すかについて感銘を受けた. 対話作品を書
くことに加えて, 私は, 文体のほかの変形も試みた.

私の書類綴じは書類棚へと成長し, そして, いくつもの書類棚になっ
た. その書類棚は, 私の計算機の仮想的な書類棚へと姿を変えた.

例外は, 広告, 論争, 詩に対して相互の発展を促した. それらのあ
るものは専門誌や選集に発表され, ほかのものは新聞や雑誌に掲載さ
れたが, その多くを本書に再録した. しかし, その多くには別個の環
境が必要であった.

イアン・スチュアートの『数学の秘密の本棚』[訳注 1]によって, 有望
な隙間市場があることが明らかになった. 14 歳のときに, スチュアー
トは, 教室の外で見つけた興味深い「数学」を手帳に書きため始めた.
その手帳から書類棚へと移った後に, スチュアートはそれらを驚くべ
きことの論集としてまとめた. スチュアートの作品群や一連の小作品
を読むと, それらは単独でも楽しむこともできるが, 互いに補強し合
うことになるだろう.

本書もスチュアートの本の体裁を拝借した. スチュアート教授が教
室の外で見つかる興味深い数学を見せてくれるように, 私は教室の外
で見つかる興味深い論理をお見せしよう.

論理は, それを明言するのではなくそれが含意される至るところに
ある. 省略三段論法 (前提または結論が表面に出ない論証) の一端を感
じるには, 教室から遠くにまで踏み出す必要はない. トリニティ・カ
レッジの廊下で同僚と喋っているジョン・ペントランド・マハフィー
卿 (1839–1919) に気づいたオックスフォード大学の学生を考えてみ

[訳注 1] 邦訳は水谷淳訳『数学の秘密の本棚』(ソフトバンククリエイティブ, 2010).

よう．その向こう見ずな学生は，教授たちの話をさえぎって，手洗いの場所を尋ねた．「この廊下の端にある」とマハフィーは大げさな身振りで答えた．「その扉には紳士と書いてあるが，それで中に入るのをやめないように」

　本書にある論理のいくつかは，教室の中で始まったかもしれないが，そこから飛び出したものである．陸軍士官学校の士官候補生として，ジョージ・ダービー（1823–1861）は軍事戦略に関する授業に参加していた．教官が図を示しながら「これらの量の装備と食料を備えた要塞を千人が包囲攻撃している」と言った．「軍事的に確立された原則では，45日経過するとこの要塞は降伏することになる．お前らがこの要塞の司令官だとしたら，どうする．」ダービーは挙手して，こう答えた．「私は討って出て，敵を中に入れ，45日後には敵と立場を入れ替えます」

　ダービーは士官として目覚ましい経歴を重ねたが，ユーモアを解する人でもあった．この組み合わせは，ユーモアと規律の間の相互関係に照らし合わせると，あまり似つかわしくない．ジョークには，期待をもたせることが要求される．そして，規律ほど効率よく期待を制限するものはない．ルートヴィヒ・ウィトゲンシュタインは，本格的な哲学書に書かれているのはジョーク以外のなにものでもないとほのめかしている．

　　われわれの言語形式を誤解することによって生ずる諸問題は，
　　深遠さという性格をもっている．そこには深刻な動揺があっ
　　て，それはわれわれの言語の諸形式と同じようにわれわれの
　　うちに深く根をおろし，その意味はわれわれの言語の重要さ
　　と同じように大きい．── なぜわれわれは文法上のしゃれを
　　深遠と感ずるのか，とみずからに問え．（しかも，これこそ哲

学的な深遠さなのである.) [訳注 2]
—— ウィトゲンシュタイン『哲学探究』(1958) §111

スペインのことわざ「一週間のうちでマニャーナほど忙しい日はない」において，マニャーナは，月曜，火曜，水曜のように曜日として扱われている．実際には「マニャーナ」は，「昨日」「今日」「今」「以前」「過去」などと同じ範疇に属する指示詞である．指示詞は，その出力となる意味を決定するために，いつ，どこで，あるいは，誰がそれを発言したかといった，それ自体の発話を特徴づけるものを入力とする．次のような計算を伴う謎かけにおいて指示詞がよく使われるのは，この再帰のおかげである．💡ホセは，明日の前日の2日前の4日後に屋根を補修する．屋根が補修されるのはいつか．（物理学の静的な座標系との対比により）この世界を向きづけするこの動的なやり方を体系化する一体になった時間の論理がある．ウィトゲンシュタインは，名前に関するすべての語をモデル化する私たちの傾向が，「今，今というのはいつなのか」「『私』は何を指し示すのか，」そして「未来が過去と似ているということをどのようにして分かるのか」といった哲学的難題の多産な源であると信じていた．

あるいは，「三を表す数詞が2だったとしたら，2＋2は6になるだろう」というような反事実的条件文を評価する問題を考えてみよう．2＋2＝4という必然的な真実を守るために，論理学者は，奴隷制を「保護」と婉曲表現する法案に反論するためにアブラハム・リンカーンが考案した次の謎かけを引き合いに出す．「仔牛の尾を肢と呼ぶならば，仔牛の肢は何本あるか．」リンカーンの答えは「4本．尾を肢と呼んだとしても，それが肢になるわけではない．」反事実的条件文を評価するときも，言語を一定に保たなければならない．言語が，たとえば，現代英語であれば，わずかに変化した英語が話されるような状況

――――――――――

[訳注 2] 邦訳は藤本隆志訳『ウィトゲンシュタイン全集 8』(大修館書店，1976) による.

8 　　　　　　　　　　　はじめに

を想像するときにも現代英語を貫く．評価に用いる言語はどのような言語でもよいが，いったんそれを測定の単位に選んだならば，それを厳密に貫かなければならない．

　1999年9月23日，1億2500万ドルの火星気象探査機を安定軌道へと誘導するのに失敗した．ある技術チームは空力制動操作にヤード・ポンド法を使っていたが，別のチームはメートル法を使っていたのだ．

　ほかの可能世界を研究している形而上学者は，このような高額な失敗をすることはけっしてない．通常，損害はまったくない．この安全性を説明するために，不可解な脚注[原注6]によって，いずれはあなたを痛みのない形而上学的誤りへと誘い込むことにしよう．肩の力を抜いて．痛みはまったくありませんから．

[原注6] EQC OBA ERO BOH QRG

1. 反駁に同調する

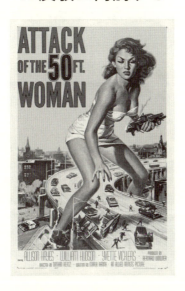

　身長51フィートの女性は,「すべての女性の身長は51フィート未満である」に対する反例であるが, 身長50フィートの女性は, これに対する適合例である. 適合例は, FとGがともに成り立つことによって,「すべてのFはGである」に適合するが, その一般論に反証する. 身長50フィートの女性がいることを知ってしまったら,「すべての女性の身長は51フィート未満である」の信頼性は失われる.

　生物学では, 適合例に対する伝統がある. 1938年に, 魚類学者J.L.B.スミスが死んだばかりのシーラカンスを調べたことによって,「すべてのシーラカンスは死滅した」ことは確実とは言えなくなった. そのシーラカンスは, 南アフリカのトロール船の網にかかったのである. その種は四千万年前に絶滅したと考えられていたので, スミスは驚愕した. 死んだ個体は, 生きたシーラカンスはいないという一般論に適合しているが, それとは両立しない生きたシーラカンスがいるという

仮説の強い裏付けとなった．ついに 1952 年に生きた個体が捕獲されたとき，南アフリカの D.F. マラン首相は，「なんと醜いのだろう．私たちもかつてはこうだったのか」と愕然とした．歴史上，適合例は極めて重要なのである．

　核兵器は，多くの安全装置を装備しているので，誤って爆発することはないという一般論を考えてみよう．1961 年に，2 個の水爆を運んでいる B52 爆撃機がノースカロライナ上で空中分解した．6 個の安全装置のうち，5 個までがうまく働かなかった．しかし，まさにこの一般論から導かれるように，6 個目の安全装置がうまく働いた．

　しかし，ロバート・マクナマラ国防長官は，この希望的な見通しに喜びはしなかった．そのかわりに，新たな核軍縮政策を正当化するためにこの事故を引き合いに出した．簡単に言えば，適合例は，例外ではないが，その基準が誤りであることを証明している．

2. 打ち砕かれた期待

　　学生「ハーバードでの講義はいつ発刊されることが望めるでしょうか」
　　J.L. オースティン教授「いつでもそれが発刊されることを望んでいいよ」

　希望をもてる理由が一つよりも，二つのほうがいつでもよいだろうか．残念ながら，別個には期待が高まる理由を合わせると，その期待を打ち砕くこともある．

　ニックとノラが，パーティーから帰るときに 3 人の酔っ払い全員が他人の帽子を持っていくかどうかをほかのカップルと賭けているとしよう．ニックは，一人目の酔っ払いが二人目の帽子を持っていったことを知っている．これによって，3 人の酔っ払い全員が他人の帽子を

持っていくというニックの期待は高まる.

　ノラは，二人目の酔っ払いが一人目の帽子を持っていったことを知っている．これによって，3人の酔っ払い全員が他人の帽子を持っていくというノラの期待は高まる．しかし，この二人の推論をつきあわせると，二人の賭けに勝つという期待はどちらも打ち砕かれる．なぜなら，二人の推論を合わせると，3人目の酔っ払いは自分の帽子を被ることが保証されるからである．よい知らせの連言は，悪い知らせになりうる.

　賭けに勝ったカップルは，楽観的な教訓を引き出す．心配な理由と心配な理由をいっしょにすると，喜ばしい連言が生じることもある．二つの事実を別個に考えると，それぞれは悪材料になりうる．しかし，それらを合わせて連言にして考えると，好材料になる.

　中立の立場でいえば，個々には支持していることが，寄せ集めると反証になりうるというのが教訓である.

3. 歌に隠されたメッセージ

　「あなたのいい人をこれ見よがしにしないで」などのような歌の歌詞は率直である．また，メッセージが隠された歌もある.

　聞き手は，文学的技法を使って微妙なメッセージが埋め込まれていると言う．ピーター・ポール・アンド・マリーの「花はどこへ行った」は，寓話による反戦歌である．花は戦士を意味する．1960年代の反体制文化と歌手の結びつきによって，彼らの「パフ」の演奏は，マリファナを吸うことをこっそりと勧めていると解釈された．これが，ピーター・ポール・アンド・マリーによる反論を引き起こした．このような論争は，反語やほのめかしなどのような修辞的技巧の現代における適用可能性を提示しうる英語教師たちにとって価値あるものだった.

3. 歌に隠されたメッセージ

解釈学の混戦に取り残されたくない論理学の教授らは，推論によって隠されたメッセージを掘り起こすと主張した．長文を読み解くのが得意な者は，何行にも及ぶ歌詞から推論する．スタートダッシュが得意な者は，いかに素早く結論を引き出せるかを競う．「ラブ・ラブ・エブリボディ」の冒頭の2行には隠されたメッセージがあると言われている．

誰もが愛ある者を愛す
私は愛ある者，誰もが私を愛す

この歌は，明示的に「全員が私を愛する」という補題[原注7]を演繹している．これによって，私たちは全員が愛ある者だという最終結論に達することができる．（その論理学者は，親であるためには子供が一人いれば十分であるように，愛ある者であるためには一人の人を愛せば十分であると仮定した．）私たちは全員が愛ある者であるから，すべての人はすべての人を愛する．これは，すべての人が自分自身を愛するということだ．

その論理学者は，この結論を信じていない．彼は，その結論が「すべての人は愛ある人を愛する」と「私は愛ある人である」という前提から導かれることを示したにすぎない．その論理学者の仕事は，何が何を含意するかを明確にすることである．彼には，その前提が真であるかどうかを言えるような専門知識はない．

次の論理学者は，もっと素早く，「誰もが私の赤ちゃんを愛する．しかし，私の赤ちゃんは私以外の誰も愛さない」という題名だけから隠されたメッセージを取り出した．♀その驚くべき結論とは．

[原注7] 補題とは，結論に至る過程でなされる妥当な推論である．系とは，結論から導かれる妥当な推論である．補題は，結論に到達する助けとなる．系は，結論の範囲を拡大する．

4. ありがたい本の呪いの言葉

SOR SUP NO SCRIP LI POTI
TE ER RUM TOR BRI ATUR
MOR INF NO RAP LI MORI

WROTE PROCURE JOYS LIFE SUPERNAL
MAY HE WHO THIS BOOK THE OF
STEALS ENDURE PANGS DEATH INFERNAL

　この献辞は，1491 年前後にウィリアム・イージングウォルドが作った英国裁判記録集から借りてきた．印刷機が現れるまでは，本は貴重であり，あらゆる防衛手段が必要であった．しかし，レンタルビデオにある著作権侵害対策の表示からも分かるように，読者を脅しで向かえるのは気持ちのよいものではない．

　ウィリアム・イージングウォルドは，2 通りに読める献辞を使って妥協することにした．ラテン語による 3 行は，ブログ Got Medieval でカール・S. パータム 3 世によって見事に翻訳されている．上の 2 行を合わせて読むと，「この本を書いた者は高貴な人生の喜びを作りださんことを」という感じのよい文言になる．下の 2 行を合わせて読むと，「この本を盗む者は地獄のような死の苦痛に耐え忍ばんことを」という不愉快な文言になる．

　古くからあるオックスフォード大学のボドリアン図書館を見学中に，私は本を保護する物理的な方法に意外な欠点があることを知った．案内係は，そのような本が逆向きに並べられていることに注意を向けた．それらの本は，一列に並んで用を足す囚人たちのように，背を壁に向けていた．それは，本を繋ぎとめる鎖を取り付けるためであった．それぞれの本には個別に鎖がつけられているので，図書館は捕虜が漕ぐ

ガレー船のようにジャラジャラとうるさかった．

　ボドリアン図書館の土産物店には，まさに図書館にぴったりの銘が書かれたマグカップが売られていた．

　1598 年には，ボドリアン図書館には，そこにある最長の本に書かれた単語数よりも多くの本があった．💡少なくとも 2 冊の本は同じ単語数であることを証明せよ．

　同じ単語数の本をもつことを禁止されているような変わった図書館を考えてみよう．この図書館にも，そこにある最長の本に書かれた単語数よりも多くの本があった．💡その本の中の 1 冊は，どのような本だろうか．

5. 反例に耳を傾ける

　アリストテレスは，感覚の境界線を定める過程において，音は聞くのに相応しい対象と定義した．「色は視覚により，音は聴覚により，味は味覚により感じられる」(『霊魂論』, II.6, 418b13)．音は，見ることも，味わうことも，匂いを嗅ぐことも，触れることもできない．そして，音以外のものは，どれも直接聞くことができない．(物体は，そ

れから生じる音によって，間接的に聞くことになる．）その後に続く
評論家たちは，たいていは「音だけが聞くことができる」はその意味
からして正しいとみなして，全員がこれに同意する．たとえば，ジョ
フリー・ワーノックは，「音」は「聞く」という動詞と同じ意味の対格
だと言った．アリストテレスの一般論に対する反例がただ一つだけあ
る．💡その反例を耳にしたことがあるだろうか．

ヒント１：それは，すべてが ＿＿＿＿＿＿＿＿＿ ならば，聞くこと
ができる．（下線部には LISTEN を並べ替えた語が入る．）

ヒント２：その反例は繊細なので，それを口にすると壊れてしまう．

6. ショーペンハウアーの知能試験

荷馬車とともにやってきて，荷馬車とともに去る．荷馬車は
それを使わないが，それ無くしては荷馬車は動くことができ
ない．これは何？

答えは，荷馬車の騒音だ．アルトゥル・ショーペンハウアー（1788–
1860）は，騒音が気に障るかどうかについて論じる意味はないと強く
主張した．もし騒音があなたを悩ますならば，あなたはこの主張に納
得する必要はない．もし騒音に悩まされていないならば，それは，あ
なたが集中できず，この前提を組み合わせた推論ができないことを示
している．ここまではいいだろうか．

騒音に関する議論の無益さは脇におくとしても，高度な知性が，大
声，轟音，動物の吠える声，警笛をひどく嫌がる理由を説明すること
には意味がある．ショーペンハウアーは，「騒音と雑音について」にお
いて意識の集中に注目している．

一個の大きいダイヤも，これをこなごなにくだけば小粒の値

打ちにしかならないように，また軍隊が分散して小さい部隊に分けられてしまうと，もはや威力を発揮しなくなるのと同じように，偉大な精神も，しょっちゅう邪魔がはいり，中断され，気が散らされるようでは，普通の精神以上の仕事ができるものではない．なぜなら彼らが卓越しているのは，その力のすべてを，ちょうど凹面鏡がすべての光線を集中するように，ただ一つの点，ただ一つの対象に集中するからであって，騒音による中断は，まさにこのことを妨害するからである．だからすぐれた精神は，つねにあらゆる妨害・中断・気の散ることをきらったのであり，[...][訳注 3]

　騒音を我慢することは，知的能力に反比例する．それゆえ，ショーペンハウアーは，騒音の耐えられなさは，知性を正しく測定すると考えた．

　チャールズ・バベッジはこの試験に合格する．最初のプログラム可能な計算機を発明したバベッジは，始終一貫して路上の手回しオルガン奏者を目の仇にしていた．バベッジは，オルガン奏者とそれが連れている猿を街中追いかけ回したのだろう．バベッジ教授は，警察官に彼の犠牲者を無理やり逮捕させたことであろう．彼は記録をつけ，エッセイを書き，陳情活動をした．そして，マイケル・トーマス・バス下院議員を路上演奏反対派に転じさせた．

　ショーペンハウアーの小論「騒音と雑音について」の大部分は，「最も無責任かつ破廉恥な騒音」に向けられている．それは路上で演奏される音楽ではない．💡それは何の音か．

[訳注 3] 邦訳は秋山英夫訳『ショーペンハウアー全集 14』（白水社，1973）による．

7. 私の前提に関する大ボケ

ぽき，ポキッ！，ポキッ！！
斯くの如く，私の前提はポッキリ折れた．

　息子ザッカリーの指の関節を鳴らす音が耳に届いた．「こぶしを鳴らすと関節炎になる」という父の教えが頭をよぎった．

　ザッカリーは，オヤジ先生の意見には従わずに，ノート PC を開いた．二，三分後に，ザッカリーは，ドナルド・アンガーの「指の節を鳴らすと関節炎になるか」(Arthritis & Rheumatology, 1998, 41(5): 949–50) を見つけた．アンガーは「参加者一人による 50 年間の比較試験」を報告している．若きアンガーは，私が自分の息子に言ったことを母親に言われて，科学的手法を適用することにした．アンガーは，毎日，左手の関節を少なくとも 2 回は鳴らしたが，右手の関節は鳴らさなかった．これは，36,500 回以上もポキポキと鳴らしたことになる．アンガーは，どちらの手も関節炎にならず，「この結果は，ほうれん草を食べることの重要性のような親の信念もまた誤りであるとの疑念を抱かせる」と報告している．

　私は自分でもこのご託宣を調べた．父親が私に言い残した警告そのものへの参照が数多くあった．関節を鳴らすことが関節炎を引き起こすならば，関節を鳴らさない人の中になんらかの証拠が見つかるはずだ．医療に関するウェブサイトには，私が見つけようとした証拠はなかった．

　やられたね，私は独りごちた．「たいていの助言は，実際には話し手の利益になるものでも，聞き手の利益になるような役割が与えられる．おそらく，父親らは，自分たちが考えるほど，無私無欲で自分の息子のことを心配してはいなかったのだろう」

　ザッカリーはそれに同意した．私たちは，私の擬似利他主義を頼る

のではなく，彼の真の利他主義を頼ることに決めた．私の音に対する嫌悪感に対して，ザッカリーは，私に聞こえる範囲では指の節を鳴らすことを差し控えてくれるだろう．

私の論証は健全ではなかった[原注 8]．しかし私の結論は正しかった．つまり，私の前提が大ボケだったということだ．

8. トベルスキーの知能試験

実際には水平線が昇っているのに，日が沈むと誰もが語るような世界で，論理を教えるつもりか．

カル・クレイグ

心理学者は，エイモス・トベルスキーに対する畏敬の念から知能試験を考案した．「あなたよりもトベルスキーのほうが賢明であるとあなたが気づくのが早ければ早いほど，あなたは賢明である」

これは，手厳しい試験である．エイモス・トベルスキーは，自分が自分自身より賢明であると気づくことはけっしてなかっただろう．したがって，トベルスキーは，トベルスキーの知能試験でけっしてよい点をとることはない．これは，ほかの人たちの地位がより一層下がることを意味する．

エイモス・トベルスキーはダニエル・カーネマンとの共同研究により，人間の系統的な認知バイアスやリスクへの対処を発見した．二人は，本書にあるようなパズルを構成し，それに対する直感的な反応を使って，確率論や経済原理からの偏向を発見した．

[原注 8] 論証が健全であるのは，その前提が真でかつ論証が妥当であるときに限る．論証が妥当であるのは，その前提が真で結論が偽となるのは不可能であるとき，そしてそのときに限る．すべての健全な論証の結論は真であるが，逆は必ずしも成り立たない．

8. トベルスキーの知能試験

たとえば，英文から無作為に抽出された単語が r で始まるのと，3 文字目が r であるのとでは，どちらが起こりやすいだろうか．多くの読者は，r で始まる単語（たとえば rod）を思い浮かべ，それから，3 文字目が r である単語（たとえば tar）を思い浮かべる．3 文字目よりも1 文字目にその文字がある単語のほうが見つけやすいので，多くの人が 1 文字目に r のある単語のほうが，3 文字目が r である単語よりも多いと推論する．これが，どれだけたやすく出来事や事例を思い浮かべることができるかによって事象の確率やある種の頻度を判断する，利用可能性ヒューリスティックの一例である．

ヒューリスティックとは，信頼性や正確性をある程度犠牲にするものの素早く結論に達することのできる経験則である．このような心理的な近道は，直感的な判断における体系的な誤りの原因となる．一連の選択をするように求められたとき，私たちは，それがもはやリスク低減と無関係であったとしても，選択を多様化させる．

また，私たちは，プロジェクトにどれだけ投資すべきかを査定するための目安として，先行投資する．慎重さはよい結果を最大化するために重要であるから，過去のことは無視すべきである．しかし，過去の努力を損失とみなすことを避けるために，そのプロジェクトに固執する．高価な変速機を修理したあとで，私は肩を落としながら，私のオンボロ車を走らせ続けるためにいくらかかるかと修理工に尋ねた．思い切って買い換えたほうがよかったと思ってないか．修理工は小切手を几帳面に畳んでポケットに入れると，こう言った．「いや，旦那，いいってことよ．もうこいつとは離れられんさ」

小さな子供は，埋没費用の誤謬にひっかからない．お腹がいっぱいになれば，皿の上の食べ物を食べてしまおうとはしない．彼らがおもちゃを捨てるのは，少しばかり面白そうなおもちゃが欲しくて泣きわめくからである．彼らは，今この時を生きている．この短時間の視野が，浪費を気にかけることを防いでいる．十分に成長したのちに，は

じめて彼らは埋没費用の誤謬の影響を受けやすくなる.

もっとも信頼性のないヒューリスティックは固着である. 子供たちは瓶の中にジェリービーンがどれくらい入っているかと尋ねられたら，彼らは一番最後に言われた数に近い数を答えるだろう. 基本になる数が意味のないものだと分かっている場合（たとえば，ルーレット盤の当たり番号など）にも，この効果は生じうる.

トベルスキーとカーネマンは，あるパズルに対して同じように直感的だが不合理な反応をしたとき，もっと多くの人を相手にこれを試してみることにしたのだろう.「よもやま話」も集めるとデータになるのだ.

実際には，トベルスキーとカーネマンは，統制された実験によってその結果を科学の水準にまで引き上げた. これらの実験だけが，私たちは体系として不合理であるという彼らの理論を表向きに正当化する.

しかし，トベルスキーとカーネマンは，自身の不合理性の理論によって，彼らの成果がこれほど影響力をもつようになった理由に対する別の説明を受け入れるようになった. 読者は，このパズルに対する自身の反応をすぐに確認することができる.

58歳のとき，トベルスキーは自分が末期のガンであることを知った. トベルスキーは，彼の命を数週間伸ばす治療の副作用に耐えることを拒んだ. 彼の担当医の説得に対して，トベルスキーは，彼とガンはゼロ和ゲーム[原注9]を対戦しているのではないと説明した. 腫瘍にとって悪いことが，すべてトベルスキーにとって良いという訳ではないのだ.

[原注9] ゼロ和ゲームの参加者の利益と損失は均衡している. ケーキを切り分けるのはゼロ和ゲームである. なぜなら，私が利益を得れば，相手は損失を被るからである. 状況をゼロ和ゲームだと誤解する傾向は，農民の願いをきいてくれる精霊の小話に凝縮されている. 落とし穴は，その農民の隣人が厄介事に巻き込まれようとしていたことだ. 農民はそれにこう応じる.「そんな話はよそでやってくれ」

9. 生死にかかわる問題

あなたは医者である．あなたは，肺がんの患者に手術か放射線治療を勧めなければならない．手術による1ヶ月生存率は90％である．この患者は手術すべきだろうか．

いや，待て，私が言おうとしているのは，最初の1ヶ月の死亡率が10％ということである．💡この修正を考慮した上で，何を勧めることにするか．

10. 不可識別者同一の原理

哲学者のほぼ全員が，同一のものは識別できないという原理を受け入れる．任意の性質 F に対して，$x = y$ であり，x が F をもつならば，y も F をもつ．ゴットフリート・ライプニッツがゲオルギアス・ユリコヴィウス・リスアヌスと同一人物であり，ライプニッツがドイツ人であるという性質をもつならば，リスアヌスもドイツ人という性質をもつ．これが，すべての性質について同じように成り立つ．ライプニッツとリスアヌスの間に識別できる違いはありえない．

ゴットフリート・ライプニッツは，その逆，すなわち，識別できないものは同一であるという原理も受け入れた．x と y がそれらの性質をすべて共有するならば，$x = y$ になるということだ．天文学者は，明けの明星が宵の明星であることを発見するのに，この原理を使ったかもしれない．明け方にもっともよく見える天体は，宵にもっともよく見える天体とまったく同じ性質をもつ．したがって，それらは金星という同じ天体でなければならない．

ライプニッツは不可識別者同一の原理を受け入れたので，完全に識別できない二つの対象があることは否定した．そっくりな二つのも

のの間の違いが分からないとしても，なんらかの違いがあるはずだ．
💡識別できないものの同一性に対する反例はあるだろうか．

11. 識別不可能な錠剤

　あなたは，錠剤Aと錠剤Bを毎日1錠ずつ飲まなければならない．
手の平に錠剤Aを1錠取り出したあと，そこにうっかり錠剤Bを2
錠を取り出してしまった．錠剤Aと錠剤Bは見分けがつかない．こ
れらの錠剤は高価で，また過剰摂取してはならない．💡この混ざって
しまった錠剤を無駄にせずにすませられるだろうか．

12. クローバーと千鳥の見分け方

　💡クローバーと千鳥（プローバー）をどのように見分ければよいだ
ろうか．

13. 論理学者の感情の範囲

　紋切り型に従うと，論理学者の「感情は，AかBの二つくらいしか
ない．」私は，この範囲はもっと広く，少なくともAからEまでだと
考える．なぜなら，論理学者は証明に誤りであると分かったとき，拒
絶，憤り，取引，絶望，受容という5段階で苦悩するからである．
　「苦悩の5段階」を展開したことでもっともよく知られる精神科医
エリザベス・キューブラー＝ロスは，死に着目した．しかし，彼女の
誕生もまた注目に値する．エリザベスは，彼女の妹エリカよりも15
分先に生まれた．二人はそっくりで，母親も同じである．それにもか

かわらず，エリザベスとエリカは双子ではない．♀論理学者であれば，
どのようにこれをさらりと説明するだろうか．

14. カラカラ浴場の小石

　ストア派の哲学者セネカ（紀元前4年ごろ–65年）は，皇帝ネロの
家庭教師を長く務め，ローマ帝国においてもっとも裕福な人物の一人
となった．セネカは，高潔であったにもかかわらず，つねに道徳的に
妥協しようとしていた．若いときに，セネカは，ユダヤ教に共感して
いると見られることを避けるために，菜食主義をやめた．セネカは司
法に入ったとき，必要とあらば口先だけの言い逃れや詭弁をためらわ
なかった．政治は，現実に実行できることを実行する技術である．道
徳は，ほとんど制限である．セネカは，その軋轢を受け入れた．結局
は，誰かが皇帝に助言するだろう．助言者は，日和見主義者よりも高
潔な人物のほうがよいということだ．

　品のない同胞からの尊敬を勝ち取るために，セネカは裕福にならね
ばならなかった．恥知らずな人々がほかに誰もやらないような貢献を
して気に入られることを避けるために，セネカは彼らの先手を打って
少しは割のあわない仕事もしなければならなかった．

　ローマを旅行した際，私はローマ皇帝カラカラ（188–217）が建てた
壮大な公衆浴場を訪れた．セネカからルーキーリウスへの書簡によっ
て，私は想像を膨らませた．セネカは，書簡56「静寂と研究」におい
て，学者が静寂への依存を克服する方法として騒音にどっぷりと浸か
ることを提案している．

　　　私はいま浴場の真上の部屋に暮らしている．さあ，想像して
　　みてくれたまえ．ありとあらゆる声がして，自分の耳に嫌気
　　がさすくらいだ．屈強な連中が鍛錬のために鉛の重しをもっ

て手を振り回しているときは，苦吟しているのか，苦吟する
ふりをしているのか，どちらかなのだが，呻き声が聞こえる．
とどめていた息を吐き出すたびごとに，シューッという声だ．
それに息遣いもひどく荒い．また，のんびり屋で，みんなのす
るマッサージで十分と考える男の場合には，手で肩を叩く音
が聞こえる．これは 掌 を平らにしているか，くぼませてい
るかによって音色が変わる．だが，球技の得点集計者がやっ
て来て玉を数え始めたときは，もうおしまいだった． [訳注 4]

　セネカの記述は，露天商人の大声，スリを捕える取っ組み合い，飛
び込む浴槽の湯が跳ね散る大音響，脇毛抜き屋による叫び声と続く．
　騒々しい浴場にいることは，それ自体がストア学派の理念である冷
静さの試験であった．セネカは，無礼な言動に直面して冷静でいるた
めのいくつかの技を提唱した．それは，挑発する言葉をジョークだと
解釈すること，意見を的確な批評や矯正の基準として受け入れること，
無礼な言動の源の資質を熟考することである．また，セネカは，小カ
トーが用いた戦術も推奨している．それは嘘をつくことである．カ
トーは入浴中に殴られたが，誰に殴られたのかは分からなかった．彼
を殴った者は，殴ったのがカトーであることを知って，謝罪した．カ
トーは「殴られた記憶はない」と答えた．セネカによれば，この殴打
されたことを認めないのは，暴行を大目に見るよりも寛大である．
　キリスト教の支配が及んだのち，この大浴場は廃墟と化した．私が
訪れた空っぽの外郭は，暑くよどんだ夏の空気の中で静寂を保ってい
た．守衛は，チケット売り場として使われている空調の効いた移動式
の小屋に引っ込んだ．監視がいなくなったことで，人気のない入り組
んだ建物は，さらに無言の痛ましさを増した．
　私は，いにしえのモザイクの床の穴に注意を向けた．その年代物の

[訳注 4] 邦訳は高橋宏幸訳『セネカ哲学全集5』（岩波書店，2005）による．

穴の外側の縁は，驚くほどできたばかりのように見えた．私は，それをじっくりと見るために屈み込んだ．私がその縁の小石に指をかけると，その小石が転がった．私は，それを拾い上げ，古代の穴がま新しく見える理由を理解した．旅行者は，穴の縁にあるま新しい土砂の輪を見て，それを調べようとして，屈み込む．そして，小石が転がる．彼らはその小石をお土産としてポケットに入れるので，その結果として穴が広がっているのである．

私は，この蟻のような破壊を残念に思う．古代ローマは，1個1個の小石として持ち去れていったのだ．

私の指にはさんだ小石をどうすべきかという問題がまだ残っている．私がそれを元に戻せば，あまり良心的でない旅行者がその小石を持っていくだろう．きっと，小石にとっても，品行の悪い人よりも分別のある人のポケットに入れられたほうがよいだろう...．

15. 暗殺の証明

皇帝ネロは，権力を握るに従って，見境なく誰でも，彼の母親さえも，抹殺できるように思われた．彼の哲学の教師であるセネカは，ネロにも抹殺することができない者がいると警告した．♀それは誰か．

16. 後継者の後を継ぐ方法

グローバー・クリーブランドは第22代および第24代アメリカ合衆国大統領として就任し，第23代大統領であるベンジャミン・ハリソンの後を継いだ．♀クリーブランドのほかに，自分の後継者の後を継いだ大統領は誰か．

ヒント：歴史に関する知識なしでも答えることができる．

17. すべての論理学者が聖人ではない

ピーター・アベラード（1079–1142）は，太古以来，もっとも偉大な論理学者であった．アベラードは，純粋な真偽値関数による命題論理を発展させた．彼は，効力と意味を区別した．これは，約8世紀後にドイツの論理学者ゴットロープ・フレーゲによって洗練された．また，アベラードは，含意の完全な理論を論証として機能するように発展させた．

エロイーズを指導するアベラード

しかし，アベラードは聖人ではなかった．彼は，エロイーズの叔父をだまして部屋と食事を提供させた．それと交換に，アベラードはエロイーズを指導することになった．しかし，アベラードの真の狙いはエロイーズを手込めにすることだった．エロイーズは抗った．アベラードは執拗だった．エロイーズは辱めを受け，子を宿した．

論理学者がいつでも信用できるわけではない！

わずかながら聖人であった論理学者もいる．英国ヨーク出身のアル

17. すべての論理学者が聖人ではない   27

クィン (735–804) は，その最古の人である．

ローマ帝国崩壊後，教育システムは衰退した．シャルルマーニュ（カール大帝またはシャルル 1 世）(742–814) は，学者を雇用してこれに対抗した．アルクィンは，英国を離れ，フランク王朝の宮廷学校の校長になった．

アルクィンの教科書 Propositiones ad Acuendos Juvenes（「若者を磨き上げる問題」）は，河渡りの謎かけが掲載されている最古のものである．その問題 18 は，狼，山羊，キャベツを，山羊が狼に食べられることなく，そしてキャベツが山羊に食べられることなく，船で向こう岸に運べというものだ．船は，一度に一つのものだけしか運ぶことができない．♀どのようにすれば，これらを向こう岸へと安全に運ぶことができるだろうか．

問題 17 は，3 組の兄妹によるさらに複雑な河渡りの問題である．この 3 組が，一度に二人までしか乗れない小舟を使って河を渡らなければならない．どの女性も，自分の兄と一緒でなければ，他の男性と一緒にいることはできない．

この問題の 13 世紀から 15 世紀にかけての一変形では，3 組は夫婦に変えられた．夫たちは嫉妬深く，自分の妻がほかの男性と一緒にいることは，その男性の妻も一緒にいたとしても，信用することはない．

ある変形では，夫婦の数を 4 組に増やしたものもある．しかし，この場合には解はない．そこで，河の真ん中に島があるという前提が必要になる．また別の変形では，何人かの人は手が不自由なために漕ぎ手になれない．

19 世紀になると，夫婦は伝道師と食人種に変わった．この焼き直しが，人工知能の研究者にはもっとも馴染みがある．

私のお気に入りの伝道師と食人種の問題では，3 人の食人種と 3 人の伝道師が登場する．食人種は，伝道師が河を渡るのを助けることを了承している．しかし，小舟には同時に二人しか乗ることができず，

伝道師は食人種に人数で上回られてはならない．💡どのようにすれば，伝道師は安全に河を渡ることができるだろうか．

アルクィンの問題のあるものは，正しさよりも効率を重視する．問題 42 は，100 段の階段を用いる．1 段目には 1 羽の鳩，2 段目には 2 羽の鳩，というように，100 段目まで続ける．このとき，全部で何羽の鳩がいるか．

苦労して一段ずつ鳩の数を足し合わせるのではなく，アルクィンは，1 段目と 99 段目の鳩を合わせると 100 羽になり，2 段目と 98 段目の鳩を合わせるとまた 100 羽になる，というように 50 段目と 100 段目を除いてすべての段を対にするように考える．

10 歳のカール・フリードリッヒ・ガウス（1777–1855）に出題された，これと等価な問題の解法はさらに効率的である．練習問題として，教師は預かった子供らに 1 から 100 までの数を足し合わせるように指示した．若きガウスは，あっという間に 5,050 という答えを出して，教師を驚かせた．アルクィンとは異なり，ガウスは 0 も数として扱った．これによって，ガウスは，足し合わせる数を次のような 50 個の対に並べ替えた．

$$100 + 0,\ 99 + 1,\ 98 + 2,\ \ldots$$

それぞれの対の和は 100 である．したがって，50 個の対の和は 5,000 になる．この 5,000 を対にはならない中央の数 50 に加えると，最終合計である 5,050 が得られる．（私は，これがガウスに関する実話だと思いたいが，それを支持する歴史家はいない．）

基礎的な読み書きの能力を育てることにくわえて，アルクィンはほかの学者も雇用した．アルクィンは，ヨークで蒐集した書籍のうちのいくつかを英仏海峡越しに送るように嘆願した．「私たちが必要とするすべてのものがそちらから得られ，壁で囲まれたヨークの庭園と同じく旅の成果が結実する理想郷の分派があるフランスに英国の草花に

持ち帰るために，何人かの私の生徒を向かわせることに同意いただけるよう申し上げます.」晩年には，アルクィンは自身の経歴を次のように総括した.「朝には権力の絶頂期に英国で種を播き，そして私の血も冷たくなる夕べにも，フランスでまだ種を播いている. 神の加護により，あるものには聖なる書物の蜜を与え，ほかのものは古の教えの年代物のワインに酔いしれて，どちらの種も育つことを願う」

　彼の教科書には，すべての問題の解答が記載されている. いや，実はすべてではない. 次の問題43には解答が与えられていない.

　　　ある男は300頭の豚を飼っている. 彼はその豚すべてを3日
　　　間で屠殺するよう命じたが，どの日にも殺す豚も偶数であっ
　　　てはならない. それぞれの日に何頭ずつ殺せばよいか.

　三つの奇数を足して300にすることはできないから，この問題は解くことができない. なぜ，この問題が載っているのか. 伝えられるところによれば，扱いづらい生徒を黙らせるためとのこと.
　聖人がいつでも信用できるわけではない！

18. ルイス・キャロルに垣間見る『メノン』の奴隷少年

　古典主義者は，ルイス・キャロルの作品の中にプラトンの対話への間接的な参照があることを見つけている. それは，具体的には，『(大)ヒッピアス』，『エウテュプロン』，そして『国家』である.
　キャロルのお気に入りは（思春期前の）少女であったが，次のなぞなぞはメノンの取り巻きの奴隷少年を想定して書かれていると私は予想する.

　　　きみがパズル好きかどうか，おじさんは知りません. もし好

きなら，これをやってみてください．好きじゃないなら，いいです．一人の紳士がいて（貴族がいて，といったほうがおもしろくなるかな），居間には窓が一つしかありません ― 正方形の窓で，高さ3フィート，幅3フィートです．さてこの人は目が弱くなって，窓から光がはいりすぎます．だから（お話に「だから」なんていったら，いやかな？），大工さんにきてもらい，光が半分だけはいるようにその窓を直してほしいといいました．ただし，窓は正方形のままにしておかなければなりません ― 高さは3フィートのままにしておかなければなりません ― 幅は3フィートのままにしておかなければなりません．どのようにして，そうしたでしょうか．もちろん，カーテンやよろい戸や色付きガラスなどを使ってはならないのです．[訳注 5]

――『ルイス・キャロル図鑑』（1899）p.214

プラトンの『メノン』の読者なら，答えが分かるかもしれない．♀あなたは答えられるだろうか．

19. 古参科学者

「もし，著名な古参科学者が，あることが可能だと言ったならば，それはほぼ確実に正しいが，あることが不可能だと言ったならば，それは非常に高い確率で間違っている」とアーサー・C・クラークは断言した．（ニューヨーカー誌，1969年8月9日号）

ある著名な古参科学者はこう応じた．「クラーク氏が正しいなどということはありえないね．」♀この古参科学者の主張がもっともである見込みはいかほどか．

[訳注 5] 邦訳は柳瀬尚紀編訳『不思議の国の論理学』（朝日出版社，1977）による．

20. さらなる証明を

メキシコ人直観主義者の物語

かつて，アメリカ人学生が論理学の研究集会に出席するためにメキシコシティへと向かった．学生の両親は，その旅行に反対した．なぜなら，何年か前に英国の哲学者ガレス・エヴァンズがそこで脚を撃たれたからだ．

学生は，エヴァンズ教授は巻き添えをくったのだと説明した．「狙われたのは誰？」と両親は尋ねた．「ああ，狙われたのは彼の学生で，メキシコの駐米大使の息子さ．」誘拐を企む者が，その学生と教授の脚を撃って拘束しようとしたのだ．その学生は，出血多量で死亡した．エヴァンズ教授は放置された．（銃撃の傷の治療を渋る病院までタクシーに乗らなければならなかった．）教授は助かった．残念ながら，教授は進行性の肺がんによって，オックスフォードに戻ってほどなくして亡くなった．

アメリカ人学生の両親は，息子がメキシコに旅行することを許さなかった．しかし，息子は，メキシコ人の誘拐についての両親の過剰な反応から抜け出したいと感じた．息子は，こっそりとメキシコに向かった．

論理学の研究集会で，このアメリカ人学生は，メキシコ人論理学者が二重否定の原理，すなわち $\sim\sim p$ ならば p に依存する証明に異議を唱えているのを耳にした．学生は，この反論はオックスフォード大学ではよくあることだと聞いていた．学生は，昼食をとりながらその異議の説明をしてほしいと論理学者に頼んだ．

そのメキシコ人論理学者が明かしたところでは，その異議はイマニュエル・カントにまで遡る．カントは，数学を精神的建造物と見ていた．数学者が主張するときはいつでも，確実な証拠があると表明し

ているのだ．否定は，（陪審が「無罪」と判決を下すように）単なる証明の欠如にすぎない．p であるという証明が欠如していることの証明の欠如は，p であるという証明ではない．

数学者 L.E.J. ブラウワーは，カント流の異議を厳密なものにした．間接的な手法を排除することが直観主義論理につながった．直観主義論理の体系は過度に厳しいと広くみなされているが，古典論理の証明よりも直接的に説明する証明をもたらす．したがって，数学者は直観主義的な証明を好む．

哲学よりも数学のほうが主流であるように思われる．したがって，ブラウワーが齟齬に気づいたとき，哲学側に寄り添ってそれを解決することを選んだというのは驚きである．ブラウワーを支持したのはほんのわずかな数学者だけであったが，はるかに多くの人たちが影響を受けた．

アメリカ人学生は，直観主義者の厳格さに感銘を受けた．しかし，またそのメキシコ人論理学者の左手にも目を奪われた．人差し指がなかったのである．論理学者は，誘拐犯に切り取られたのだと説明した．なんということか，と学生は思わず口走った．「小指を取られたほうがよかったのでは」

メキシコ人論理学者は，職業的な雰囲気を漂わせて次のように説明した．「いや，右利きの人にとって，左手の人差し指は，失ってももっとも不自由しない指なのだ．小指はしっかりと握るために必要である．誘拐犯はプロで，エヴァンス教授の事件を起こしたような素人ではない．そいつらは，かつて外科医を誘拐したことがあった．その外科医の医学的知識に敬意を表して，誘拐犯は外科医にどの指を切り取るかを選ばせた．外科医は，先ほど述べたようなことを独りごちた．また，外科医は，人差し指がなくなったら，残りの指がそれをうまく補うと説明した．人差し指は，犠牲者への被害がもっとも少ない一方で，もっとも身代金をとりやすいのである．お互いにとって利がある

のだ」

不安げなアメリカ人学生は，この論理学者の足元に目を向け，そして一方の第二趾がないことに気づいた.「なぜ誘拐犯は足の指まで取ったのですか.」「ああ」と論理学者は答えた.「それは，論理学に立ち戻ると分かる. 私の父もまた直観主義者だった. 父は，さらなる証明を要求したのだ」

21. エミリ・ディキンスンのハチドリ

エミリ・ディキンスンの「庭の中を 小鳥が一輪車で駆け」という詩の最後の2節は，ハチドリが提示するパズルに言及している.

先ほどの私たちは　果たして現実だったのか
犬も私もうろたえる
もしかすると頭の中の庭が見せただけか
この不思議さを――

だけど　犬はさすがに理論家
私の間抜けな眼を責める
ただ　花が揺れただけのことと――
なんという絶妙の返答！[訳注 6]

私は，このパズルを次のように再構成した. 何もない正方形の部屋で，ボウリングの玉を転がす. ハチドリは，その部屋の床の上に卵を生む. 💡安全な場所はどこか.

[訳注 6] 邦訳は中島完訳『続々自然と愛と孤独と』（国文社，1983）による.

22. プラトンの詰め込み問題

原子論者は，原子と真空以外には何もないと言うことで名高い．しかし，なぜ真空なのか．なぜ原子だけではないのか．

たしかに，原子だけにする試みがなされたことがあった．プラトンは，『ティマイオス』において，真空を除外して構築した原子論の一案を提示した．彼の世界は5種類の原子によって完全に埋め尽くされているとプラトンは言う．それらの原子の形状は，5種類の正多面体に基づいている．ヨハネス・ケプラーは，『宇宙の神秘』の中でこの「プラトン立体」を描写している．

立方体　　　正4面体　　　正12面体　　　正20面体　　　正8面体
地球　　　　火　　　　　　宇宙　　　　　水　　　　　　空気

ケプラーによるプラトン立体の描写

プラトンは，4種類のプラトン立体を4種類の古典的な元素に対応づけた．5番目のプラトン立体である正12面体は，天を構成する．プラトンは控えめに，この真空否定的な原子論を，必然ではなく，起こりうる物語と呼んだ．

アリストテレスは，プラトンの言い分は不確定よりさらに悪く，不可能であると反論した．5種類のプラトン立体すべてを混在させて立方体のようにきっちりと詰め込むことはできないというのだ．すべての原子が球体ならば必然的に作られる隙間のような原子間の真空がなければならないのである．

アリストテレスは，これをそのままにしておくのではなく，正4面体は空間を完成させることができるという主張にとりかかった．これ

が，さらに単純な誤りを犯してしまうことになる．なぜなら，たった一つの形状を試すだけでよいからである．

1700年もの間，哲学者と数学者は同じようにこの主張を受け入れてきたことは，アリストテレスの権威の証である．なぜなら，それは単純に正4面体をぴったりと組み合わせようとしてみることにより，簡単に反証される．このような実験はかならず隙間を生じる．正4面体では，ただ一つの点の周りさえも隙間なく組み合わせることはできないのである．

近年，正4面体には「残念賞」が贈られることが分かった．無作為に空間に詰め込む場合には，空間内に正4面体の占める体積の割合はほかの立体よりも大きいのだ．（球体が64％であるのに対して，正4面体は76％になる．）

原子論は，真空を必要とはしない．しかしながら，幾何学は微小空洞があることを受け入れるよう原子論者にかなり圧力をかけている．そして，いったん小さな真空があることを認めたら，それより大きな真空を排除する理由はない．原子論者は真空に直面して立ち行かなくなったことから，そのうまい使い方を学んだのだ．

23. うっかり者のテレパシー

次の一覧から文字の三つ組を一つ選んでほしい．

EQG OBH EBO BQH EBQ QRC

それでは，[原注6]にある三つ組の一覧を見てみよう．その中にあなたの選んだ三つ組はない．💡どのようにして私はあなたの選んだ三つ組を除くことができたのだろうか．

24. 順序の不在と不在の順序

　人々は，汚物，戦争，強制といった悪い材料がなくなることに関心がある．彼らは，清潔感，平和，自由といった前向きな表現を使うのを好む．しかし，彼らは，ないことの量によって進展を測る．

　悪いことが減少するのが，つねに進展なのだろうか．あなたは，互いに1度ずつ引き金を引くロシアン・ルーレットで対戦しているとしよう．銃は標準的な6連装のリボルバー（回転式弾倉）である．ナターシャは隣り合う二つの弾倉に銃弾を込めた．彼女は，弾倉を回転させ，彼女自身の頭に銃をあて，引き金を引く．カチリ．彼女は銃をあなたに渡す．公正を期するために，あなたは引き金を引く前に弾倉を回してもよい．💡あなたは弾倉を回すべきか．

25. 不在者の無視

　💡次の文字列から20 (twenty) の文字を取り除いたら何が残るだろうか．

TNWOENTYTLHEITNTEGRS?

　もっともなおざりにされているのは誰か．高齢者，貧困層，病人，それぞれに代弁者はいる．その声を聞くことのないグループは，不在者である．

　フランシス・ベーコンは，1620年の『ノヴム・オルガヌム』において，不在者の無視について次のように書いている．

　　それゆえに，海難の危険を逸れたので誓いを果している人々の図が，寺に掲げられているのを示して，さて神の力を認めるかどうかと，尋ねつつ迫られたかの人は，正しくもこう応

じた.すなわち彼は「だが誓いを立てた後に死んだ人々は,どこに描かれているのか」と問いかえしたのである.占星術,夢占い,予言,神の賞罰その他におけるごとき,すべての迷信のやり方は同じ流儀なのであり,これらにおいてこの種の虚妄に魅せられた人々は,それらが充される場合の出来事に注目するが,しかし裏切る場合には,いかに頻度が大であろうとも,無視し看過するのである. [訳注 7]

イルカによって岸に引かれる泳ぎ手の声は聞こえる.イルカによって海に引かれる泳ぎ手の声は聞こえない.

第二次世界大戦で,ドイツの対空砲は多くの飛行機を撃ち落とした.英国空軍は装甲を追加することに決めた.しかし,どの部分に追加すればよいのか.空軍は帰還した飛行機の弾痕を重ね合わせた図面を数学者エイブラハム・ワルドに提示した.弾痕はほとんど至る所にあった.空軍は,飛行機のもっとも攻撃を集めている場所に装甲を装備するようにとワルドが言うのを期待していた.ワルドは,弾痕のない部分に装甲を装備することを奨めた.弾痕を採取した飛行機には撃ち落とされてしまったものは含まれていないというのがワルドの説明であった.エンジン,コックピット,尾翼付近に弾痕がないのは,それらが砲弾にもっとも耐えられない部分であることを示していた.

あなたがカップルの平均的な子供の数を見積もるように学生に求めると,学生は場当たり的な調査を行いがちである.学生は,彼らの両親に何人の子供がいるかを報告する.その平均をとると,子供のいないカップルを見落とすことになる.

あなたが「女性よりも男性のほうが,多くの姉妹がいるか」と尋ねると,姉妹の誤謬が生じる.クラスの女性より男性のほうが,多くの姉妹がいると報告しがちである.調査結果を確認するために,調査を

[訳注 7] 邦訳は桂寿一訳『ノヴム・オルガヌム』(岩波書店,1978) による.

仮想的な組み合わせにまで広げる．男子一人と女子一人の家庭では，姉妹のいる男子は一人で，姉妹のいる女子はいない．男子一人と女子二人の家庭では，男子には二人の姉妹がいるが，彼の姉妹には姉妹は一人しかいない．このようにして，仮想的な調査は，実地調査を補強するのに役立つ．しかし，どちらの手法も男子がいない場合を無視している．カップルに二人の娘だけがいれば，息子の姉妹の数はゼロで，娘の姉妹の数は2である．

いったん，不在者が無視されていることに同意すれば，それがどれほど大きなグループであるかに驚くだろう．1990年に，アマルティア・センは「1億人以上の女性がもれている」（1990年12月20日付ニューヨーク・レビュー・オブ・ブックス）と推定した．センは次のように考えた．等しい扱いのもとでは，女性は男性よりもわずかばかり長生きする．しかし，この世界の実際の性別比は，男性側が優位に歪んでいる．選択的中絶，幼児殺害，幼年期の不適切な栄養摂取により，女性は減少されているのである．

しかし，センの言い分で十分だろうか．

妊娠するとき，ほかの何百万という精子と卵子の融合が締め出される．平均的な男子は2億5千万個の精子を放出する．これによって多数の赤ん坊が失われている．アマルティア・センは，これについて何も言っていない．1億人が失われるのは悲劇である．1阿僧祇（10^{56}）人が失われるのは統計データでしかない．

26. 子供耐性

私は，自宅に子供を防ぐ加工をした．しかし，彼らは乗り込んでくる．

子供たちは生まれながらの経験主義者である．小さな男の子は，私の手の上に発砲スチロールを乗せて，それに重さがないことを実演し

26. 子供耐性 39

てくれる．小さな女の子は，私の耳元に貝殻をもってきて海の音が聞こえることを教えてくれる．

　ジークムント・フロイトは，このような経験に基づく強力な証拠の一つを次のように回想している．

　　六歳になって初めて母から勉強を見てもらったとき，われわれ人間は土から作られたのだからまた土に還られなければならないのだ，と教えられた．しかし私はそれではどうもしっくりとせず，その教えを疑った．すると母は手のひらを摺り合わせ — ただ手の中に練り粉がないだけのことで，あとは団子を作るときとまったく同じ仕草で —，われわれがそこから作られている土の見本として，手をこすり合わせたときに剝げてきた黒ずんだ表皮の垢を，私に示して見せたのである．こういう証拠を《目の前に》突きつけられて，私の心の中には驚愕が止めどなく広がったが，しかし，そのとき私は確かに，何かを得心したのである．それは，後年，汝は自然に対して死という負債を負っている，という言葉の中に，私が聴き取るようになる何かである．[訳注8]

　　[実際には，『ヘンリー四世』からの引用句は，戦いで生き残るために死んだふりをする者に対して言う「汝は神に対して死という負債を負っている」である．]

　　　　　　　　— フロイト『夢解釈』（ワーズワース，1997），p.105

　その後に続く心理学者らは，子供の論理的思考を研究した．その重要な発見の一つは，10歳未満の子供は「経験主義的先入観」を示すということだ．主張に対して経験による支持が見つからなければ，彼らは不可知論に陥る[原注10]．8歳の子供たちは，実験者の手の中にかく

[訳注8] 邦訳は新宮一成訳『フロイト全集4』（岩波書店，2007）による．
[原注10] トマス・ハクスリーは1869年に，神が存在するかどうか知る方法はない

された単色のポーカーチップについて次のように尋ねられた.「私の手の中にあるポーカーチップは黄色か,それとも黄色ではないかのいずれかである」は真であるか.子供たちは,隠されたポーカーチップを見ることができなかったので,「わかりません」と答えた.

心理学者は,時間のかかるアポステリオリな解とすばやいアプリオリな解をもつ問題によって,経験主義的先入観を明らかにする[原注 11].子供は,アプリオリな解に気がつかない.たとえば,5歳児に少年と少女の絵を見せて,「子供たちよりも少年のほうが多いですか」と尋ねる.彼らは,少年少女の人数を苦労して数え,そして答える.10歳より上の子供は,わざわざ数えたりしない.彼らは,どの少年も子供であるという事実を使って,同じ答えに素早くたどり着く.

指導によって,5歳児の大部分は,いきなりできるようになり,10歳児と同じ実力を発揮する.5歳児は,この手っ取り早い方法によってワクワクしているのだ.成人は,最初はアポステリオリな作業が必要なようにみえるが実際にはアプリオリに解くことのできるパズルでこのワクワクを追体験する.球体のパン一塊を切って,等しい幅の平行な輪切りにする.子供はみな,パンの量ではなく,パンの表面が大好きだ.♀それぞれの子供が同じ量の表面をもらえるよう保証するにはどうすればよいか.

不確定性の幻影を含む問題は,同様のスリルを引き起こす.十分な

と信じる人たちを意味する「不可知論者」という語を作った.哲学者はそれを一般化し,X について知る方法はないと考える人を X についての不可知論者とした.1918 年に,バートランド・ラッセルは,反戦を扇動したことによる服役のためにブリクストン刑務所に赴いたとき,彼の身元を尋ねられた.「宗教は」と看守が質問し,ラッセルは「不可知論者」と答えた.看守はため息をつき,ラッセルの答えを日誌に記入し,語調が哲学的になった.「よろしい,数多くの宗教がある.しかし,私はそのどれもが同じ神を崇拝すると考えている」

[原注 11] 命題は,経験を経ずに知ることができるとき,そしてそのときに限り,アプリオリである.経験が必要な場合には,アポステリオリである.ほとんどのアプリオリな命題は,実際には経験を通じて学ぶ.証言,電卓,そしてコンピュータは,通常,純粋な思考よりも効率がよく信頼できる.

情報がないことから，不可知論が必要になるように思える．このとき，疑うの余地のない答えにとっては十分であることが分かる．幾何学史を楽しむ者にとっては懐かしい例題がある．目の見えない鯉が円形の池の縁から放された．まず，鯉は80メートルをまっすぐに泳いだ．ドン！鯉は池の縁にぶつかると，向きを90度変えて，また60メートルをまっすぐ泳いだ．ドン！💡円形の壁にこのように2回ぶつかったとすると，この池の幅は何メートルだろうか．第一のヒント：この池はミレトスにある．第二のヒント：水．第三のヒント：さらに水．

アプリオリなスリルは，アポステリオリな推論の段階のあとにアプリオリな仕上げが必要なパズルでも生まれる．これが，9枚の硬貨の問題の魅力の主要因となる．9枚の硬貨と天秤がある．9枚の硬貨のうちの1枚は偽金で，残りの硬貨よりも軽い．💡天秤を2回使うだけで偽金を見つけ出すことができるだろうか．

人類学者は，正規の学校教育を受けていない成人に同じ経験主義的バイアスがあることを発見した．これは，演繹的推論の研究から浮かび上がった．心理学者は，三段論法を一度も習っていない生徒の，三段論法の試験での成績の悪さに驚いた．心理学者は，生徒以外に三段論法を尋ねたときには，さらにいっそう驚いた．論理的思考を測ろうする試みそのものが，論理的思考をどのように試験されるかを知らない人々によって挫折させられた．

アプリオリな知識のない被験者の大集団を確保するために，民俗学者はジョージアの集産化されていない農場とアフリカの農村地帯を訪れた．そこの人々は，教室の中に入ったことがなかった．質問者は，三段論法による論理的思考を引き出すことを意図した問題を出した．

モンロビア[訳注9]に住むすべての人は結婚している．

ケムは結婚していない．

[訳注9] リベリア共和国の首都．

ケムはモンロビアに住んでいるか.

回答者の多くは，単に条件に規定されていることが矛盾していると答えた.「ええ，モンロビアは一種類の人のための街ではない.したがって，ケムはそこに住むためにやってきた.」裏付けを追加することで，規定された制約を上書きしようとする人もいた.

自分の家を持っているすべての人は家屋税を払う.
ボイマは家屋税を払っていない.
ボイマは家をもっているか.

に対して，ある回答者は長ったらしい説明に彼自身の据え付けを追加した.「ボイマは家をもっているが，家屋税の支払いを免除されている.政府は家屋税の徴収をボイマに任命したので，政府は家屋税の支払いをボイマから免除した.」ほかの三段論法は，教育を受けていない人の認識論（知識の理論）の原理を引き出した.

極北では，すべての熊は白い.
ノヴァヤ・ゼムリャは極北にいる.
そこにいる熊は何色か.

この問題では，質問者は少し小言を頂戴した.「あんたは，そこにいてそれを見ている人に尋ねるべきだ.いつだって，わしらは自分たちが見ていることだけを話す」

民俗学者の用語では，「経験主義的バイアス」は，純粋にアプリオリな問題についての敗北主義的行動を意味する.すなわち，知覚，記憶，証言の適用が許されないようなやり方で問題が提示されると，解決不能として拒絶される.

あきらかに，この特徴づけは教育を受けていない人の認識論を複雑にしすぎている.なぜなら，この用語は，アプリオリとアポステリオ

リの間の差異を理解していることを含意するからである．正規の教育を受けていない人々には，この差異がなおさら生じることはない．

「経験主義的バイアス」は同じく複雑にしすぎる傾向に悩まされる．経験主義者と合理主義者の間の歴史的な論争において，両陣営は相手方の語彙に精通していた．彼らは，寝返っても相手側の主張をうまく論じることができたであろう．

学校教育を受けていない人々は，この多様性に欠ける．この会話における役割交換に遭遇すると，彼らはこの弁の立つ者を嘘つきと避難する．紀元前 155 年に，アテナイは，使節に委任した 3 人の哲学者をローマに送った．懐疑論者のカルネアデスは何千人という群集に話しかけた．1 日目には，正義そのもののために公正でなければならないと彼は論じた．聴衆は，カルネアデスの論法の説得力に驚嘆した．2 日目には，カルネアデスは，同じようにして，正義が私欲の中にあるからこそ公正でなければならないと論じた．憤慨したマルクス・ポルキウス・カトー（大カトー）は，この哲学者たちを追放するという保守的な反動に打って出た．

無知によって，メタ認知は損なわれる．人々が無知であればあるほど，自分の無知を自己認識ができなくなる．無知でなくなるにつれて，自分が無知であるという評価が増える．そして，彼らは，自身の行動からのフィードバックをうまく利用できるようになる．これが，自分自身がもっとも無知だと位置づける者は，自分自身をそれほど無知でないと位置づける者よりも多くのことを知っているという皮肉につながる．

「無知はメタ無知を育む」には，実用的な意味合いがある．大学生は，三段論法を分かっておらず，したがってそれを学ぶかどうかを選べることに気づく．学校教育を受けていない者は，質問者を教わる必要のある者と考える．学校教育を受けていない者には，解くべき問題などないのである．

学校教育を受けた者も，ストレスを感じると教育を受けていないような反応に退行する．ジョナサン・ハイトは，嫌悪感を催すような居心地の悪い不快な仮説に基づいた環境での大学生の反応を研究した．ハイトの用いた例の一つは，飢えていて，飼っている犬が車に轢かれたときにそれを食べた家族に関するものだ．オェッ！ハイトの被験者は，可愛がっていたペットを食べるという考えを嫌う．（また別の例は，避妊をいっしょに行う兄弟姉妹の近親相姦に関するものだ．二重にオェッ！あなたの動揺が心配なので，ハイトのドッグフードの話を続けることにする．）大学生は，ペットを摂取することに対する不支持の合理的な説明を求められる．しかし，ハイトは，彼らの説明を論破するためにこの例を作ったのである．被験者は，教育を受けていない者のように振る舞い始めた．彼らは，定められた条件のうちのあるものだけに選択的に関心を向けた．また，犬は病気であり摂取は危険を伴うというような別の前提を追加した．

ジョナサン・ハイトの被験者には前提から推論する能力はあったから，これはそれを遂行する上での落ち度であった．嫌悪感を覚えた被験者は，縦列駐車のやり方を知っているがクラクションを鳴らされてうまく車を動かせないドライバーのようであった．

27. ウィトゲンシュタインの平行四辺形

💡二つの平行四辺形と二つの三角形で長方形を作ることができるだろうか．子供はその答えに賛同してくれるだろうか．

28. 平行四辺形の面積を求める

どのようにして平行四辺形の面積を求めればよいか知っているだろ

28. 平行四辺形の面積を求める

うか.

次の図を見て独力で答えてみてほしい.ただし,質問は,平行四辺形の面積の公式そのものではなく,平行四辺形の面積が分かるかどうかであることを念頭に置くこと.

平行四辺形の面積を問われたとき,多くの人はその特別な場合である長方形から始める.彼らは,長方形の面積が底辺と高さの積であることを知っている.

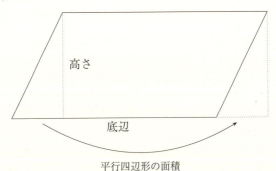

平行四辺形の面積

それから,彼らは,長方形を(高さを変えずに)傾けて平行四辺形にし,その飛び出した片側を切り落として,それを反対側にくっつけて,長方形に戻す.そして,平行四辺形の面積は,底辺と高さの積であると結論づける.

この論証は,すべての平行四辺形は切り貼りという2段階によって長方形にできるというパラレンマ[原注12]を根拠にしている.この過剰な単純化は,極端に傾いた平行四辺形によって論駁される.

[原注12] パラレンマは,無効な中間の段階である.パラレンマは正しいこともある.それは,前提によって導かれる結論を導いているだけかもしれない.

28. 平行四辺形の面積を求める

極端に傾いた平行四辺形

その角はいくらでも鋭くすることができる．その角が尖るに従って，平行四辺形の外周は限りなく長くなる．ついには平行四辺形の面積は底辺×高さを超えると誰もが心配する．心配せずによいことに，その辺の長さにかかわらず平行四辺形の面積は保たれている．プロクルスは，この確固たる面積の不変性を，ユークリッドの「逆説的定理」の一つとみなしている．

極端に傾けると誤謬になるため，軽く傾けたものだけを提示する教師もいる．しかしながら，知識は，関連する別の可能性を排除することを要求する．関連性の判断基準は十分に心理的であり，（それらの客観的な不可能性が反例であるにもかかわらず）極端に傾いた平行四辺形は見過ごしたり無視したりできない課題になる．平行四辺形の面積が底辺と高さの積に等しいと分かるためには，思考する者は，極端に傾いた平行四辺形に対してこの等式が破綻するという仮説を排除しなければならない．

その結果，厳格な教師は，不完全な証明は知的な詐欺であると苦情を言う．証明の目的は，分かった気にさせることではなく，結論の知識を作り出すことである．

29. フロイト対夢見る論理学者

　否定をするとき，あなたは目覚めいていなければならないか．ジークムント・フロイトによれば，「夢の中に否定はない.」フロイトは，夢を，次のような性質をもつ純粋理性の領域である無意識への近道とみなす.

> 　この体系には，否定も疑惑もなければ，安全の程度というものもない．[...]
> 　要約してみよう．矛盾のないこと，一次的過程（充当の可動性），時間のないこと，および外部の現実を心理的現実にかえること，これらが，「無意識」体系に属する事象にみられるはずの特徴である．[訳注 10]
> 　　　— フロイト『無意識』（ペンギン，1984），pp.190–91

　否定のない経験を想像するのが難しそうならば，（歌詞が取り除かれた）純粋な器楽曲を考えてみよう．音楽は言語に似ているが，音楽には否定はない．また，連言や選言のようなそのほかの論理定項もない．すなわち，「ならば」，「かつ」，「しかし」もない．その結果として，音楽で論理的に考えることはできない．

　作曲では，かなりの計算が使われている．しかし，音楽そのもので，$7+5=12$ を表現することはできない．同じように，夢を構成するためにもかなりの計算が使われる．しかし，夢そのものの中にその計算は現れえない．数詞の存在は，数学的な言い換えとして同じ用語で説明されなければならない．夢においては，$2n+2n$ は $4n$ である．夢の中の貧弱な算術は，とうてい算術とはいえない．

　フロイトは，論理定項を表す単語（「かつ」，「または」，「のとき，そ

[訳注 10] 邦訳は井村恒郎/小此木啓吾他共訳『フロイト著作集 6』（人文書院，1969）による.

してそのときに限り」）は夢の中で言及されることを許す．しかし，それは推論の中で使われることはない．これは，夢があきらかに非論理的であることを説明している．フロイトによれば，夢は非論理的というよりもむしろ没論理的である．夢の中のどのような論理記法も，授業の後に黒板に残された論理記法と同じく，不活性な状態にある．たびたび黒板を誤って消してしまったことを私が英国人教授に謝ったとき，彼はその証明だけは消さないように要請した．その証明は，彼のポスト構成主義者としての皮肉にピッタリの背景である，見事な壁紙であった．

　機能する論理的な単語がないことが夢の中のメタ認識の深さをうまく説明する．目覚めているときには，人々は自分が間違って記憶していないか，間違って知覚していないか，誤って推論しているのではないかと心配になる．夢見る者は，情報の出所を思い起こそうとはしない．彼は，計算を見直したりしない．おそらく，夢見る者はメタ認識しない．なぜなら，彼は，推論のための知識のない媒体の中で活動しているからである．

　夢を見ている者は，自分が夢を見ているという十分な裏付けをもっている．彼らは，その裏付けを整理することさえできない．

　フロイトの洗練された説明に，論理学者が納得することはなかった．ここでは，感情が関係している．論理学者は，夢の中の貧弱な推論に戸惑う．貧弱な推論も推論である．したがって，論理学者は夢の中で，おそらくは錯乱した状態で論理的に思考しなければならない．

　ルイス・キャロルは，1879年5月15日付の日記に次のような夢を書きとめている．

　　昨夜，私の見た夢は，私の知る限り，文字通り夢として珍しいものだった．私は，妹たちといっしょにロンドン郊外にいて，近くにテリー一家が住んでいると聞いていたので，電話

をかけた. テリー夫人は家にいて, 私に, マリオン (愛称は
ポリー) とフローレンスは劇場「ウォルターハウス」でいい
仕事をしていると言った.

「そうであれば」と私は言った.「すぐそこに行って, その
劇を見よう. ポリーをいっしょに連れて行っていいかな」

「もちろんですとも」とテリー夫人は言った. そして, 部
屋には9歳か10歳くらいに見える子供ポリーが座っていた.
そして私は, 成長したポリーが演じるのを見るために子供の
ポリーを劇場に連れていこうとしているという事実を, その
矛盾にいかなる驚きを感じることもなく明確に意識していた.

子供としてのポリーと大人の女性としてのポリーという両
方の描写は, 通常の起きているときの記憶と同じように鮮明
であったと思う. そして, 夢の中で, 私はどうにかしてこの
二つの描写に別々の人格を与えようとした.
— S.D. コリングウッド『ルイス・キャロルの生涯と手紙』(1899)

キャロルの夢には, 個別には合理的だが組み合わせると合理的では
ない推論が並べて置かれている. それは,「ポリーがいい役で出演する
ので, 見にいこう」と「ポリーと一緒に劇を見るのは楽しいので, 彼
女を観劇に連れていこう」である. キャロルにとって, 問題は単なる
推論不足ではない. 夢の異常さは, 推論が基礎レベルでは働きすぎる
のとメタレベルでは十分に働かないのが組み合わさっていることだ.
夢見る者は, 一歩後ろに下がって, そこより低いレベルの論理的思考
を確認することができない.

強い感情は, メタ認識も細らせる. 夢においては, 人はしばしば
怒ったり怯えていたりする. これらの感情の源は, しばしば, 音楽に
よって刺激される感情と同じくらい神秘的である. この感情は, 外部
の環境から生じるのではなく, 直接埋め込まれているように思われる.

おそらく，必ずしもこの論理的思考が悪いということではない．オックスフォード大学の論理学ワイカム講座教授であるティモシー・ウィリアムソンは，夢の中で夢を見ることに成功したと報告している．夢の中で，ウィリアムソンがベッド脇の時計を見ると，それは6:66を表示していた．このような時間はありえないので，ウィリアムソンは，まだ夢から目覚めていないのだと結論し眠りつづけた．

夢の中の登場人物の論法を暗に自分の功績とした論理学者もいる．1847年の『形式論理学』の中で，オーガスタス・ドモルガンはこう書いている．「誰かが，彼が起きていると証明して彼を議論で打ち負かすような論争相手を実際の夢の中で作り出すことは不可能ではない」

30. 蝶は夢を見るか

人がけっして夢を見ないならば，それは現実をどのように思い描くかについて影響を及ぼすだろうか．あるいは，その人自身をどのように思い描くかについて影響を及ぼすだろうか．

哲学者は懐疑主義を導入するもっとも自然な方法を確実に失うことになるだろう．中国の老荘思想家荘子（紀元前4世紀ごろ）は，蝶になった夢を見た．荘子が目覚めたとき，彼は人間で蝶になった夢を見ていたのか，それとも彼は蝶で今人間である夢を見ているのか分からなかった．どのような経験も，この世を正確に表現しているとしても，あるいは，眠っている人の単なる想像上の虚構としても説明をすることができる．

ルネ・デカルト（1596–1650）は，夢を見ているかどうかの試験を発明することによって，絶対的確実性の基礎の上に科学を表現しようと試みた．デカルトは，『省察』の最後で，彼が目覚めていることの「明晰判明の観念」があるならば，夢を見ていることはありえないと述

べた．デカルトの根拠は，それまでに第三省察で（彼が目覚めている
という前提なしに）神は存在することと，神は信頼できる思索者が過
ちを犯す運命にあるような世界を作らなかったことを証明したという
ものだ．なぜなら，神が論理的に無知な人々が過ちを犯すような世界
を作ったとしたら，彼らの過ちは神の責任になるだろう．神の良い点
は自分が欺瞞者になるのは避けられることだから，整然としたやり方
で几帳面に振る舞う者はけっして間違えることはない．皮肉にも，デ
カルトの「明晰判明の観念」の判定は，（1619 年 11 月 10 日にドイツ
のウルムに兵役に服している間に見た）神が知識の宝箱を見せた夢を
きっかけに思いついたものだ．

　私は，直接，神についての夢を見たことはない．私の夢は，概して，
講義での災難についての悪夢である．たとえば，ある夢では，察しのい
い学生がこう尋ねる．「ソレンセン教授，なぜパジャマ姿なんですか」

　ときには，このような心配事の夢がもっと学問的になる．私の敬愛
するデイヴィッド・ヒューム（1711–1776）について最初に講義をし
たとき，次のような論拠に対する彼の微妙な反論を私が正しく解釈し
ているかどうか神経質になった．

1.　奇跡があるならば，神は存在する．

2.　奇跡はある．

3.　それゆえ，神は存在する．

　ヒュームが前提 2 を拒絶した理由は，それが偽だからではない[原注 13]．
彼の不満は，誰も合理的に前提 2 を信じることはできないというもの

[原注 13] ルイ 14 世の統治下のフランスでは，アッベ・パリと呼ばれるフランス人の
墓で奇跡が起こると言われていた．しかし，ルイ 14 世は墓地を封鎖するように命
じ，すべての奇跡はなりをひそめた．そこで，一人のフランス人が機転をきかせて，
墓地の門に次のように刻み込んだ．「国王陛下の命により，ここで全能の神がこれ
以上の奇跡を起こすことを禁じられた．」ジェームズ・ベネット『無信仰に対する
解毒剤』（1831），p.8.

だ. 奇跡は, 本質的に信じられない. 自然の法則の違反は, その法則が確からしいのと同程度に起こりそうにない. その結果として, つねに, その奇跡の証拠が誤解を招くようなもっと小さい奇跡にかけるべきである.

　私は, これまでにないほど手回し良く, ヒュームの論証を詳細な資料にまとめた. 授業でそれを配布したあと, 私は誤植を見つけた.「奇跡があると知ることはできない (CANNOT)」というところが, 資料では「奇跡があると知ることができる (CAN)」となっていた. 私は, CAN のあとに NOT を書き加えて誤りを修正するように全員に言った. 全員がそう修正した.

　10秒後, その NOT が全員の資料から消えてしまった. 教室全体が息を飲んだ. パニックにならないようにと意を決して, 私は事務的な口調でこう伝えた.「うまく修正できていませんでしたね. もう一度 NOT を書いてください」

　私は, 心の中で秒読みをした.「10, 9, 8, 7, 6, 5, 4, 3, 2, 1. ああ, やっぱりだ！これは科学的に… 説明できる, だろうか….」私はもっと速く数を数えた. NOT はまた厳かに消えた. 今や, 30人の目が私に注目していた. その目の向こうにある脳は, デイヴィッド・ヒュームに好印象をもってはいなかった. また, 私にも好印象をもってはいなかった. 私の敬愛するヒュームは, 教育におけるひどい大失敗に私を導いたのか.

　私は明るい表情をするように努め, 金切り声でこう言った.「ヒャー, なんてことだ！もう一度 NOT を書き込んだら何が起こるんだろう？」学生は無慈悲に従った.

　そう, NOT はまたしても消え失せた. 私の落ち着きも同じく消え失せた. 学生は私を見て笑い始めた. 最初はそっと, それから, どんどん笑い声が大きくなった. 私は, かすれ声で, もう一度 NOT を付け加えるように頼んだ. これは, 単に彼らの渦巻く冷笑を増幅しただ

けだった. 私はほとんど考え事ができなくなった. 私の頬が紅潮した.
口はカラカラに乾いた. 私は, もっともありそうな仮説を懸命に考え
た. ついに, 私はしどろもどろにこう言った. 「私は夢を見ているに
ちがいない！」

　それは夢だった.

31. デカルトの消失

　　フレッドと呼ばれる若い学生がいた.
　　彼はデカルトに疑問をもち, こう言った.
　　「現実にはここに私がいないことは
　　完全に明白だ.
　　なぜなら, 自分の中に何も考えはないからだ」

　　　　　　　　　　　　　　　　　V.R. オーメロッド

　次のジョークは, 「論理学者には危険」との警告を表示すべきであ
る. このジョークは, 妥当な推論を無効と誤って分類させることに論
理学者を誘い込む.

　そのジョークの場面は次のとおりである. ルネ・デカルトが酒場に
いる. バーテンダーは「だんな, もう十分に飲まれたと思いますが」と
注意した. デカルトは「そうは思わぬ」と言い返し, そして, 消えた.

　数学教師などのように, 間違った論法を正すことを常とする人たち
は, 反射的に異議を唱えるだろう.

　　残念ながら, このジョークは正しくない. 思うことが存在を
　　含意するとしても, それが思わないことが存在しないことを
　　含意するのを導きはしない.
　　　　　　—マイケル・スチューベン/ダイアン・サンドフォード
　　　　　　　　『黒板の前に立って20年』, p.98, 脚注8

しかし，デカルトは「我は飲む，ゆえに我あり」ではなく「我思う，ゆえに我あり」を選んだ理由は，考えることと存在することの間に本質的な結びつきがあったからである[原注 14]．心にとっては，そこにあることは考えるということである．したがって，必然的に，私が存在するならば，私は考える．

> 私はある，私は存在する，これは確実である．それはしかし，いかなるかぎりにおいてであるか．思うに，私が思惟しているかぎりにおいてである．というのも，私が一切の思惟を止めるとしたならば，おそらくまた，その場で私はそっくりあることを罷める，ということにもなりかねないであろうから．今私は，必然的に真であるところのもの以外には何ものも受け入れないことにしているのである．[訳注 11]
>
> デカルト『省察』，第二省察，p.27

考えることと人の存在を結びつけるデカルトの原理を，3次元への延長を物理的な存在と結びつける別のデカルトの原理を比較してみよう．必然的に，身体が存在すれば，それは空間に延長される．物理的なものが延長をやめれば，それは存在することをやめる．同様にして，心が存在すれば，それは考える．そして，心が考えるのをやめれば，それは存在することをやめる．

このジョークを創作した才人は，おそらく，人は本質的に思考する存在であるというデカルトの原理を知らなかったのだろう．そうだとしたら，このジョークの作者は，前件を否定するという間違いを犯し

[原注 14] 1984 年，ジョン・ディヴィーは，オックスフォード大学出版のクリスマス・ショーで，リック・ウィッティングトンが，カクテルグラスとタバコ用の長いパイプを持ちバーカウンターに寄りかかる印象的な顔立ちの女性としてシャイリーン・ネイスーをゲストに呼んだことを回想している．ネイスーはハスキーな歌声で哀愁漂う「我思う，ゆえに我飲む」（作曲：ボブ・エリオット，作詞：ロン・ヒーピー）を歌った．
[訳注 11] 邦訳は所雄章他訳『増補版 デカルト著作集 2』（白水社，2001）による．

たのだ.

しかし, それ自体は妥当な論証に対して, 無効な推論をすることができる. 印象派の画家クロード・モネが頻繁に描いていたスイレンについての論証を考えてみよう.

ジヴェルニーの池のスイレンの葉は毎日2倍に増える.
その葉がこの池全体を覆うのに48日かかる.
そえゆえ, 23日間で覆われるのは, ジヴェルニーの池の半分未満である.

多くの人が, $48/2 = 24$日間でジヴェルニーの池の半分が覆われるというパラレンマを使って推論する. 彼らは間違って, スイレンの成長を等比的ではなく等差的だとみなしている. 結論に23日を選んだのは, この間違った計算に付け込むためである. 本物の補題は, ジヴェルニーの池は47日後に半分が覆われるというものだ. この補題も同じ結論を必然的に伴うので, この誤った途中段階は, 結論におけるいかなる不備によっても検出されることはない. 推論が論理的に道筋だっていない限り, 気づかれることなく無効な段階を通過するだろう. 無効な思考過程を経由して構成されたものであったとしても, 論証は妥当である. 論証は, 独り歩きするのだ.

結論:冗談好きは間違った推論をしたが, 彼のジョークは正しい. 論理学者はご用心!

32. もっとも公平に分配されたモノ

💡ルネ・デカルトによれば, もっとも公平に分配された資源とは何か.

33. 枠にはめられた公平性

1995 年，US ニュース＆ワールド・レポートは世論調査を行った．半数の読者には，「誰かがあなたを訴えて，あなたが勝訴したならば，その人はあなたの訴訟費用を払うべきか」と質問した．回答者の 85 ％が「はい」と答えた．あとの半数の読者には，「あなたが誰かを訴えて敗訴したならば，あなたはその人の訴訟費用を払うべきか」と質問した．この場合には，44 ％だけが「はい」と答えた．

「哲学は，」とオスカー・ワイルドは書いている．「他者の不幸を平然と我慢することを我々に教えてくれる」

34. より公正な食器洗いの分担に向けて

私の大学の同居人グレッグは，くじ引きで何かを分担することを許さない．グレッグは，くじ引きが不運な人々を冷遇するとして異議を唱えた．揺るぎない乱数発生器は，「不運」が人々の生来の階級を選ばないことを示している．ある人が今日インド人であるという事実は，彼が明日もインド人であると信じるもっともな理由になる．しかし，今日不運であることは，明日も不運であると予測する理由にはならない．

私は，私の将来の妻と会うことが増えるに従って，グレッグとは会わなくなっていった．私は将来の妻と安い集合住宅に引っ越した．二人は，性別に基づく家事の分担から脱却することに同意した．

これが食器洗いを微妙な問題にした．私たちは，一緒に食器洗いをしようとした．しかし，二人で洗っても，一人よりもあまり速くない．つぎに，これを交代でやろうとした．しかし，一方が当番でないときに「無神経に皿を汚している」という疑念が生じた．グレッグの心配

を払いのけて，私たちは，食後に硬貨を弾いてその夜の食器洗い係を決めるという方針に変更した．

この偶然を伴う取り決めによって，当初はワクワクするカジノの夜のような雰囲気になった．しかし，そこから私は5回連続して負けた．私は，トム・ストッパードの劇「ローゼンクランツとギルデンスターンは死んだ」の幕開けのシーンでの硬貨のことが頭から離れなかった．それは179回連続して硬貨の表が出るのだ．

しばらくの間，私は慰みに，長く続けていれば平均の法則によってすべては平等になると考えていた．しかし，これは博打打ちの誤謬の一例であることに気づいた．もし5回連続して硬貨の表が出たならば，博打打ちの誤謬を信奉する者は裏に賭ける．彼らは表が出たことを埋め合わせするように平均の法則が働くと考えるのだ．しかし，実際には，平均の法則は有無をいわさず作用する．5回連続の表という偏った出現の仕方は，投げる回数が少ないうちは裏に対する表の割合を乱している．しかし，硬貨投げを長く続けていると，この5回の傾向は，1対1という比率に徐々に影響しなくなる．これは，5回の表の超過分が消えてなくなることを意味するのではない．硬貨を投げる回数が増えるに従って，単に小さく見えるようになり，統計的には取るに足らなくなるだけである．

運は過去を覚えていない．平均の法則は，過去の不均衡の埋め合わせをしようとはしない．最終収支として，私の5夜の洗い物の負けを取り返すことはなかった．適正な手順が適正な結果を生むことを保証してはいない．

埋め合わせするように働くことによって適正な結果を保証する食器洗いのやり方がある．それは，硬貨を投げる代わりに，トランプの束から札を1枚引く．引いた札が赤ならば，妻が食器を洗う．引いた札が黒ならば，私が食器を洗う．引いた札は束に戻さないので，食器洗いをしたほうは，次回にまた食器洗いをする確率は低くなる．そして，

双方は同じ回数だけ食器洗いをすることが保証される．トランプは硬貨よりも公正なのである．硬貨は公正な手順を実現するが，公正な結果を保証するわけではない．

適正な手順は適正な結果を保証するという信念は，目的は手段を正当化するという原理を拒絶する政治哲学者にとっては重要である．たとえば，ロバート・ノージックは，『アナーキー・国家・ユートピア』において，この原理を資本家による富の自由な蓄積を定義するために用いている．それぞれの小さな取引が公正であるならば，蓄積された富の再配分，すなわち，多くの貧しい者からわずかな富める者へのお金の流れは，公正である．

おそらく，ノージックは，公正と認識した手順の結果を人々が黙諾する傾向にあると考察して，波立つ水面を平らにしようとしたのだろう．たしかにそのとおりだが，別の説明をすることもできる．民主的安定のためには，ある手順が公正かどうかにかかわらず，その結果を遵守することであり，私もこれには同意しよう．しかし，これは，結果を受け入れることを余儀なくさせることを承諾しているのであって，手順が公正であることを承諾しているのではない．

目的が手段を正当化することはない．

35. 食器洗い当番が見落としたこと

私の同僚フランシス・カムは，食器洗い問題に対するトランプを使った解にはまずい点があると指摘した．私のやり方では，食器洗いをした回数を覚えておくと，最後の札の色を予測することができ，うまくいかないのである．

そのように予見できるということは，無神経に皿を汚しているのではないかと不安にさせる．（トランプの最後の札に対応する）52日目

に自分は食器を洗うことがないと分かっていれば，汚した食器を自分で洗わなければならないかもしれないという懸念による食器の使い方の自制がなくなる．

これは，事態をもっとひどくできる絶好の機会だ．一連の食器洗い当番の初めに私が不運だったことを感謝する．私は，自分が 26 回の食器洗いの当番をさっさと終わらせることで，食器洗いの業を十分に蓄積したであろう．最後の 5 回の食器洗いは妻になるのが予見でき，私は何のおとがめもなく食器を汚すことができる．（それは洗剤では落とすことはできない．）

💡このように予見されないようにするには，トランプを使った当番の決め方をどのように修正すればよいだろうか．

この後ろ向きな推論を私が見落としていたことにカムは驚いた．なぜなら，私は，後ろ向き数学的帰納法[原注 15]に関する記事をいくつも書いているからである．

私はそれほど驚かなかった．私の専門知識は，活動を始めるところに達していない．私は，心理学の研究会でトベルスキーとカーネマンが取材する研究者と同じくへたくその範疇に属する．統計学の訓練を受けていても，質問が馴染みのない形で提示されると，専門家も訓練を受けていない人と同じ過ちを犯してしまうだろう．

しかし，カムはまだ懐疑的であった．なぜなら，最古の後ろ向き帰納法の一つは，トランプの束を用いるものだからである．あなたの仕事は，私に分からないような位置にスペードの A を入れておくことだ．私は，束の上から順に札を 1 枚ずつ表返していく．私が，ある時点で，次の札がスペードの A であることを予見したら，私の勝ちであ

[原注 15] 数学的帰納法は，増加する数によって簡潔に表現された「滑りやすい坂」論法である．初期段階：10 億は大きい数である．帰納的段階：n が大きい数ならば，$n+1$ も大きい数である．結論：20 億は大きい数である．ほら，10 億段階もの論証が脚注に収まるほど短くなった．

る．私の予見できない位置にスペードの A を入れておいたならば，あなたの勝ちである．

あなたは，このゲームで簡単に勝つことができる．実際には，あなたが勝つであろうことは，分かりきっているように思える．あなたがそれを知っていることを私もまた分かっているだろうし，私がそう知っていることもあなたは知っていると，どこまでも続く．すなわち，あなたが勝つということは共有知である．しかし，もしそれが本当に共有知ならば，次のように論証することができる．あなたは，束の一番下にスペードの A を置くことはできない．なぜなら，もしそのようにしたら，私は最後から 2 番目の札まで表返したところで，スペードの A の位置を予見することができるからである．これが分かると，私は，上から 51 番目の札がスペードの A である可能性も除外することができる．なぜなら，50 番目の札まで表返したところで，私には，スペードの A が 51 番目か 52 番目のいずれかであることが分かる．しかし，前述のような論法によって，スペードの A は 52 番目にはなりえないことが私には分かる．したがって，私は，スペードの A が 51 番目にあると予見することができる．数学的帰納法によって，私は束のすべての札がスペードの A である可能性を後ろから順に除外していくことができる．

経済学者は，私の負けが共有知であるのを前提とした背理法として，この論証を認める．彼らは，共有知が現実にはほぼ成り立たないくらいの非常に強い条件であることを重視する．

哲学者は，経済学者と意見を異にする．共有知がそれほどまでにまれならば，哲学者は，慣習や意味のような現象を分析するのに共有知を使うことができなかったであろう．

この意見の相違の一部は，このパズルのより自然主義的な変形に哲学者が着目しているという事実から生じているのかもしれない．予期できない試験のパラドックスでは，教師は生徒に次の条件のいずれか

が成り立つと告知する.

(i) 月曜日に試験を行い，生徒はそのことを月曜日より前に知ることはない. または，

(ii) 水曜日に試験を行い，生徒はそのことを水曜日より前に知ることはない. または，

(iii) 金曜日に試験を行い，生徒はそのことを金曜日より前に知ることはない.

生徒は予期できない試験は不可能だと主張する. 生徒は，金曜日に試験を行えないことを知っている. なぜなら，生徒は，木曜日には，試験は金曜日に行われると演繹できるからである. 生徒がこう推論することは，週の最初の日である日曜日に可能である. したがって，月曜日に試験が行われなければ，生徒は火曜日には試験は水曜日に行われなければならないと知ることになる. 生徒がこう推論することも，また日曜日に可能である. したがって，その時点においてさえ，生徒は，水曜日に試験を行うことは不可能だと知りうるだろう. その結果として，日曜日の時点で，生徒は試験が月曜日に行われると分かる. それゆえ，予期できない試験を実施できる日はひとつもない.

だが，教師は，月曜日に試験を行う. 生徒は，それを事前に分かっていなかった. 現実は論理学を手玉に取ったのだ.

私の分析はこうだ. 生徒は，教師の告知を知るところから出発したが，試験が木曜日までに行われなければ，その知識を失うことになる. なぜなら，教師の告知のうちで除外されない選択肢は (iii) だけだからである. そして，木曜日に生徒が (iii) を知ることは不可能である.

なぜなら，(iii) は，木曜日に生徒が (iii) を知らないことを含意するからである. それを知らないことは教師には及ばないので，教師は (iii) を知りうる. 教師の告知が自滅的な結果となるのは，偶発的であり発展的である.

このパズルの規模を大きくしても，同じことが起こる．スペードの A が最後の二，三枚の中にあるならば，私は「あなたは，スペードの A を私がけっして予見できないような位置に入れた」という知識を失うことになる．なぜなら，その時点で，私の知りえない位置にスペードの A を入れたという当初の知識を損ねるような知識を私は獲得したからである．詳細については，『盲点』に書かれている．これは，カムが強調したように，ちょうど発刊したばかりの私の書籍である．

36. 発展的自滅

1998 年に，ニューヨーク州プレインビューに本拠地を置く Bureau for At-Risk Youth（危険にさらされている青少年のための窓口）は，その標語である TOO COOL TO DO DRUGS（ドラッグをやるなんてイケてない）と刻印された鉛筆を小学生に配布した．ティコンディローガ小学校の 10 歳の生徒コディ・モジアは，偶然にあることを発見した．その結果，この鉛筆は回収された．♀コディは何を見つけたのだろうか．

37. 抜き打ち試験

統計学の教授が，次のように告知する．「毎日の授業は，サイコロを転がすことから始めます．そして，6 の目が出たらその場で小テストを行います．」今日，月曜日は，6 の目が出た．したがって，小テストが行われる．その小テストの最後の問題は次のとおりである．♀「明日以降で，次の小テストが行われる日にもっともなりやすいのは，どの日か」

38. グレシャムの法則を強要する[原注 16]

1965 年 4 月 1 日，あなたは一杯くわされた．

あなたは，米国の 25 セント銀貨を蒐集していた．1965 年以前には，25 セント銀貨は 90 ％が銀でできていた．あなたは，その価値は高まるだろうと予想していた．（そして，銀の価値の上昇のおかげであなたの予想は正しく，25 セント銀貨 1 枚は今や 3 ドル以上の価値がある．）

1964 年以降，25 セント銀貨はニッケルと銅で作られている．銀貨の縁を見れば，その違いを見分けることができ，どちらが銀 90 ％の銀貨か分かる．

あなたは，蒐集の方法として，三つの容器を用いていた．銀貨が入っている一つの容器には，「混在」という札が貼られている．あとの二つの容器には，それぞれ「銀」と「非銀」という札が貼られていて，選別した銀貨が入っている．

銀		混在		非銀

しかし，少々厄介なことに，意地悪な兄弟である私は，すべての容器の札を貼り替えるという愉快なエイプリル・フールのいたずらを考えた．あなたは，それらの札を正しく元の容器に戻したい．💡そのためには，何枚の銀貨を調べる必要があるだろうか．

[原注 16] エリザベス女王は，劣化したシリング硬貨が代わりに使われたのち，なぜ英国の古いシリング硬貨は消えてしまったのかとトーマス・グレシャム卿に尋ねた．1558 年の女王の即位に際して書かれた手紙では，女王の金融代理人であるグレシャムは悪貨は良貨を駆逐すると説明した．硬貨が法定通貨と同じ価値であるが，（たとえば価値のある金属といった）別の視点からは価値が異なるとき，価値の低い硬貨が支払いに使われる．価値の高い硬貨はため込まれるのだ．

39. 数に対するグレシャムの法則

　数字は取扱いが簡単で基本的な数を表す．そして，大きな数は無数にある．小さな数の蓄えは限られている．悲しいかな，この小さな数はため込まれがちである．

　もともと，野球選手はその打順に合わせて1から9までの背番号をつけていた．しかし，この順序は生かされず，エントロピーは増大しつづけた．

　感傷主義がこの体系を破綻させた．いくつかの番号は，人気のある選手と結びつけられるようになった．その選手が引退するとき，その背番号も使わないことにしてその選手を称えた．

1 ビリー・マーチン	2 デレク・ジーター	3 ベーブ・ルース
4 ルー・ゲーリック	5 ジョー・ディマジオ	6 ジョー・トーリ
7 ミッキー・マントル	8 ヨギ・ベラ	9 ロジャー・マリス

ニューヨーク・ヤンキースの1桁の永久欠番

　公式な引退だけがこうなった要因ではない．現在の野球選手は，1桁の背番号をどれも避ける．彼らは，過去の偉大な選手と同じ範疇に身を置きたくはないのである．あとに残されたのは，2桁の数の混沌である．

　1から9までの数を使う典型的なゲームを楽しみたいのなら，ロナルド・グラハムの足し算ゲームはいかがだろう．二人のプレーヤーが交互に1から9までの整数を一つ言う．同じ数を繰り返してはならない．先に自分の言った数のうちの3個の合計が15になったプレーヤーの勝ちである．

これはやりがいのあるゲームである。組み合わせの数は膨大にある。

それにもかかわらず、あなたはあっという間にこのゲームで無敵になれる。あなたが別の完璧なプレーヤーと対戦すると、あなたが完璧な手を打てば、起きていることを観客に深く考えさせることになるだろう。最初に数を選ぶプレーヤーがつねに勝つのではないかと。

その答えは、グラハムの足し算ゲームを三目並べに帰着させることの見事な系から得られる。3×3 の魔方陣に 1 から 9 までの数を書き込む。魔方陣の行、列、対角線の和はいずれも 15 になる。このゲームは、三目並べと完全に対応している。三つの数の和が 15 になるとき、それらは正確にある直線上に並んでいる。

2	7	6
9	5	1
4	3	8

この魔方陣を用いて、三目並べを対戦する計算機プログラムを作ることもできる。計算機はどんなゲームなら対戦するのかという興味深い問題が生じる。計算機はどんなゲームでも対戦するのか尋ねてみるとよい。

しかし、理想的な思考をする者どうしが対戦したらどちらが勝つかという問題に立ち戻ってみよう。そう、三目並べは引き分けに終わることはすでに分かっている。グラハムの足し算ゲームは三目並べに帰着されたのだから、双方が完璧な手を打てばどちらのゲームも引き分けになる。

40. 一番不精な背理法

「チェック・チェス」では、先に王手をかけたプレーヤーの勝ちになる。マーチン・ガードナーは、開始局面から白が強制的に王手をかけ

られるので，このゲームがつまらないものであることを示した（『数学カーニバル』，p.183）．そのためには，二つのナイトがあれば十分である．

それでは，それぞれのプレーヤーが2手ずつ打つことのできる2手チェスを考えてみよう．💡2手チェスにおいて，先手である白は，最悪でも引き分けに持ち込めるだろうか．

41. 旅のエア連れ

空想の友人を連れていくと，ひとりの旅行も少しは恐怖心が和らぐ．その友人は聞き上手である．また，彼は思考実験に参加してくれて問題を解く手助けをしてくれる．

私は，バージニア州アーリントンで，適当な方向から国防総省に向かって歩いている．💡そのとき，国防総省の建物の3辺が見える確率はどれだけか．

日の出に，私はスロバキアのハイ・タトラ山の氷で覆われたツンドラにあるケズマルスケ・ヒュッテに向かって山歩きをしている．この立方体の形をした宿泊所は，チェコの建築事務所アトリエ8000によって建てられた．立方体の一つの頂点が地面に接しているこの建物は，ハイ・タトラ山を転がるサイコロのように見える．中に入ると，奇妙な方向に窓がある．そのよいところは，星空を見ながら寝られることである．日の出に，私は同じ道を通って山を下りる．下り坂なので，上りよりも速く歩くことができる．💡その道で，上りと下りで同じ時刻に通過する地点がある確率は．

質問に答えることにくわえて，空想の友人はいくつかの質問をすることもある．ストーンヘンジでは，その構造物が真夏の朝日や真冬の夕日と見事に調和していることに私は畏敬の念を覚えた．私は，この

構造物の設計者がこの時節がらの調和にどんな意味をもたせたのか知りたいと思った。

7月11日にニューヨークに戻ると，マンハッタンの街並みの東西の道筋が沈む夕日と完全に調和していることに空想の友人は畏敬の念を覚えた．彼は，この街の設計者がこの時節がらの調和にどんな意味をもたせたのか知りたいと思った．

42. 双子都市の競争

双子の姉妹は，双子都市であるミネアポリスからセントポールにいっしょに移動しなければならない．彼女らは一輪車を1台だけもっていて，それを交代で使うことにする．姉妹の一人が一輪車で1キロメートル進んだら，もう一人のためにそこに一輪車を置いて，徒歩で先に進む．後からそこにたどり着いたもう一人は，そこから一輪車で姉妹を追い越して1キロメートル進み，またそこに一輪車を置いておく．このようにして，セントポールに着くまで，交代で一輪車を使う．ソロという男性が，同じ時間に出発して，同じ道を歩く．ソロは，双子の姉妹のどちらよりも速く歩くことができる．しかしながら，ソロの歩く速さは，一輪車に乗った双子の半分の速さである．

それにもかかわらず，ソロは，双子がともにセントポールに着くよりも早く自分が着くと推論した．なぜなら，双子の一方はつねに歩いていて，それはソロよりも歩くのが遅いからである．ソロはつねに双子の一方より先行しているから，先にセントポールに着くにちがいない．

双子は，ソロがつねに歩いていて，一輪車はそれよりも速いから，自分たちが先に着くと推論した．

💡ソロと双子のどちらが先にセントポールに着くだろうか．

43. 二人でフグを

日本の魚フグは，その生物の神経毒がある卵巣，肝臓，皮膚を注意深く取り除いて食べなければならない珍味である．フグの神経毒は，軽めの摂取では興味深いしびれの感覚を生み出し，食通に珍重されている．（おそらくまた，映画にもなった子供のイルカが，フグをかじってはそれを次のイルカに回して楽しんだのであろう．）

フグは，江戸時代および明治時代には一部の地域で禁制となっていた．伝統的に，天皇はフグを食することが禁じられている．しかしながら，現代の日本の考え方は「フグ食う馬鹿，フグ食わぬ馬鹿」ということわざに要約される．

フグの骨は，2300 年前の縄文時代の貝塚から見つかっている．毒に対する懸念は，料理に関する伝承としても記されている．

二人の食いしん坊がフグ鍋を作った．二人は互いに先に食べるように相手に勧めた．二人は譲り合って身動きが取れなくなった．

そのとき，通りにいる物乞いが窓から見えた．二人は，その腹を空かせた男にかなり量を気前よく与えた．1 時間後，二人はその物乞いを確認した．物乞いに麻痺の兆候はなかった．二人は，物乞いが健康であるのを見て喜んだ．そして安心してフグ鍋をほおばった．

その夜遅く，お腹一杯になった二人は，またこの物乞いに出会った．今度は，物乞いは娘を連れていた．「乞食よ，あんなにうまい鍋を食べたことがあったか．」みすぼらしい男は，肩をすくめて何も答えなかった．嘲るように，食いしん坊たちは歩き去った．

物乞いは，食いしん坊たちの確かな足取りに喜んで，彼ら

の質問の答えはすぐに分かると娘に打ち明けた．そして，隠してあったフグ鍋を取り出すと，二人でご馳走を分け合った．

44. 名前当て

『イーリアス』の作者はホメーロスか，もしホメーロスでなければ，ホメーロスと同じ名前の誰かである．

オルダス・ハクスリー

あなたの所有物であるが，あなたよりもほかの人のほうが多く使うものは？

答えはあなたの名前である．実際，他人はあなたの名前を重宝するので，あなたは自分の名前を秘密にしておきたいと思うだろう．私はあなたの名前を知っているが，あなたは私の名前を知らないならば，私は簡単にあなたを特定することができるが，あなたは私を見つけづらくなる．

あなたの名前は，あなたの洗礼から現在の使用にまで伸びる因果連鎖の一部である．あなたの名前を知ることで，私は社会的ネットワークを介してあなたの正体を突き止められる．いったん警察が犯罪者の名前を知れば，記録や裏社会での犯罪者のつながりを介して警察は彼を見つけることができる．無駄なレッテルのように見えるかもしれないものは，実際には強力な調査の道具なのである．対等になれるように，私が自発的に自分の名前を言うことを期待して，あなたは「失礼ですが，あなたは私より有利ですね」と指摘するかもしれない．あるいは，あなたが「お名前は何とおっしゃいましたかね」と言うかもしれないが，私は遠慮がちに「いや，私は言ってません」と答えるだろう．

名前の秘匿は，人類学者をいらつかせる．E.E. エヴァンズ＝プ

リチャードは，南スーダンのヌアー族の人々を「調査を妨害する達人[訳注 12]」（『ヌアー族』，p.12）と位置づけている．エヴァンズ＝プリチャードは，ヌアー族の手口を「民俗学者たちの好奇心に悩まされている[訳注 13]」すべての原住民に推薦している．ヌアー族の情報提供者は，たばこをご馳走になるために姿をみせる．しかし，話が差し障りのない一般論を超えてしまうと，会話は遅々として進まない．あなたは誰？人間だ．あなたの名前は？私の名前を知りたい？そうだ．私の名前が知りたいのか？

　エヴァンズ＝プリチャードは，彼の情報提供者が誠実さを疑っているという前提を考慮していない．英語の名前は，原住民が慣れ親しんだ名前のようには聞こえない．原住民は，だまされて偽の名前と引換えに彼らの本当の名前を知られてしまうのではないかと疑っているのである．アルフレッド・ラッセル・ウォーレスは，『マレー諸島』（1869）において，アルー諸島に関する章で原住民の疑念について次のように回想している．

　　そのうち数人の男たちが私を取り囲み，私の国の名前を教えてくれとせがみはじめた．この質問はもう二〇回目ぐらいであった．彼らは発音がうまくできないものだから，私が嘘をついている，勝手に作った名前を答えているのだろうという．一人の陽気な老人は，私の故郷の友人に笑ってしまうほど似ていたのだが，ほとんど憤慨してしまった．「ウング・ルンだと！」と彼はいう．「誰がそんな国の名を聞いたことがあるか？―アング・ラン―アンガー・ラン―お前さんの国がそんな名前であるものか．わしらをからかっているんじゃろう」．そして彼は，誰もが納得せざるをえないような結論を

[訳注 12] 邦訳は向井元子訳『ヌアー族：ナイル系一民族の生業形態と政治制度の調査記録』（平凡社，1997）による．
[訳注 13] 同上．

つきつけてくる.「わしの国はワヌンバイじゃ―誰でもワヌ
ンバイといえる.わしはワヌンバイ人じゃ.それを,ン・グ
ルンじゃと!そんな名前を聞いたことのあるやつがいるか?
お前さんの国の本当の名前を教えてくれ.そうでなければ,
お前さんが帰ったあと,わしらはお前さんのことを話せない
じゃないか」.[訳注 14]

　名前を明かしたり嘘の名前を知らされたりする心配は,ホメーロス
の叙事詩にも見られる.一つ目の巨人ポリュペーモスは,オデュッセ
ウスを引っ掛けて,名前を明かさせようとする.この一つ目の巨人は,
オデュッセウスに便宜を図るためには名前が必要だと言う.狡猾なオ
デュッセウスは,「ダレデモナイ」と答える.その便宜とは何か.食べ
るのを最後にすることである.

　夜にオデュッセウスの仲間がポリュペーモスの目を潰したとき,そ
の悲鳴をポリュペーモスの仲間は聞いた.心配した仲間の巨人たちは,
誰に襲撃されたのかと尋ねる.ポリュペーモスは「襲ったのはダレデ
モナイ」と答える.仲間の巨人たちは寝床に帰ってしまう.

　船に乗って逃げる際に,オデュッセウスは,ポリュペーモスの目を
潰した手柄を自分のものにするために,衝動的に本当の名前を叫んで
しまう.オデュッセウスはこの軽率さのつけを払うことになる.

　このような名前の謎かけは,人類学,歴史,そして神話にもある.
あなたがそのような謎かけを告げるとき,あるいは,解くとき,古び
た本に新たな一章を加えることになる.

　あなたの手練手管を鍛えてみよう.

1. テオグニスの父親にはアルジェイア,アルテミシア,メネクセ
　ン,パンタクレイアという5人の子供がいた.5人とも女性で
　あり,紀元前3世紀には論理学者になった.💡5人めの娘の名

[訳注 14] 邦訳は新妻昭夫訳『マレー諸島』(筑摩書房,1993) による.

前は.

2. パイド・パイパー作戦は，ナチスの爆撃の危険がある地域から子供たちを避難させるために，1939 年 9 月 1 日に開始された.

まとめ役の一人である，引退した看護教員は，パディントン駅で以前の生徒に一目で気づいた．彼らは 20 年間話をしたことがなかった．以前の生徒は，12 年前に外科医と結婚していた．彼らには息子がいて，駅のホームでの騒動でかなり怯えていた．「坊や，名前はなんていうの」と彼女は尋ねた．「ジェイク」と少年は答えた．そこで老看護師は尋ねた．「ジェイク・ジュニアはどの列車に乗るの．」彼女は，これまでに外科医に会ったことはなかった．💡彼女はどのようにして少年がジェイク・ジュニアだと分かったのか．

3. ある男性に会って，彼の名前を聞き出した（I Met A Man And

Drew His Name). 彼は帽子を取って挨拶し，私の思惑どおりに動いた (He Tipped His Hat And Played My Game). 💡彼は何という名前か.

4. 論理学者ルース・バーカン・マーカスの夫の名前はジュール・アレクサンダー・マーカスである. 💡それでは，クルト・ゲーデル夫人の夫の名前は.

5. あなたはシベリアで小型の定期往復便を飛ばしていると仮定しよう. 離陸時の乗客名簿には，男性5人，女性一人とその双子の娘が記載されていた. 次に着陸したときに，男性3人が降り，一人息子を連れたカップルが乗ってきた. その次に着陸したときには，双子とその母親が降りた. 💡それでは，この操縦士の名前は.

45. リチャード・ファインマンは矛盾している

[言葉からは何も推論することはできない.] 私は一人で微笑んだ. なぜなら，父が私に [その名前からは] その鳥について何も分からないとすでに教えてくれていたからである. 父は私にこう教えた. 「あの鳥が見えるか. あれは，ノドグロツグミだ. だが，ドイツではハルゼンフリューゲルと呼ばれるし，中国では赤頸鶇と呼ばれる. そして，そのような呼び名を全部知っていたとしても，その鳥については何も分かっていない. 人々がその鳥を何と呼んでいるかについて分かっただけだ. ほら，あのツグミは鳴き，雛に飛び方を教え，そして夏の間にこの国を横断してかなりの距離を飛ぶ. そして，どちらに飛ぶかをどうやって知るのか誰も知らない...」これ

がものの名前と実際に起こっている事の違いである.
— リチャード・ファインマン「科学とは何か」
The Physics Teacher, 1969, 7(6): 313–20.

と，リチャードが
「まあこれを見ろよ．[チューバ自治共和国の] 首都の綴りは
KYZYL だぞ！」と叫んだ．
「まさか！」と僕は呆れた．
「まともな母音が一つもないじゃないか！」
「ねぇ，ぜひともそこへ行きましょうよ」と [ファインマンの妻]
グウェネスが言った．
「そうだ！行こう，行こう．KYZYL なんて綴りの場所のこと
だ．絶対面白いにきまってるよ！」
そこでリチャードと僕は顔を見合わせ，ニヤリと握手をかわし
たのである．[訳注 15]
— ラルフ・レントン『ファインマンさん最後の冒険』

ファインマンの一貫性を擁護する人がいるかもしれない．最初の一
節では，名前はその名前を使っている人々についての事を教えてくれ
るだろうとファインマンは認めている．旅行者は，情報たっぷりの絵
葉書を送ってくるだろう．Grtngs frm Kyzyl! Tvns r hppy flks. Bt
thy 8 vwlls. Bst wshs, Rchrd.

この弁護は，人々が自然の一部であるという事実を見落としている．
ある鳥の種をハルゼンフリューゲルとドイツ人が呼ぶことを学んだ
とき，あなたはその種についての手がかりを得たのである．この追跡
装置によって，その鳥についてもっと学ぶことができるようになる．
ドイツ人の間には言語学的分業がある．一旦，あなたが何について知

[訳注 15] 邦訳は大貫昌子訳『ファインマンさん最後の冒険』（岩波書店，1991）によ
る．

りたがっているかが分かれば，彼らはあなたの質問を野鳥観察者や鳥類学者に転送してくれる．このような専門家はその種そのものにつながっている．

　歳を取るにしたがって，名前にたどり着く能力は低下する．それでも，「チャレンジャー号の悲劇を調査した有名な物理学者」のような確定記述を媒介として間接的に言及することができる．しかし，このような受難者は，名前のように直接つながることはできない．

　幸いにも，私たちの記述に応えてその名前を見つけ出すことのできるほかの人たちがいる．しかし，私たち全員が名前が分からなくなったと仮定しよう．これでは，記述によって対象を正確に選び出せるまでは，その対象に言及することができないだろう．名前によって，私たちはその事柄に札をつけ，あとでそれを見つけ出すことができるのである．

46. ガルブレイスの牝牛

　「あれ（that）」が指し示す対象は，きわめて直接的で分かりやすい．それは，あなたのすぐ目の前にある何かである．あなたは，この便利な指示詞を使ってそれに「銛」を打ち込む．

　あなたは，その指示対象の特質についてまったく知らなくても構わない．コント「あれはいったい何だ」（サタデー・ナイト・ライブ，シーズン 5 第 1 話）では，スティーブ・マーチンとビル・マーレイが詮索好きのアメリカ人旅行者二人組を演じている．マーチンは，舞台を歩き回り，カメラを覗き込み，こう尋ねる．「あれはいったい何だ.」そこにビル・マーレイが加わり，謎が謎を呼ぶ．二人は，どうすればそれが手に入るかを尋ね，子供たちにはそれに近づかないよう，あるいは，それに口をつけないように警告する．

突然，マーレイがパッとひらめく．「あれが何かは知っているさ.」マーチンは，訳知り顔で微笑み，相槌を打つ．「ああ，もちろん.」しかし，二人の自信は勢いを失う．マーチンは，肩をすくめ，少なくともあれと一緒に写真をとっておくべきだと考える．マーチンはカメラをマーレイに渡し，小走りに視界から外れると，マーレイに写真を取るように頼む．彼らの質問の答えは得られず，ひねくれて，あれが何であるかは重要ではないと宣言する．二人は，無関心を装い，ふんぞり返って立ち去る．しかし，マーチンが後ずさりして視界に戻ってくる．「あれは何？」

このがさつな旅行者たちは，無知にもかかわらず，同じことを語っている．写真はそれが何の写真であるかを知る必要はないのと同じように，話し手は彼らが指しているものが何かを知る必要はない．「あれ」は，愚かさを許容する．

名前は，愚かさを許容することを「あれ」から受け継ぐ．なぜなら，指差して「あれを N と呼ぶ」と宣言することで，その対象に N という名前がつくからである．

「その (the)」は，「あれ」よりも認識に対する要求が高い．確定記述は，指示対象に一意に当てはまる特徴を列挙することで，指示対象を捉えなければならない．その属性に適合しない事柄はろ過される．しばしば，確定記述によって，まったく何も捉えられないこともある．不老不死の泉，火星の月，放射線の効果などが，その一例である．「あれ」を使えば，外すことは難しい．

「あれ」の核心は，まず指示対象を確保し，そのあとでその特質について分かることである．銛を打ち込んだものが何であれ手繰り寄せてから，ゆっくりと手間をかけてその獲物を調べればよいのだ．

しかし，「あれ」の話にも予想外の展開がある．

経済学者ジョン・ケネス・ガルブレイスは，カナダの農場育ちである．ある年の春，若きガルブレイスと彼が想いを寄せる女の子は柵に

座って，牡牛が牝牛に種付けをしているのを見ていた．ガルブレイス
は，女の子に向かって，思わせぶりな面持ちでこう言った．「あれは楽
しそうだね．」女の子は答えた．「そう，...あなたもあの牝牛と」

　女の子のジョークは，「あれ」がどれほど抽象的でありうるかを示し
ている．ガルブレイスと女の子が見ているのは，x が y と交尾してい
るという関係の生々しい実例である．しかし，ガルブレイスが意図し
たのは，一般的な交尾である．ガルブレイスは，特定の牡牛と特定の
牝牛を切り離して抽象化した．ガルブレイスは，交尾を控えめにほの
めかすことで，x が y と交尾するというまっさらな例が生み出される
ことを期待したのだ．

　女の子の返答は，ガルブレイスの期待に半分だけしか沿っていない．
彼女は，牡牛を切り離して抽象化したが，牝牛は切り離さなかった．
x がガルブレイスの牝牛と交尾するという部分的に抽象化された関係
のことをガルブレイスが言っていると彼女は装ったのである．

　投機的バブル経済についてのガルブレイス教授の理論化には，この
女の子のジョークと通じるものがある．「往々にして，優れた知識と
いうものは，事実や現実から抽象されるのではなく，その内容につい
て語っているのが誰であり，どれほど上手な語り方をするかというこ
とによってその価値が評価されるものなのである．[訳注 16]」（『大恐慌
1929』）

47. 赤ちゃんの論理名

　論理学者ディオドロス・クロヌスは，名前が社会的慣習であること
を証明するために，自分の娘の一人に「テオグニス」という男性の名

[訳注 16] 邦訳は牧野昇監訳『大恐慌：1929 年は再びくるか!?：新訳』（徳間書店，
1988）による．

前をつけた.（「テオグニス」は紀元前6世紀の著名な詩人の名前でもある.）このことが，父親の職業を継ぐようにテオグニスを促したのかもしれない.実際には，クロヌスの5人の娘は全員が著名な弁証家になった.

理論よりも実用のほうに興味のある哲学者もいる.仏教徒は，役に立つ名前を好む.

ブッダは，まだシッタルタ王子であったときに，王宮を去ろうと固く決意した.彼の妻ヤショダラは妊娠していたので，悟りの探求を控えるという迷いも湧き起こった.息子が生まれたことを聞いたとき，シッタルタはこう答えた.「ラフーラが生まれ，足かせができた.」このことによって，ラフーラは「足かせ」あるいは「障碍」を意味し，適切な警鐘を表す名前になったのである.

シッタルタへ警鐘をならすことに加えて，この名前がラフーラ自身を助けたのかもしれない.ラフーラは，母親と祖父のスッドーダナ王に育てられた.7歳のときに，ラフーラは，父に会うことを要求した.母はそれに同意した.母は，息子が相続を引き受けて欲しかったのである.

ブッダが戻ってから7日目に，父に会わせるために母は息子を連れていった.ラフーラは，教えられたとおりに，ブッダにこう言った.「私に相続させてください.」ブッダは何も言わず，息子についてこさせた.ラフーラは喜んで，こう言った.「ああ，あなたの影さえも私を喜ばせる」

父と子がニグロダの公園にさしかかったとき，ブッダは息子の将来について深く考えた.ラフーラは，父を相続したがっている.しかし，この世の相続は厄介事を伴う.息子には悟りの恩恵を授けたほうがよい.そうして，ラフーラは，超越的な相続を受けた.ブッダはラフーラを出家させ，この7歳の少年を最初の沙弥（少年僧）にした.

私の妻が子供をもつことに思いを巡らしたとき，私は名前づけによ

47. 赤ちゃんの論理名　　79

る避妊を試みた. 自分の子供につける女性はいないだろうという名前
を考え出したのである.

　このうえない候補は, 1948 年の Analysis 誌にあった. ピーター・
ギーチは, ある人たちには彼らを正確に記述するいい名前がついて
いると述べるところから論文「悪名氏」を書き出している. パン屋の
ベーカー氏はいい名前である. しかしながら, 弁護士のクック氏は悪
い名前である. なぜなら, 彼の名前は不正確な記述になっているから
である. それでは,「悪名」という名前の人を考えてみよう. 悪名氏は
いい名前だろうか, それとも悪い名前だろうか. これが悪い名前なら
ば, 彼の名前は彼を正確に記述していることになる. すると, 悪い名
前ならば, 彼の名前はいい名前ということになる. しかし, 悪名がい
い名前ならば, 彼の名前は彼を正確に記述しえない.

　ギーチ教授は, 次の嘘つきのパラドックスの新手の変形を提示して
いたのだ.

　　　L: この文は正しくない.

　L が真ならば, L はそれ自体が真でないと述べているのだから, L
は真にはなりえない. しかし, 文 L が真でないならば, それは L が述
べているとおりのことである. この場合, L は結局のところ真である.
嘘つきのパラドックスは, 古代ギリシアの哲学者エウブリデスにまで
遡る. このパラドックスは, グレリンの「非自己記述的」パラドック
ス, ベリーのパラドックス, リシャールのパラドックスなど数多くの
パラドックスの原点である. 重要な変形がまだ新たに発見されている.

　この歴史まるごとと進行中の研究に興奮して, 子供の名前として
「悪名」を提案した. ほかの子供たちは, 哲学的問題と徐々に向き合っ
ていく. 私たちの子供は, スタート時点で一歩先んじている.

　多くの人々は, まず, この子供は悪い名前だと断定するだろう. し
かし, その判断は再考を促すだろう. そして, そのような再考は, 再々

考の理由になる．近い将来，数多くの思考が継続している．そして，私は人々に考えさせるのが好きなのだ．

このような着想の対象となることに加えて，注目された子供は，自分自身もこの熟考に参加せざるをえないだろう．ほかの子供たちは名前として無意味なレッテルをつけられているのに対して，私たちの子供は知的な「偽名」が与えられていることになる．

妻は，自分自身ではほとんど調査しなかった．彼女は，ニューヨークの母親たちは新生児の名前に関して法律上完全に支配していることを発見した．残念ながら，ニューヨークに住む同輩には，この名前づけによる避妊を推奨できない．

48. 相対的に悪い名前

英国ハートフォードシャー州にあるグレート・ワイモンドレーは，リトル・ワイモンドレーよりも狭い．この二つの地域は，個別には悪い名前ではないが，二つを合わせると悪い名前になる．

名前によって記述される内容が不適切である必要はない．イーヴリン・ウォーの最初の妻の名前はイーヴリンだった．この場合の問題は，それぞれが夫と妻を区別できない名前であることだ．

テレビ番組「モンティ・パイソン」第2シリーズ第9話には，オーストラリアのウーラマルー大学哲学科を扱ったコントがある．教授陣は，全員がブルースという名前である．新しい講師マイケル・ボルドウィンが紹介されたとき，職員は，混乱をさけるためにブルースと呼んでも構わないかと尋ねる．

49. ローマ人と類似のユーモア

　古くからのジョークは，現代のジョークとの類似性によって，より滑稽なものになる．顎髭が出てくると言われた若い知識人の噂を千年紀の変わり目に耳にした．彼は裏口で待っていた．別の知識人は，彼を笑い，こう言った．「なるほど，我々知識人が常識のなさをばかにされるわけだ．どうして正面入り口を通ってくると思わないのか」[訳注 17]

　ローマ皇帝の伝記集『ヒストリア・アウグスタ』によれば，エラガバルス（アントニヌス・ヘリオガバルス）帝は「八人の禿頭の者を夕食に招くことをよく行っていた．同様のことを，八人の独眼の者，八人の痛風の者，八人の耳の不自由な者，八人の黒人，八人の背の高い者，八人の肥えた者についても行い，肥えた者たちが一つの半円形臥台に座りきれない時には，[彼らをねたにして]周りの人すべてを笑わせていた．[訳注 18]」

　なぜ，驚くほどの類似性が，笑いの種となるのだろうか．19世紀の哲学者アンリ・ベルクソンによれば，私たちは生き物が機械的に見えるのを笑う．バナナの皮で滑ったとき，あなたの振る舞いは，一種の落下する物体のようになる．上の空で奥さんを撫で，犬に口づけするとき，あなたの動きはいつの間にか杓子定規なからくり人形のようになっている．機械のようになる三つ目の方法は，均質になることである．車大工は，車輪を大量に作る．あなたが大量生産されているよ

[訳注 17] 古代ギリシアの笑い話集『フィロゲロス』に次のような話が収録されている．
　うつけ者，
　「お前さんの髭さんがいよいよ来るぞ」と人に言われて，門のところへ出かけて待ち受けた．もう一人のうつけ者がその訳を尋ね，合点して言うには，
　「俺たちが阿呆と思われるのも当然や．なんでお前は，そいつが別の門からはやって来んと思うのや」
（邦訳は中村哲郎訳『フィロゲロス–ギリシア笑話集』（国文社，1995）による．）
[訳注 18] 邦訳は桑山由文/井上文則/南川高志共訳『ローマ皇帝群像2』（京都大学学術出版会，2006）による．

うに見えるならば，あなたは製品のレベルにまで落ちたということである．

ハロウィーンパーティに同じ仮装で現れたときのように，類似性が意気消沈させる効果は，私たちが創造的であろうと苦労しているときに最大限に発揮される．

かつて，6ヶ月先送りにしてあった想像力に関する小論をどのように続ければよいかについて，ひらめいたことがあった．私は，ファイルを開き，1時間ほど意気込んでタイプした．そこで，私は，6ヶ月前に書きかけだった以前の題材よりも高度な構成を始めたことに気がついた．エディタをスクロールさせると，私がちょうど書いたことに驚くほどよく似た以前の段落が見つかった．さらにスクロールさせると，6ヶ月前に私を困らせた反論を再発見した．私は，再び行き詰まった．

50. 言語の獄舎

あなたは，扉も窓もない部屋にいる．💡そこからどうやって出ればよいだろうか．

51. バイリンガルのユーモア

言語学者は言語を愛している．しかし，彼らは，別の言語によって自分の母国語では得られない思考ができるというほかの言語を学習することのもっとも一般的な理由をあえて放棄する．それぞれの自然言語は完全な表現力をもつという平等主義の教義が，そうすることを彼らに余儀なくさせる．どんな自然言語も，ほかのどの言語より真理に近づきやすいということはないというのだ．それは，いつも引き分けになるのである．

51. バイリンガルのユーモア   83

　ノーム・チョムスキーは，さらに一歩踏み込んだ．チョムスキーは，地球を訪れた火星人は地球上の全員が同じ言語を話していると判断するだろうと主張した．火星人は，言語間の差異は取るに足らないものとみなすだろう．そして，それは，火星人の考えが浅はかだからではない．火星人は，人類に共通する根本的な性質を見抜いたからこそ，そう判断するのである．原理的には，1ヶ国語しか話さない人も有能な言語学者になりうるとして，ある著名な言語学者が負けを認める歯ぎしりを私は耳にした．

　私は，1ヶ国語しか話せない言語学者を知らない．いくつもの言語を話すことに加えて，多くの言語学者は，1ヶ国語しか話せない者をからかう．彼らのジョークとして次のようなものがある．

　　2ヶ国語を話す人をバイリンガルという．
　　3ヶ国語を話す人をトリリンガルという．
　　4ヶ国語以上を話す人をマルチリンガルという．
　　💡では，1ヶ国語しか話せない人をなんというか．

　テキサスの保安官が銀行強盗をしたメキシコ人を逮捕した．尋問は通訳を介して行われた．

　　保安官：最後にもう一度だけ聞く．どこに金を隠した？

　　メキシコ人：Yo no robé el banco.

　　通訳：銀行を襲ってないと言っています．

　　保安官（拳銃をメキシコ人のこめかみに当てて）：どこに金を隠したかを言わないと，頭をティフアナまで吹っ飛ばすぞ．

　　メキシコ人：Por favor, no disparen! Tengo una familia! El dinero está en el hueco del árbol de roble grande en la parte posterior del banco.

　　通訳：あなたに引き金をひく度胸はないと言っています．

スペイン語が分からなくてもこのジョークを理解することができる.（返事の長さが，面白さの鍵である.）しかし，いくつかのバイリンガル・ジョークでは，フランス語を少しは知っている必要がある.ニューヨーカー誌に掲載されたエルドン・デディーニの描いた一コマ漫画は，オートバイに乗った米国の交通警官を扱っている.警官は，フランス式オープンカーに乗りベレー帽をかぶった男性を路肩に止めたところである.警官は違反切符帳を片手に身を乗り出してこう言う."Où est le feu?"（どちらまで火を消しに？）

また，多少の音韻論が必要なバイリンガル駄洒落もある.💡なぜフランス人は朝食に卵1個だけしか食べないのか.

最後の例は，物笑いの種に異論があるかもしれない.スイス人ドライバーがニュージャージー州で道に迷った.そこで，道を教えてもらおうと，バス停で待っている二人の現地人に尋ねた.

"Entschuldigung, sprechen Sie Deutsch?"とドライバーは言った.二人のアメリカ人は宛先のない封筒のようにどうしてよいか分からずスイス人を見た. "Excusez-moi, parlez-vous français?" アメリカ人たちは無表情のままだった.

"Parlate italiano?" 二人は，ぼんやりと見つめ続けた.

"¿Hablan ustedes español?" 反応なし.

首を振って愛想をつかしたスイス人ドライバーは，走り去った.軽蔑されたことに傷ついた一方のニュージャージー州民は，きまり悪くなった.「ほかの言語を習うべきかも」

もう一人のアメリカ人は動じなかった.「なぜだい.さっきのやつは4ヶ国語も話せたのに，まったく役に立ってないじゃないか」

52. ピエールのパズルと暗黙の人種差別

ソール・クリプキは，信念に関するパズルを提示した．ピエールは，母国語しか話さないフランス人で，美しい都市ロンドレについて読んで知っている．ピエールは英国の都市ロンドンに移り住み，そこに浸かりきることで英語を習得する．ピエールは風紀の悪い地区に居合わせて，心の底から「ロンドンはひどいね」と言う．彼は，ロンドンがロンドレであることに気づいていない．したがって，フランス語で尋ねられたときには，ピエールは心の底から「ロンドレは美しい」と答える．それは，英語に翻訳すると「ロンドンは美しい」になる．ピエールは，ロンドンが美しいと信じているのか．これは難しい問題である．

また別の難しい問題がある．2ヶ国語を話すイスラエリスは，（単語の関連性や不安の心理的な指標によって測定すると）ヘブライ語で質問されたときにはパレスチナ人に何気ない嫌悪感を示すが，アラビア語で質問されたときにはそんなことはない．このような負の関連性は，自覚している信念とは無関係に生じる．自意識の強い反人種差別主義者の多くは，人種に対する無意識の敵対心と恐れを示すような反応時間で答える．このような反人種差別主義者は，その「暗黙の人種差別」によって不安定になる．2ヶ国語を話すイスラエリスは，ヘブライ語では暗黙の人種差別主義であるが，アラビア語ではそうではないのだろうか．

53. 大文字の発音

言語は，それをどのように話すかだけでなくどのように書くかで違いが生じる．💡頭文字を大文字することで発音が変わる言語があるだ

ろうか.

54. 論理的に完璧な言語

バートランド・ラッセルは, プリンキピア・マセマティカを論理的に完璧な言語の具現化とみなしていた. その完璧な表記法を用いれば, 擬似問題に陥る危険はないというのだ.

その言語は擬似問題を問うことを防ぐのであるから, それに答えるという誘惑も生じない. 限定的な範囲では, 英語の文章も擬似問題を封じ込める. 私は, 口述による講義では, この予防的句読点を, リチャード・レダラーとゲーリー・ハロックが考案した難解な文を使って説明する. 次の文を音読してみよう. what is a four-letter word for a three-letter word which has five letters yet is still spelled with three letters, while it has only two and rarely has six and never is spelled with five.

💡なぜ, この謎かけは書き物ではなく口述で提示しなければならないのか.

55. 眉による句読記号

引用符は, 書き物から飛び出して話し言葉にも使われている. 手振りを使った引用は, おそらくスティーブ・マーチンがバラエティ番組でそれを大げさに使ったことによって, 1990 年代には一般的になった. マーチン・ゲーリーの「エア引用」は, 1927 年にまで遡る. この時代には, ほかの句読記号の使用も試みられていた.

ビーチ氏は上品で詮索することはなかったが, 彼の眉はそう

でもなかった.

「ああ」とビーチ氏は言った.

「？」とビーチ氏の眉は叫んだ.「？—？—？」

アッシュはその眉を無視した.

…

ビーチ氏の眉は,すべてを明らかにするよう無言でアッシュ
を促したが,アッシュはビーチ氏のいない部屋の一角を凝視
していた.彼は,二つの眉によって催眠術にかかって自分の
不利益になることを話すかどうかを決めかねていた.

— P.G. ウッドハウス,『新鮮な何か』

56. キェルケゴールの
1天文単位のダッシュ記号

私はちょうど,私が主役であったパーティから戻ったとこ
ろだ.機智に富んだ言葉が私の口から流暢に溢れ,誰もが
笑い声を上げ,私を称賛した.しかし,私はそこを退き,—
そう,このダッシュ記号は地球の公転軌道の半径ほどの長
さにすべきだが ——————————————————

———————————— そして,自分を撃ち抜きたかった.

『キェルケゴールの日誌』,1836 年 3 月

57. 片目を閉じる

また，もしあなたの [一方の] 目があなたを躓かせるなら，それを抉り取り，捨ててしまえ．[訳注 19]

『マタイによる福音書』，18 章 9 節

いつ生まれたのかと尋ねられたとき，オーガスタス・ドモルガンは，x^2 年には x 歳だったと答えた．♀この答えから，ドモルガンの生まれた年を求めることができるか．ドモルガンは，彼自身についての珍しい事実に目を向けさせている．♀本書の読者のなかに，x^2 年に x 歳だった人はいるだろうか．

幾何学の本の書評で，オーガスタス・ドモルガンは，サイクロプスの視点を自ら進んで導入する者をたしなめている．

> 数学者が論理学に無関心である点はあたかも論理学者が数学に無関心である点にあえて劣るものでないことは周知の事実である．精密科学の 2 つの眼は数学と論理学である．世の数学者流は論理の眼を閉じ，論理学者流は数学の眼を閉じている．銘々一つの眼の方が 2 つの眼を使うよりよく視られると思い込んでいるのだ．[訳注 20]
>
> ── ドモルガン『アセニウム』(1868)，Vol.2

[訳注 19] 邦訳は佐藤研訳『マルコによる福音書　マタイによる福音書』(岩波書店，1995) による．
[訳注 20] 邦訳は石井省吾訳『数学史 (下)』(津軽書房，1974) による．

57. 片目を閉じる

　解説には，オーガスタス・ドモルガンの目は片方しか機能していないと注記されている．ドモルガンは生後1ヶ月で右目を失明した．この使えなくなった目が，ドモルガンをサイクロプスの風貌にしたのである．

　オーガスタス・ドモルガンは，晩年には，思弁的志を同じくして，自分自身の目を取り出そうとする論理学批判者と親交があったことも注記しておく．

　このサイクロプスに自ら志願したのは，ガリバー旅行記の著者である風刺作家ジョナサン・スウィフト（1667–1745）である．スウィフトは，哲学者の間でよく知られていた．スウィフトは，若き理想主義者ジョージ・バークリを食事に招いた．バークリは，「存在することは知覚されることである」という原則で有名であった．バークリが玄関口に現れたとき，スウィフトはこの若者に，自分の哲学を使って，中に入るのを妨げるものは何もないことを証明してみせよと言って，

バークリの鼻先で扉を閉めた.

スウィフトは, 見せかけだけの理性をからかったのだ. スウィフトは, パラドックスを論理学における教訓的な厄介事として楽しんだ. 法律上の難題によって, 実践理性は当然の報いを受ける. スウィフトとアレクサンダー・ポープは,『マルティヌス・スクリブレルス回顧録』(1741) において, マシュー・ストラドリングに「私のすべての黒馬と白馬」を遺したジョン・スウェール卿の遺言状について記述している. 6頭の黒馬, 6頭の白馬, そして6頭の色の混ざった馬がいる. マシューは, 白と黒のまだらの馬を受け取るべきだろうか.

私たちは, 二律背反に追い込まれる. 肯定する立場の証明は次のとおり.「黒と白であるものはすべてまだらであり, まだらであるものはすべて黒と白である. それゆえ, 黒と白はまだらであり, 逆もまた同様に, まだらは黒と白である」

否定する立場の証明は次のとおり.「まだらの馬は白馬ではなく, またまだらの馬は黒馬でもない. いかにしてまだらの馬が黒馬と白馬と言われるものの範疇に入ることができようか」

スウィフトは, 理性は危険であるがゆえに理性は控えめでなければならないと信じていた. 狂信者が論理的な結論に達するまで理性的に考えるときは, いつも理解可能である.

ジョナサン・スウィフトは,「穏健なる提案」において, アイルランドの極貧の子供たちに食事を与えることを, 私情を挟まない功利主義の論理によって論じてキャンペーンを行った. そのキャンペーンがうまくいくように, スウィフトは非のうちどころなく論じなければならなかった. 彼がずさんに論じたならば, 理性的な友人らは恐ろしい結論は不十分な根拠にあると考えてしまっただろう. 直感が必要であることを示すために, この風刺に富んだ非合理主義者は絶妙に論じなければならない.

スウィフトは, 概念的に興味深い詩を作った.

57. 片目を閉じる　　　91

つまり，学者の言うことには，

1匹のノミを小さいノミたちがえじきにし，

そのノミにもっと小さいノミたちがかぶりつき，

そういうふうに永遠に続いている．[訳注 21]

この「詩について：あるラプソディ」からの一節は，一部分，すなわち，それぞれの部分にはまた部分があるという全体の関係性を暗に示している[原注 17]．したがって，現実に対応する最下層をもたない無限の分割可能性があるということだ．この構造をもつ物質はいまやネバネバ（gunk）と呼ばれている．

ネバネバは，部分はそれが作り上げる全体よりも基本的であると信じる還元主義者にとって厄介な問題である．たとえば，還元主義者は，斧の把手や刃は，それらが作り上げる物体よりも重要だと信じている．彼らは，喜んで依存性の連鎖を伸ばす．鉄の原子は，斧の刃よりも重要である．彼らの考えは，下から上へと説明するというものだ．彼らは，もっとも小さなものから始めて，全体をその部分の観点から説明する．ネバネバがあるとしたら，最下層がないことになり，下から順に説明するという戦略の出発点がなくなる．

ネバネバは，全体はその部分よりも重要であるという逆の見解をもつ者にとっては好ましい．彼らの説明は，その総体から下向きに多数の部分へと進む．円はその半円から成り立っているように，宇宙はその構成物質から成り立っている．半円は円全体から派生するのであって，その逆ではない．現実は，最上位から下方へという向きにできている．これが，心臓を構成する弁や筋肉は臓器全体の観点から理解さ

[訳注 21] 邦訳は大田直子訳『にわかには信じられない遺伝子の不思議な物語』（朝日新聞出版，2013）による．

[原注 17]「部分」を「真部分」，すなわち，全体とは等価ではない部分の意味で用いている．集合 $\{a, b\}$ がそれ自体の真部分集合ではない部分集合であるように，あなたは，あなた自身の真部分ではない部分である．

れなければならない理由である．この最上位から下方へという向きは，今度は臓器が生命体全体の観点から理解されなければならない理由も説明する．そして，種のレベルにまでこれが繰り返され，そのまた上位にも当てはまる．それぞれのものは入れ子になった部分と全体の体系に属している．それよりも上位のものに依存していない唯一のものはこの宇宙である．

この議論の論理的構造がオーガスタス・ドモルガンの注意を引いた．『パラドックス集』（1872）において，ドモルガンは，スウィフトの詩を続けて，現実は上にも下にも限りがない場合があることを示した．

> 大きいノミの背中に小さいノミ，小さいノミにはもっと小さいノミ，というふうに永遠に続く．
> 大きいノミのほうも，その下にもっと大きいノミ，その下にもまたもっと大きいノミ，さらに大きいノミ，と続いていく．
> [訳注 22]

ドモルガンは，ネバネバとその逆のバネバネ（gunk の綴りを逆にした knug）の両方を想定している．バネバネは，それぞれの全体はそれよりも大きい全体の一部であるような物質である．私たちの宇宙がそれより大きい宇宙の粒子であり，その大きい宇宙自体もさらに大きい宇宙の粒子だと想像してみよう．これがバネバネである．あなたの体のそれぞれの粒子が，小さな宇宙からできていて，その小さな宇宙のそれぞれの粒子もまたさらに小さな宇宙からできていると想像してみよう．これがネバネバである．

スウィフトの見解：あなたは，どんどん小さくなっていく世界という一連のマトリョーシカ人形をノミのように潰す．ドモルガンの見解：我々の世界もまた，ほとんど考えることなくノミを潰すように潰

[訳注 22] 邦訳は大田直子訳『にわかには信じられない遺伝子の不思議な物語』（朝日新聞出版，2013）による．

される，一連のマトリョーシカ人形の中のどれかなのかもしれない．スウィフトは，人間が理性の力を過大評価し，動物の本能の聡明さを過小評価していると信じていた．スウィフトによると，この理性についての過信の象徴は，スミグレシウス（1564–1618）である．今は無名であるが，ポーランド人のスミグレシウスはイエズス会の哲学者で，スウィフトの時代には，1618 年に著した教科書 Logica で知られていた．今では，スミグレシウスは，「論駁された論理学者」においてスウィフトの標的にされたことで，主として記憶にとどめられている．

論理学者は，誤って定義する，
人類を，合理的と．
彼らはいう，理性は人間の財産だと．
しかし，できるものなら，彼らに証明させてみよ．
賢明なアリストテレスとスミグレシウスは，
見かけ倒しの推論によって
かなり神経を使って，証明しようと骨を折る，
定義と分割によって
人間が合理的であることを．
しかし，どうしても，彼らを信用できない．
そして，それにもかかわらず，支持せねばならない，
人間とその行く末は虚しいことを．
そして，この自惚れた自然の君主は
弱く，過ちを犯しやすい生き物であることを．
本能は，確かな指針，
自惚れる人間の誇りである理性よりも．
そして，凶暴な野獣は，彼らよりずっと先にいる．

本能を賞賛するのではなく，スウィフトは，自分の理性が失われることを非常に恐れた．彼は，自分の精神的退化の兆候に気づいた．死

に瀕した木を指差して，彼は苦々しくこう述べた．「私はあの木のようになるだろう．私は上から順に死ぬだろう」

そして，恐ろしくもそうなった．スウィフトの片方の目は卵ほどの大きさに腫れた．その目が彼をひどく悩ませたので，彼がその目をくり抜いてしまわないよう，世話人を二人雇わなければならなかった．スウィフトの腫れた目は，オーガスタス・ドモルガン自身の使えなくなった目と同じくらい，ドモルガンの隠喩に影響していたのかもしれない．（ドモルガンは，『パラドックス集』において，スウィフトの科学者への風刺を詳しく論じた．）

なぜ，サイクロプスは，教えるのをやめたのか．彼には生徒が一人しかいなかったからである．なぜ，ドモルガンは，教えるのをやめたのか．信条によって，それも2回もである．ドモルガンは宗教的中立を強く主張していた．彼は，大学がその方針を破っていると確信し，辞職した．ドモルガンは辞職の数年後の1871年に神経衰弱で亡くなった．

58.「ゆえに」記号

論理学を教えていたとき，数学科の学生が∴を指差して，「これは何ですか」と尋ねた．なぜこのよく使われる略記号を彼は知らないのだろう．私は専門家らしい態度を保って，優しく「ゆえに（therefore）」と答えた．「ありがとうございます，教授．でも，三つある（there are three）とおっしゃりませんでしたか」

ああ，そんな数学のダジャレは聞いたことがなかったよ！フロリアン・カジョリは，『数学記法の歴史』において，∴記号がヨハン・ラーンのドイツ語版 Teutsche Algebra（1659）に由来することを突き止めた．∴の点を上下逆にした∵記号が「なぜならば」になった．

58.「ゆえに」記号   95

簡潔さに加えて，∴記号には対称性という美的な利点もある．∴記号は，回文になる論証のための一般的枠組みを提供する．次の空欄を埋めて，回文になるようにせよ．

_____ ∴ _____

マクベスに登場する魔女は醜いが，彼女らは素晴らしく論理的に判断する．

きれいは汚い．　∴ 汚いはきれい． [訳注 23]

死の警告では，「我々は皆死ぬことになるのか」に対して，老婆は次のように答える．

We shall die all ∴ All die shall we.

あるいは，回文によって直接答えることもできるだろう．'Shall we all die?': 'Die all we shall.' 魔女は，単語レベルで回文を取引する．文字レベルの回文になった論証はあるだろうか．日本からの輸入品として，次のものがある．

A Toyota's a Toyota ∴ A Toyota's a Toyota

これは循環論法だが，それでも同意を強制する．その結果は，前提と同じ言葉の繰り返しである．

数学者は，数学的表記から離れることなく回文の論証を構成することができる．

111111111×111111111=12345678987654321 ∴ 12345678987654321=111111111×111111111

一方，その北米[原注 18]の植物学の同僚は，秋学期の終了を祝う回文の

[訳注 23] 邦訳は河合祥一郎訳『新訳マクベス』（角川書店，2009）による．
[原注 18] fall（秋）は，中世の英語で「葉が落ちる（fall）」に由来するのかもしれない．しかしながら，英国では autumn を用いる．米国とカナダでは，autumn は古めかしく詩的に聞こえる．この叙情的な生物学者は英国の読者にも fall がそのように聞こえると期待している．

論証を作る.

```
        ...
             leaves
                   fall
                        ∴
                             fall
                                 leaves
                                       ...
```

59. 18頭目のラクダ

法の生命は論理ではなく，経験であった．[...] 法は，何世紀
にも及ぶ国家の発展の物語を具体化し，数学の本にある公理
や系だけが含まれるように扱うことはできない．

オリバー・ウェンデル・ホームズ・ジュニア

2種類の裁判官の間に生じる違いを例示した古いアラビアの遺産相
続のパズルがある．ある男が3人の息子にラクダを遺して死んだ．「私
のラクダのうち，長男には半数を与え，次男には3分の1を与え，三
男には9分の1を与える．」息子たちは，全部で17頭のラクダがある
ことを知った．17は素数であり，2でも3でも9でも割り切れない．
息子たちは口論になった．

この不和を聞いて，肉屋が1頭を引き取ることを申し出た．長男は
その申し出にのった．しかし，次男は，16頭の生きたラクダでは3で
割り切れないと反対した．肉屋は，さらに1頭を引き取って15頭に
することを提案した．しかし，三男は，15は9で割り切れないと反対
した．

息子たちは肉屋を追い返し，口論を再開した．彼らの妻たちは，その口論を聞くに耐えられず，以前は静かだった近所に最近隠居した裁判官を呼びにやった．裁判官は遺言を詳しく検討した．そして，この付近の平和を尊重して，彼のラクダを提供しようと言った．これでラクダの数は18頭になる．息子たちは，それぞれの取り分を計算した．長男には $18/2 = 9$ 頭，次男には $18/3 = 6$ 頭，三男には $18/9 = 2$ 頭のラクダが与えられる．これで，1頭のラクダが残ったので，裁判官は提供したラクダを連れて帰った．言い争っていた全員が満足した．あたりに平穏が戻ってきた．

この近くの町に，若い裁判官がいた．彼は，すっきりとした論理的な考えによる裁定をしようと頑張った．

💡2人目の裁判官はこの問題をどのように扱っただろうか．

60. 否定によるナンセンスの判定

ナンセンスを簡単に判定する一つの方法は，その文章に否定を差し込んでみることだ．それによって，意味に支障を来さなければ，支障を来すような意味はなかったことになる．「総て弱ぼらしきはボロゴーヴ」は，「総て弱ぼらしきはボロゴーヴならず」としてもその意味が逆にはならないので，ナンセンスである．

戯言[原注 19]かどうかを判定するために，ジェラルド・コーエンは，意味ではなくもっともらしさを用いて構成した最新版の判定を使う．コーエンは，アーサー・ブラウンにならって，文章に否定記号を追加，ま

[原注 19] またしても専門用語を読者に押し付けたことをお詫びする．ハリー・フランクフルトは，「戯言について」において，ほら吹きは真実を無視した主張によって評判を高めると論じた．コーエンは，話し手の動機から彼の言っていることに着目点を変えた．たとえば，コーエンは，エティエンヌ・バリバールの著作を戯言と特徴づけているが，バリバールがほら吹きであることは否定している．

たは削除しても，そのもっともらしさのレベルに違いがなければ，その主張を戯言に分類する．「もとの主張に対する想定される支持者の反応と比べて，その否定に対する反応に差がなければ，その主張には支持される力がない」（コーエン『他者の中に自身を見る』(2012), pp.105–6)

コーエンは，彼のもっともらしさの判定を，マルクス主義者エティエンヌ・バリバールの次の主張に適用した（コーエン (2012), p.108, 脚注 29)．「そのようなものがまさしく，われわれが弁証法の概念に与えうることのできる最初の意味なのであって，すなわち，歴史の織物そのものへの階級闘争の決定的な介入に特殊的に適合する一つの論理あるいは説明形態にほかならない.[訳注 24]」コーエンはこの主張を戯言と判定した．

このもっともらしさの条件は，否定によって蓋然性が変わらない文に巻き添え被害を与える．「星の数は偶数である」に否定記号を追加しても，もっともらしさに違いの生じる文は得られない．

古くからの意味論的な判定基準は，これらの場合を意味があると正しく分類する．しかし，内容を否定するのではなく否定する行為を強めるために not が使われているときには，この判定基準は注意して使わなければならない．I didn't go nowhere today（今日，私はどこへも行かなかった）のように，追加された否定が，ときには内容を逆転させるためではなく，否定を強めるために使われることがあるのはよく知られている．

意味を変えることなく，否定を追加または削除できる文があるというポール・ポスタルの驚くべき発見は，それほど広く知られてはいない．

(1) Eddie knows squat about phrenology.（エディは骨相学の瑣末なことしか知らない.)

[訳注 24] 邦訳は杉山吉弘訳『マルクスの哲学』（法政大学出版局，1995）による.

（2） Eddie doesn't know squat about phrenology.（エディは骨相学
の瑣末なことも知らない.）

　文 (1) および (2) は, どちらもエディが骨相学について何も分かっ
ていないという意味である. しかし, コーエンの判定法では, この同
じ意味の文が意味の欠如に誤って分類される.

　ポスタルは, jack（何もないこと）, beans（無価値なもの）, diddly
（くだらないこと）, それにコーエン教授と関連の深い shit などの「品
のない矮小化」は否定を脱分極化させると指摘している. 私は, 庭師
が見習いについて不満を漏らしているのを聞いたことがある.「あい
つは, クソについてもクソほどしか知らねえ.」年季の入った肥やしと
混ぜた新鮮な肥やしが臭うように, 私は同意するしかなかった.「あ
あ, 彼はクソについてもクソほども知らないね.」品のない矮小化に加
えて, ポスタルは, 否定によって違いの生じない形式をいくつか列挙
している.

（3）　（それはワニをからかわないように教えてくれるだろう.）

　　a.　That'll teach you not to tease the alligators.

　　b.　That'll teach you to tease the alligators.

（4）　（今夜, ビリヤードをする時間を見つけられるかどうかわから
　　　ない.）

　　a.　I wonder whether we can't find some time to shoot pool
　　　　this evening.

　　b.　I wonder whether we can find some time to shoot pool
　　　　this evening.

（5）　（ワニと戯れるべきではないと思うよ.）

　　a.　You shouldn't play with the alligators, I don't think.

　　b.　You shouldn't play with the alligators, I think.

(6) （馬鹿デカいトラックについては知ったことではない．）

    a. I couldn't care less about monster trucks.

    b. I could care less about monster trucks.

  大量の構文論的な計算に基づいて，論理学者の否定のモデルを適用する方法があるかもしれない．このように複雑化させると，否定による判定がいつも手短な判定として使えなくなる．

  UN の介入が裏目にでることもある．President Ford's shoelaces were loosened（フォード大統領の靴紐は緩んでいた）は，President Ford's shoelaces were unloosened（フォード大統領の靴紐は緩められた）と相反するのではなく支持している．否定による判定は，overlook（見渡す/見過ごす），buckle（留める/崩れる），sanction（認可/制裁）などの意味が逆になるような曖昧さをもつ単語には使えない．

  誤解の可能性は，子供向け絵本の『アメリア・ベデリア』シリーズでも使われている．アメリア・ベデリアは，言われた言葉のままに受け取るメイドで，言葉のあやから論理的結論を導いてしまう．dust the furniture（家具のほこりを払う）と言われたとき，アメリアはほこりを取り除くのではなく，ほこりをつけてしまう．次のどちらの言い方でもよいことが分かるだろう．

(7) （アメリア・ベデリアは家具のほこりを払っている．）

    a. Amelia Bedelia is dusting the furniture.

    b. Amelia Bedelia is not dusting the furniture.

  アメリアは，いつも最後にはおいしいパイを焼いて挽回する．めでたし，めでたし．

  そして，人々が言語を使うやり方である語用論を忘れてはいけない．「あなたは，今それを見ているが，今は見ていない」と聞いても矛盾と思わない．あなたは，最初の「今」が 2 番めの「今」よりも前の時間を指すことによってつじつまの合う解釈を見出す．私たちは，前景

60. 否定によるナンセンスの判定

が意味をなすように背景を操作する．負けたボクサーをみて，医者は「The champ gave him a good beating (チャンピオンは彼を見事に打ちのめした)」と言う．医者が「The champ gave him a bad beating (チャンピオンは彼をこっぴどく打ちのめした)」と言ったとしても，観客はそれに同意するだろう．なぜなら，観客は，話し手の発言を理解できるように，評価の条件を切り替えるだけだからだ．

形状をおおまかに特定するための水準が変わることもある．旅行者が，スロヴェニアはニワトリのような形をしていると言ったら，あなたはそれに同意するだろう．

この比較は，あなたがスロヴェニアの形を思い出して，それを地図上で特定するための助けになるだろう．しかし，別の話し手が「スロヴェニアはニワトリのような形をしていない」と言うと，あなたはその違いに気づくだろう．あなたは，この話し手の話が通るように，比較の水準を上げたのである．

そして，最後の展示品はこれだ．かつて，デイリー・ニュース紙は，国会議員の半数はペテン師だという記事を掲載した．政府は撤回を要求した．編集者は悔恨の意を表し，すぐ次の日に読者に対して国会議員の半数はペテン師ではないと断言した．

61. 0 のやりくり

私は数字にはとても小さい頃から興味がありました．五歳の
とき，ある日散歩の途中で母親に，「ゼロが数字の最後にくる
とたくさんを意味するのに，最初にくると何の意味もないの
は不思議だね」と言いました．[訳注 25]
ハンス・ベーテ，ジェレミー・バーンシュタインの
『科学における子どもの庭』から引用

「円は，真ん中に穴の空いた丸い直線である」
マーク・トウェイン，『彼女が教わった英語』の
学校児童を引用して
（センチュリー・マガジン，1887 年 5 月号）

1773 年に，Potooooooooo という名のサラブレッド競争馬が誕生し
た．♀Potooooooooo は何と発音するのか．

アボットとコステロのコメディーでは，二人は共謀して，数当て
ゲームの演者をひっかける．演者は，ルー・コステロの背後で数を一
つ選び，その数を張り紙として観衆に見えるようにする．しかし，ア
ボットにはその数が見えるので，新聞紙でコステロの背中を軽く叩い
てその数を伝える．数が 3（背中を 3 回叩く）のときに，この作戦は
成功し，二人は賭けに勝つ．演者は驚いて，賭け金を倍にしてもう一
度賭けるように頼む．演者は 7 を選ぶ．コステロは，アボットから数
を教えられて，その数を答える．演者は非常に驚き，最後にもう一度
賭け金を倍額にして賭けるように懇願する．二人はこれに同意する．
演者は今度は 0 と書かれたカードを選び，笑う観衆に実にうまい数を
選んだことを強調する．アボットは戸惑う．コステロは，辛抱強くア
ボットの合図を待つ．♀最終的にアボットは，どのようにしてコステ

[訳注 25] 邦訳は安藤喬志/井山弘幸共訳『ヘウレーカ！ ひらめきの瞬間：誰も知ら
なかった科学者の逸話集』（化学同人，2006）による．

ロに正解を言わせるのか.

62. ルイス・キャロルの回文たっぷり

> 「そういうふうに言葉をたっぷり働かせたときには」と, ハン
> プティ・ダンプティはいった.「わしはかならず特別手当を
> 払う」[訳注 26]

ルイス・キャロル『鏡の国のアリス』

古い英国の 10 シリング紙幣が静かに水に浮いているのを想像して
ほしい. ここで別の 10 シリング (bob) を投げ入れて, 浮いている 10
シリング (bob) を上下に動かして (bob) みる. すなわち, 新しい 10
シリング (bob) が 10 シリング (bob) を上下に動かす (bob). 10 シ
リング (bob) が上下に動かす (bob) 10 シリング (bob) は, それ自
体が 10 シリング (bob) を上下に動かす (bob). この場合には, bob
bob bob bob bob となる. 言い換えると, 10 シリング紙幣 (bob) が
上下に動かす (bob) 10 シリング紙幣 (bob) は, [また] 10 シリング紙
幣 (bob) を上下に動かす (bob). つぎつぎと 10 シリング紙幣 (bob)
を水に投げ入れることによって, どこまでも bob bob を続けることが
できる.

fish (魚/釣る), perch (魚/のせる), seal (アザラシ/ふさぐ) のよ
うに集合的に用いられる名詞にもなる他動詞は, 繰り返しても文法的
に正しい文になることが多い. 数理言語学者はこれらをスター語と呼
ぶ. $S*$ は, $SSS \cdots S$ の形式をした文の集合を表す. きちんと定義す
ると, 単語 S は, $SSS \cdots S$ が文法的に正しい文ならばスター ('*') 語
である. BOB はスター語である.

BOB は回文でもある. 回文は, radar のように前から読んでも後ろ

[訳注 26] 邦訳は柳瀬尚紀訳『鏡の国のアリス』(筑摩書房, 1988) による.

から読んでも同じになる．したがって，BOB を繰り返して作られる文自体も回文になる．言語学者は，Step on no pets のような回文になった文を，構成するのがもっとも困難な文の一つと特徴づける．ジョルジュ・ペレックは，5000 文字以上の（回文についての）回文を構成して，賞賛を得た．それに比べると，BOB を使った回文は簡単なものである．BOB を次々に並べるだけでよいのだ[原注 20]．

　BOB を用いて長い回文を構成すると，簡単にアンビグラムになる．アンビグラムは，鏡に映したり回転させたりしても同じに見えるような言葉である．具体的には，BOB は水平方向のアンビグラムである．この単語の下側に鏡をおくと，その鏡像はこの単語と同じに見える．まさに，波風のない池の縁に座っている BOB を描いたようなものだ．

BOB

BOB

　BOB を水平方向の鏡に映すと BOB になる．いくつかの BOB が縦に積み重なっている場合にも，これが成り立つ．その結果として，何行かの BOB の下側に鏡をおくと，BOB の量が 2 倍になる．

　私が BOB に興味をもつようになった理由は，ルイス・キャロルに敬意を表して最長の回文詩を書くという野心からである．BOB を使うまでは，回文の創作は家内工業であった．いまや，大量生産の扉が開かれた．ジョルジュ・ペレックの記録を上回るために，私は 50×50 の格子状に BOB を配置するプログラムを書いた．そうして作られた正方形の回文 BIG BOB は，最長のアンビグラム詩でもある．それを疑う人は，この詩の下側に鏡を置いてもらうと，この特徴が強調される．

　私のアンビグラム回文は簡単に書くことができるが，理解するのは大変な詩である．MIT のノーム・チョムスキーの同僚は，紙と鉛筆の

[原注 20] この脚注の足元に注意されたし．POOP もまたいくらでも長い回文になる．

助けを借りて，BIG BOB を解釈することができた．しかし，その意味は，頭の中で解き明かすには複雑すぎる．変形（生成）文法学者は，文法的に正しい文と正しくない文を区別するとき，利便性や文章のスタイルに譲歩はしない．「ダーウィンの父の父の父の父の父の父は人間だった」というような心を麻痺させる繰り返しは，単に文法的に正しい．なぜなら，この文は英語の言語能力を構成する規則を満たしているからである．このような言語学者は，言語能力と言語運用をはっきりと区別する．

『鏡の国のアリス』において，アリスは，口頭試験を受ける．白の女王は「一足す一足す一足す一足す一足す一足す一足す一足す一足す一足す一は」と尋ねる．アリスは分からないと白状する．彼女は，1 がいくつあったかを数え損ねたのだ．赤の女王は，アリスは足し算ができないと結論づける．アリスの無学さは，限定的な短期記憶の効果としてうまく説明できる．算数を知っているというのは，個別の事例を知っているのではなく，一般的な規則を知っているかどうかである．同様にして，話し手に文を理解する力がないのは，記憶力と忍耐力が不十分であるのかもしれない．英語を習得しているほとんどの人々は，だまされて「袋小路」文を文法的に正しくないとかたづけてしまう．たとえば，「The prime number few」は，「二流はたくさんいるが，一流は数少ない（The mediocre are many but the prime number few)」の中でどのように作用しているかを見るまでは，不適格のように見える．したがって，長い BOB 文は「容認できない」としても，英語の文法的には正しい文なのである．

アクロスティック詩は，ルイス・キャロルと同時代のビクトリア朝の人たちのお気に入りであった．この様式では，それぞれの行の一部分を縦方向に読むと，何かしらの意味をなす．『鏡の国のアリス』は，アリスの正体を明かすアクロスティック詩で幕を下ろす．それぞれの節の最初の文字をつなぎ合わせると，ALICE PLEASANCE LIDDELL

になるのである. 二重アクロスティックでは, 各行の末尾をつなぎ合わせても意味のある文になる. ルイス・キャロルは, 次の詩で, アクロスティックの概念を一般化したように思われる.

I	often	wondered	when	I	Cursed
Often	feared	where	I	would	Be
Wondered	where	she'd	yield	her	love
When	I	yield,	so	will	she
I	would	her	will	be	pitied
Cursed	be	love!	She	pitied	me

この詩は縦に読み進めても横に読み進めるのと同じように読めることを示すために, 6 × 6 の配列を使った. この詩は, ルイス・キャロル回覧第 2 号 (1974 年 11 月) にトレヴァー・ウィンクフィールドが最初に発表したものだ. この詩がルイス・キャロルによって書かれたものかどうかは, よく分かっていない. この詩は, 『アー夫人の思い出』と題する私家本についてほのめかす, デイリー・エクスプレス紙 (1964 年 1 月 1 日付) 宛に書かれた手紙の中で引用されている. ウィンクフィールドによれば, その本は一冊も見つかっていない.

さらにアクロスティック詩は, 非ナンセンス詩という発想にまで一般化することができる. 「ジャバーウォッキー」は, キャロルが意図したように読んだとしても意味をなさないので, ナンセンス詩である. 普通の詩は, それらの中間の場合に分類される. すなわち, 作者が意図したように読んだときには意味をなすが, 順序を無視して読んだときには意味をなさない. 非ナンセンス詩は, どのように読んでも意味をなす.

62. ルイス・キャロルの回文たっぷり　107

LITTLE BOB

BOB	BOB	BOB	BOB	BOB	BOB
BOB	BOB	BOB	BOB	BOB	BOB
BOB	BOB	BOB	BOB	BOB	BOB
BOB	BOB	BOB	BOB	BOB	BOB
BOB	BOB	BOB	BOB	BOB	BOB
BOB	BOB	BOB	BOB	BOB	BOB

キャロルの一般化されたアクロスティックのように，この詩は縦または横のいずれに読んでも意味をなす．しかし，LITTLE BOB は，何個のセルをどのように組み合わせたとしても，意味をなす．文法的に正しいくない一節を作り出すことが不可能なのである．

英語による最長のナンセンス詩は，『スナーク狩り』である．1874年，ルイス・キャロルは，次の一節を思いついた．「そう　かのスナークはプージャムだったのさ．[訳注 27]」キャロルはこの一行に意味を与えることはしなかった．しかし，ここから，執筆を進めるための，いやむしろ，逆行させるための着想を得て，まさにこの一節で終わる叙事詩を作った．論理学者として，キャロルは逆向きに考えることが多かった．証明は，普通，結論から始めて前提に達するまで逆向きに推論することで構成される．

BIG BOB は最長の非ナンセンス詩である．これは覚えるのが非常に簡単である．BOB 一家の一員はどれも手軽に省略できる．たとえば，LITTLE BOB は，$BOB^{6,6}$（BOB のマスが 6×6 に配置された2次元配列）に圧縮される．この表記法は，BOB を用いた詩は朗読するには長すぎるという懸案をすべて解決する．この形式の詩の朗読会は，5秒間の発表に置き換えられるだろう．活動的な人たちは，配列表記が示唆する理論的可能性を高く評価することになる．詩は，$BOB^{6,6,6}$ によって3次元にもなりうるのだ．（聖書学者は，BOB^{666} と表記され

[訳注 27] 邦訳は高橋康也訳『スナーク狩り』（新書館，2007）による．

る BEAST BOB をこの立方体詩と簡単に区別できるだろう．）数学者は，第4の次元にも尻込みせず，すぐに超立方体 BOB^{6,6,6,6} に手を伸ばすだろう．BOB の詩は，難解である．通常，詩は，門外漢には理解しがたい知識を伴うことによって，難解になる．BOB の類型では，その難易度は，私たちの言語学的適性を配備するのに苦労することによる．隠された事実はないが，数多くの隠された意味がある．

もう，十分！文芸に詳しい友人が助言してくれたように，私たちは詩の額面どおりの意味に気を取られているべきでない．詩は，美的価値の審美眼に多くの次元を開いた．ここまで，BIG BOB が，とくに鏡に映したときにどれほど対称的に見えるかについて深く論じてきた．そして，BIG BOB は聞こえもよい．今日，詩の最後で調子がうまく合いさえすれば，幸運である．実際，BIG BOB とその仲間は，韻を踏むことを果たしている．

叙事詩には教訓がなければならない．BIG BOB が教えてくれたのは，すべての有限の長さをもつ回文があるということだ．それゆえ，無限に多くの回文がある．それでも，無限に長い回文はない．結局，回文は，反対向きにも同じように読めなければならない．文が無限に続いたとしたら，逆向きはどこから読み始めればよいだろうか．文末はどこだろう．

63. ないものねだり

A.J. エイヤーは，1947 年の論文「哲学の主張」において，「人生の意味とは何か」という問いは，私たちの存在する究極の目的になりうることを誤って前提としていると論じた．

　　その結果として，彼らがそれに失望するという事実は，何人
　　かのロマン主義者はそうしただろうが，皮肉や絶望をもたら

63. ないものねだり　　　109

しはしない．それは，いかなる感情的な立ち居振る舞いももたらしはしない．そして，それらをもたらさない理由は，考えうる限りにおいてそうはなりえなかったからである．私たちの存在に対して，それを要求されるという意味で目的をもつことが論理的に可能だとしたら，目的がないという事実を嘆くのは賢明なことかもしれない．しかし，論理的に不可能なことを切望するのは賢明ではない．問題が答えられないように枠にはめられているならば，その問題に答えないでいるのは惜しむようなことではない．

サディ・カルノーが永久機関は不可能だということを証明したあと，技術者がそれを切望することはなくなった．

物理定数によって強いられる不可能性についても同じことが言える．エドワード・テラーは，彼のお気に入りのアイディアは実行不可能だという証拠が増えつつあったにもかかわらず，初期の水爆の製造法「古典的スーパー」を断念することに乗り気ではなかった．ついに，テラーの部下であるスタニスワフ・ウラムが，物理的に不可能であることを実証するためにエンリコ・フェルミを雇った．

> フェルミはウラムと共著した最終報告書の中で，この問題は基本的な物理定数を変えることさえできれば氷解する類のものだ，といたずらっぽく書いている．いわく「さまざまな核反応の断面積を測定値や推定値の二倍ないし三倍に変えられるなら，この反応はもっと順調に進むだろう」と．[訳注 28]
> — リチャード・ローズ『原爆から水爆へ』

フェルミはテラーをからかったのである．テラーが折れたのち，ウラムはうまくいった別のアイディアを開発するために解放された．テ

[訳注 28] 邦訳は小沢千重子/神沼二真共訳『原爆から水爆へ：東西冷戦の知られざる内幕』（紀伊國屋書店，2001）による．

ラーが不可能であると認めるのが遅かったために，多くの時間と労力が無駄になった．少なくとも実務的なプロジェクトでは，期待や不安を客観的な可能性と同じ線上に並べようとする個人的および社会的圧力は強い．

　ハンス・ベーテは，水爆の開発に反対した．ベーテは，それが不可能であることを願った．しかし，ひとたび開発プログラムが承認されると，ベーテは二つの理由で開発チームに加わった．一つは，ベーテには水爆の不可能性を証明したいという動機があり，したがって，多くの無駄な労力を抑えるための証明をやがては見つけるかもしれない．もう一つは，水爆が開発されたならば，それへの貢献は，水爆の使用を抑止するのに十分な立場をベーテに与えるだろうということだ．これが実際に起きたことである．ベーテ自身の記述によれば，彼はソクラテスのような役割を担っている．

　　　水爆が作られたあと，記者はテラーを水爆の父と呼び始め
　　　た．歴史上は，種を与えたウラムを水爆の父，子供と残った
　　　テラーを水爆の母というのがより正確であると私は考える．
　　　私自身は，産婆役といったところだろう．

　ベーテは，核実験と核軍備競争に反対する原子力科学者による非常委員会によって組織的運動を行った．ベーテは，1963年の部分的核実験禁止条約の成立に尽力した．彼は，デコイ（擬似標的）によって大陸間弾道ミサイル迎撃システムは簡単に破られることを示した．これが，1972年に弾道弾迎撃ミサイル制限条約（と第一次戦略兵器制限交渉）の成立に一役かった．1995年，ベーテは，いかなる見地からも核兵器開発および製造に取り組むことをやめるようすべての科学者に呼びかけた．

　願望（願望の実際の精神的活動）は，対処したいとかそうあってほしいという願望のこともある．水爆が不可能であってほしいというベー

テの願望は，1952年11月1日に太平洋のエニウェトク環礁での実験成功により終止符が打たれたのかもしれない．

そうあってほしいという願望は，一般的に，その対処のきっかけが必要である．うっとうしい音は効果的なきっかけである．なぜなら，人はそれに馴染むのに苦労するからである．これには，ほかの人にとっては心地よい音も含まれる．

> 音楽に精通した友人は，ジョンソン博士がコンサートに極めて無頓着であることを見てとった．その一方で，著名なソロの演奏家は，バイオリンの音をどんどん細分化して演奏した．ジョンソン博士の友人は，行われていることに博士ができるだけ関心をもってもらえるよう，いかにそれが極めて困難かを話した．「困難？それをそう呼びましたか」と博士は答えた．「それは不可能だとよかったのですが」

ジョンソンはあることが不可能であってほしいと願う．あることが不可能であると認識しながらも，そのことを願うという前向きな事例にたどり着けるだろうか．

できるのである．可能性のあるものは何であれ，必然的に可能である．したがって，サミュエル・ジョンソンは，必然的に真であるとつねに分かっている何か，すなわち，バイオリンの演奏が可能であることを嘆いていた．結局，現実に起こっていることは起こりうるし，起こりうることはなんであれ必然的に起こりうるのである．

ジョンソンの悲嘆はずっと続く．彼は，時とともに過ぎ去ることが期待できるような一時的な落胆に苦しんでいるのではない．なぜなら，彼は不快な音に順応できないからである．

ジョンソンは，変わり者というわけではなかった．不可能なことに対する望みは，その命題が可能だとつねに信じる誰かによって煽られることがある．なぜなら，彼らは，その命題がおおよそ不可能だとは

知らないかもしれないからである．条件がわずかばかり異なることで悪い出来事が不可能になってしまうという情報は，その悪いことが不可能だという気持ちにさせる．

この願望の引き金は，悪い出来事を防ぐことに対する私たちの関心から発展してきたのかもしれない．本来の悪い出来事を止めることができないとしても，その情報を同じような悪い出来事を防ぐのに活用できるかもしれない．

この論法の筋道は，『生まれてこないほうがよかった：生まれ出るという害悪』の著者である悲観主義者デビッド・ベネターの手口である．生命は物理的には不可能なことのニアミスだという天文学者からのニュースに対して，彼はどのような態度をとっただろうか．物理定数がわずかばかり違っていたならば，生命に必要な分子は形成されなかっただろう．生命にとって始めることがいかに困難であったかを物理学者が強調し続けたならば，ベネターはジョンソンの台詞を繰り返すことだろう．「困難？それをそう呼びましたか．それは不可能だとよかったのですが」

64. 何事も可能なのか

これは意見の一致するところだろう．

挑戦する者に不可能なことはない．

アレキサンダー大王

私が相談したギリシア古典学者は，アリストテレスの生徒によるこの注記を見落としていた．幸運なことに，昔のやる気を起こさせる思想家はもっと観察力が鋭かった．オリソン・スウェット・マーデンは，『前進あるのみ』（1896, p.55）で，アレキサンダー大王が要塞の攻撃

64. 何事も可能なのか   113

を引き受けるときにこの言葉を発したと報告している.

我輩の辞書に不可能という語はない.

ナポレオン・ボナパルト

ナポレオンは，ルマロア将軍への1813年7月9日付の手紙の中で，少なくともこれに近いことを書いている．しかし，ナポレオンの真意は，一般に，フランス語には「不可能」がないことを指摘したものだ．これが，将軍の辞書に「不可能」はない理由である．この語彙のギャップが，フランス語よりも表現力のある言語を話すフランス愛国者たちを大いにやる気にさせたにちがいない.

気高い仕事は，いずれも最初は「不可能」である．[訳注 29]

トマス・カーライル『過去と現在』，第3巻11章

最高の科学者は，進んで経験を取り入れ，夢物語，すなわち，何事も可能だという発想から始める.

レイ・ブラッドベリ，
ロスアンジェルス・タイムズ，1976年8月9日付

共通の目的を中心に情熱的な関わりを共有する人たちに囲まれていると，何事も可能である．カフェイン入りの飲み物を提供するスターバックスの創業者ハワード・シュルツは，「何事も可能だ！」と感嘆符をつけた.

不可能を可能にするのは，楽しいものだ.

ウォルト・ディズニー （デレク・ウォーカー
『活気に満ちたアーキテクチャ』（1982，p.10）による.)

[訳注 29] 邦訳は上田和夫訳『カーライル選集3 過去と現在』（日本教文社，1962）による.

俺の音楽から何かを得るとしたら，それはあきらめずに一生
懸命やれば，必ず何でも叶うんだというモチベーションだろ
うな．[訳注 30]

マーシャル・ブルース・マザーズ 3 世，
「エミネム」の名前で活躍するラッパー
ニック・ヘイステッド『ダークストーリー・オブ・エミネム』

♀問題：しかし，実際のところ，何事も可能なのだろうか．

65. 半分満たされているのか 半分空なのか

400 cc の器に水が 200 cc 入っている．この器は半分満たされている
のか，それとも半分空なのか．

その両方である．器は半分満たされており，また半分空である．な
ぜなら，それ以外の三つの選択肢はどれも誤りだからである．

1. 器は半分満たされているが，半分空ではない．
2. 器は半分満たされていないが，半分空である．
3. 器は半分満たされていないし，半分空でもない．

器を満たす過程を記述するときには，「半分空」と答えるよりも，「半
分満たされている」と答えるほうが適している．そのほうが最終状態
の存在を伝えるからである．しかし，この所見の有用さは，真実以上
のものを含んでいる．

この本には放射能がある．あなたでさえ，わずかに放射能がある．
しかし，そのことは，それを持ち出した私の助けにはならない．この

[訳注 30] 邦訳は立神和依/河原希早子共訳『ダークストーリー・オブ・エミネム』（小
学館プロダクション，2003）による．

65. 半分満たされているのか半分空なのか 115

本の放射能に言及するだけで，あたかも，この本に危険なほどの放射能があるかのように，その事実が現実の問題に直結することをほのめかす．1世紀前のマリー・キュリーのノートに放射能があるという記述は助けになる．そのノートは，フランスの国立図書館の鉛で裏打ちされた箱に収められている．

　器が半分満たされているのか，それとも半分空なのかについての論争は，記述の適正さに関する紛争を肩代わりするものだ．人々は，「半分満たされている」とか「半分空だ」と答えることが適切なのかという，メタ言語的な問いについて論争する．夫が器を満たしている途中であり，妻は器を空にしている途中であれば，夫の器は半分満たされており，妻の器は半分空である．あるいは，もっと慎重に言えば，夫の器は「半分満たされている」と記述するほうが有用であり，妻の器は「半分空である」と記述するほうが有用である．

　引用符は，私たちが（物事について語る）実体モードから（物事の表現について語る）形式モードへ移行したことを示す．意味論的上昇の戦略は，対象についての論争から，関連する言葉がいかに働くかという議論になりにくい話題に切り替えることである．前兆があると神経科学者が言うならば，あなたは「前兆」という言葉がどのように使われているかを軽々しく確認することはない．

　論理的に同値ないくつかの記述のうちどれを使うかによって，経験に基づいた情報を伝達する．「チンパンジーには獰猛な動物もいる」は，「獰猛な動物にはチンパンジーもいる」よりもチンパンジーについて多くのことを伝える．しかし，事実そのものではなく，話し手が事実の表現をどのように選んだかによって，情報が付加される．

　これは，あまり論じられていない問題に関係する．器が水で満たされている．このとき，この器は半分満たされているか．答えはイエスである．あなたが，ガソリンが半分だけ入った車を借りたと仮定しよう．あなたは，車を返すときに，もとと同じところまでガソリンを

入れておく責任がある．あなたは，満タンにして車を返す．このとき，あなたは，義務を果たし損ねただろうか．

「満杯」は「半分満たされている」を否定するものではない．「満杯」は「半分満たされている」を含んでいる．（「満杯」は「ちょうど半分満たされている」を否定する．）

水で満たされた器は，器の 4 分の 3 が満たされているのでもあり，8 分の 7 が満たされているのでもある，というように，無限に多くの満杯未満の量について同様のことがいえる．しかし，器をこのように記述することはない．もっとも関連の強い所見が述べられる．それよりも関連の弱い所見はどれも，それが述べている量がまさに器を満たしていることをほのめかしはするが，ほかの所見を排除するわけではない．

夜間の大西洋横断飛行の終わり近くに，ノルウェー人パイロットは「もうすぐ終わりです」と言って私たちを起こした．これが私の注意をひいた．私は，バートランド・ラッセルが水上飛行機でトロンドハイムの近くに墜落したのを思い出した．飛行機の後部にいた乗客だけが助かった．この飛行機に乗る前に，ラッセルは，「煙草が吸えなければ，死ぬしかない」と言って，喫煙区画の座席を要求した．

われらがノルウェー人パイロットは真実を語っていたのだ．最後まで飛びきるどのような飛行も，ほぼ最後まで飛び，その前に 4 分の 3 まで飛び，その前に半分まで飛ぶ．

66. 科学的酒飲み

私の友人はワインを愛している．彼の肝臓は，味わいについてどうこう言うことはないだろう．しかしながら，医者はその気弱な臓器の味方をする．「君の肝臓は，年に 1 ヶ月は休ませる必要がある．」論理

学者であるその友人は，その1ヶ月として2月を選んだ．

この演繹は，ジョン・スチュアート・ミルの心を動かすことはない
だろう．いや，どのような演繹も彼の心を動かすことはないだろう．
演繹による論証は前提にしまわれた情報を開封しているにすぎないと
ミルは信じていた．妥当な結論は，つねに問題を提起する．なぜなら，
その結論を疑うことは，それを導き出す前提にまで跳ね返ることにな
るからである．

そうだとすると，なぜ私たちは演繹に頭を悩ますのか．格納と利用
しやすさ，すなわち，演繹は，ほかの情報源から学んだことを圧縮し
ておき，素早くそれを解凍する．演繹は，ニューモニックと同じ役割
を演じる．たとえば，次のような短いフレーズによって，基本原理を
記憶することができる．

マイナス掛けるマイナスはプラス

この理由を論じる必要はない．

「ニューモニック（Mnemonic）」は，それ自体がポアソン分布の公式

$$P_m(n) = m^n e^{-m}/n!$$

を憶えるためのフレーズである．別の言い方をすれば，「m の n 乗掛
ける e の $-m$ 乗割る n の階乗」になる．

ニューモニックの綴りが思い出せずに困ったことはないだろうか．
ウィリアム・D.ハーベイは，ニューモニックの綴りを憶えるための
ニューモニックを考案した．Mnemonics neatly eliminate man's only
nemesis: insufficient cerebral storage.（ニューモニックは，人の唯一
の元凶である脳の記憶域の不足を巧妙に解消する．）

帰納だけが前提に含まれること以上に知識を増やす[原注 21]．ミル以
前の論理学者は，誰もが演繹に焦点を当てていた．ミルは，因果関係

[原注 21] 帰納的に推論する者は，その前提に比べて結論が起こりやすくなるように

を見出すための規則を定式化することによって帰納的論理に着手した．差異法によれば，X を取り除いたときにその影響が消えるならば，X が原因である．ビールからアルコールを取り去れば，あなたは酔っ払わない．したがって，アルコールは酔っ払いの原因である．ミルの共変法は，相関関係から原因を推論する．アルコールを多く飲めば飲むほど，ひどく酔っ払う．したがって，酔っ払いはアルコールに起因する．ミルの剰余法によれば，原因は残された因子である．吐き気を催した生理学者は，これを自分の胃の内容物の重さを量るよい機会と捉えるだろう．彼は，嘔吐する前後で自分の体重を量る．

ウォルター・ローリー卿は，剰余法をエリザベス女王との賭けに適用した．ローリー卿は，彼のパイプから出る煙の重さを量ることができると主張した．王室に受け継がれる好奇心をそそられて，エリザベス女王はその賭けに応じた．ローリー卿は，まず刻み煙草の重さを量った．それから，それをパイプで吸った．最後に，残った灰の重さを量り，元の刻み煙草と燃えた刻み煙草の差が煙に等しくなると計算した．女王は潔く，ローリー卿に賭け金を支払い，褒め言葉を贈った．「私は金貨を煙に変えた人を何人も見てきたが，あなたは煙を金貨に変えた最初の人ね」

女王がロバート・ボイルに相談していたら，ローリー卿が煙の重さを量って賭けに勝ったことに疑問を呈したかもしれない．ボイルは，錫を燃やすとその重量が（約25％）増えることを見つけた．したがって，錫が燃えることで何かが加わったか，取り除かれた部分は負の重さ（のちの科学者によれば軽力（レビティ））であったかのいずれかである．刻み煙草は燃えた後には軽くなった．しかし，その灰には何かが加えられたかもしれない．あるいは，空気から加えられた何かが煙

しようとする．彼は，前提が真で結論が偽となることが起こりうるのを認める．演繹的に推論する者は条件付き確率が 1 になるのを狙っているのに対して，機能的に推論する者は謙虚に高い条件付き確率を狙っている．

66. 科学的酒飲み

になったのかもしれない. レオナルド・ダ・ヴィンチは, 煙が入り混じったものであることを認識していた. 彼は, 炭化した粒子による黒い煙と, 浮遊状態にある水の微粒子による白い「煙」を区別していた.

昔の化学者は, 蓋のついていない容器で計測を行っていた. 彼らは, 閉じた環境でなければ剰余法を使えないことが分かっていなかった. 生物学者は, この知識をルイ・パスツールから学んだ.

ミルの方法のうちもっとも単純な一致法をこのように複雑化することを避けたいと思うだろう. これは, 影響のすべての原因に共通な因子を探すということである. 1926 年のクリスマス・イブに, ニューヨークの病院で 60 人の人が重篤な状態になった. 共通する成分は, 毒性のアルコールだった. 政府の化学者が, 工業用に使われるアルコールを変性させた. 密造酒業者は, それを復元させるために化学者を雇った. この変性と復元のいたちごっこは, 化学的に繊細な新物質へと突き進んだ. その年, 政府の化学者は一歩先んじたのである.

エドワード・ビクター・アップルトン卿は, 1947 年にノーベル賞を受賞した. 受賞式の晩餐会でのアップルトン卿の講演は, 一致法が原因の記述に依存することを明らかにした.

ご列席の皆さん, [...] 人々がなぜ酔っ払うかを解明する研究を始めた男の物語から分かるように, 科学的手法を過大に評価してはなりません. 私は, この話がここスウェーデンにおられる方々の興味をひくものと信じています. その男は, ある夜, 何人かの友人にある量のウィスキーとある量のソーダ水を混ぜたものを飲ませ, その後の結果を観察しました. 次の夜, 男は, 前夜と同じ割合でブランデーとソーダ水を混ぜたものを同じ友人たちに飲ませました. そして, さらに, ラム酒とソーダ水を混ぜたもの, ジンとソーダ水を混ぜたものを使って 2 日間同じことを続けました. その結果はつねに同

じでした.

　そこで，この男は科学的手法を適用し，論理的判断力を使い，そして唯一の可能な結論を導き出しました. それは，酩酊の原因はこれらに共通する物質，すなわちソーダ水でなければならないというものです.
　　　── ロナルド・クラーク『エドワード・アップルトン卿』(1971)
　　　　　　　　　　　　　　　　　　　　　　　　pp.146–7

　この講演は，アップルトンが予想したよりもはるかにスウェーデンの聴衆を楽しませた. この話から言い換えられる何かが得られただろうか. 後になって分かったことだが，アップルトン卿は，英国皇太子がソーダ水だけで酔っ払ったことを知った.

67. 無自制はイカれているのか

　ソクラテス：「何びとも，自分がしていること以外にもっと善いことがあって，しかもそれが自分にできることであると知りながら，あるいはそう思いながら，しかもなお，もっと善いことが可能であるのに，依然もとの行為をつづけることはしないでしょう. [訳注 31]」（プラトン『プロタゴラス』，358b–c）. ソクラテスにとって，行動は言葉よりも雄弁に語る. 多くの経済学者は，ソクラテスに同意する. 彼らは，中毒の合理的モデルを提案する.

　ほとんどのギリシア人は，人々が一貫性なく振る舞うと考えた.「アラクシア（無自制）」は，自身のよさそうな判断に逆らって行動するというギリシア語である. メデイアは，夫への仕返しに自分自身の子供を殺す. セイレーンは，岩の上で美しい歌を歌い，船乗りを誘惑する.

[訳注 31] 邦訳は山本光雄/藤沢令夫共訳『プラトン全集 8』（岩波書店，1975）による.

アレクサンダー大王の兵士は，砂漠の行軍で，さらに水分を奪うだけであることを知りながら，ワインを飲む．♀すべての無自制は，抗うことのできない衝動によるものだろうか．

68. 無自制の治療法[原注 22]

意志が弱くてうんざりしている？先送りと後戻りに終止符を打ちたい？自分が最善と考えることをつねに行う自制の達人たちが羨ましい？

今や，療法哲学の飛躍的な大発見のおかげで，行うべきだと考えていることと実際に行っていることの間の隔たりを埋めることができます．下記の住所に＄1,000を送るだけで，二度と衝動に屈服することはなくなるでしょう．**返金保証付き**です．あなたが不合理であると分かっている何かを一度でも行ったら，何の制約もなしに代金を返金します．もちろん，それでも気になる点があるかもしれません．「不合理」な行為には＄1,000の返金を受け取ると分かっているとき，あなたは自制心なく行動しうるでしょうか．そう，これこそがこの新たな無自制の治療における画期的な点なのです．

これまでのアプローチでは，弱い意志を罰することに重点を置きます．これらは，負の強化は悪い行いを絶つという時代遅れの行動主義者の原理に基づいています．新たな人道的なアプローチでは，無自制が報われます．それも気前よくです．鍵は，この報酬が，それなしでは不合理な行為を合理的にする強い動機づけになるという点です．

[原注 22] この文章は，当初，由緒ある専門誌 Mind に掲載された．Mind の編集者は，これを広告コーナーに掲載することを提案した．このことで，何人かの同僚は，私が「発刊か破滅か（Publish or Perish）[訳注 32]」に対する抜け道を見つけたと考えた．

[訳注 32] 「論文を発表しないと研究者として食っていけない」の意．

68. 無自制の治療法

　無自制に対する報酬が（一見すると）無自制な行為の中ではなんの役にも立たないことを理由に，返金を求める人がいるかもしれません．彼らは，この報酬について知っていたとしても，どのみちその行為を遂行してしまうでしょう．このような人たちは，実際の無自制と仮想的な無自制を区別すべきです．何が総合的に最善であるかという自分の判断に従って行動するならば，何も不合理なことは行っていないのです．

　まさに，仮想的な無自制の行為は，あなたの意志が弱いという兆候です．$1,000 を送金すると，この支払いが存在することによって，その行為の発現を遮断するためだけの理由が手に入るのです．たしかに，たった$1,000 では誘惑から逃れられない人たちもいます．このような厄介な方には，$1,000 よりも多めに送ることをお薦めします．無理してでも，そうしてください．

　今すぐ下記宛に小切手を．

　　ロイ・ソレンセン博士
　　ニューヨーク大学哲学科
　　本館 503 号
　　ワシントンスクエアイースト 100 番
　　ニューヨーク市
　　ニューヨーク州 10003–6688[原注 23]

[原注 23] 合衆国郵便公社よりお知らせ：ソレンセン博士は，セントルイス・ワシントン大学に異動しました．
　$1,000 の小切手は彼の新しい住所に直接送付してください．

69. ルイス・キャロルの豚のパズル

「もしあの坊やが大きくなったら,ほんとに豚児(とんじ)になったでしょうね. でも,ブタとしては,どちらかといえば器量よしなほうじゃないかしら」[訳注 33]

アリス,赤ん坊から変身したブタを放してやった後で

　ブタは,ヨークのアルクィンのパズル本や,それに続く中世の注釈書でもお気に入りのキャラクターである. ブタに対するこの愛着は,論理学者から論理学者へと引き継がれてきた. 愛豚家は,論理学の授業に軽く出席して恩恵を受けただけの著者にまで及ぶ. 狡猾な少女が協調性のないバーティーのことをブタだと言ったとき,バーティーはこう答えた.「ブタか,そうかもしない. だが賢くて思慮分別のあるブタだ. [訳注 34]」(P.G.ウッドハウス『ウースター家の掟』)

[訳注 33] 邦訳は高橋康也/高橋廸共訳『不思議の国のアリス』(新書館, 2005) による.
[訳注 34] 邦訳は森村たまき訳『ウースター家の掟』(国書刊行会, 2006) による.

中世のブタに対する感覚は，次の少年に要約されている．ブタ料理を食べ終わったあと，少年の家族はよくじゃれる子ブタと気まずい遭遇をする．少年は大喜びする．「ああ，ブタだ，飼っても楽しいし，食べても楽しい」

ルイス・キャロルの（もともとは『シルヴィーとブルーノ』に登場した）「ブタの尾話」では，野心的なブタが跳べないことを嘆く．カエルが教授料を払えば跳び方を教えると申し出る．契約は成立した．カエルは，古いポンプの上に飛び乗り，どうやればよいかをやって見せた．カエルは，「膝曲げて，ぴょんと跳ぶんだ」とブタに促す．

> ブタは立ち上がり，全速力で
> 壊れたポンプにぶち当たり，
> ゴロンと空袋のように
> 転がり仰向けに倒れた．
> 全身の骨がいっぺんに「ポキリ！」
> 命取りのひと跳びだった． [訳注 35]

これでカエルは憂鬱な気分になる．彼は教授料をもらえないからだ．

つぎは，1893 年 7 月 2 日付のルイス・キャロルの論理パズルである．💡次の 9 個の前提から，ブタが風船に乗るかどうかについてどのような結論が演繹できるだろうか．

- 綱渡りもしないし，安ものの甘パンもたべない者は，老人である．
- 目まいを感じられる豚は尊重される．
- 賢明な風船乗りは傘を持っていく．
- 汚らしくて安ものの甘パンを食べる者は人前でランチをたべるべきではない．
- 若い生物は風船に乗ると目まいがする．

[訳注 35] 邦訳は鴻巣友季子編『ルイス・キャロル』（集英社，2016）による．

- 汚らしい肥えた生物は，綱渡りをしないなら，人前でランチをたべてもよい.
- 賢い生物は，目まいがするなら，綱渡りはしない.
- 1匹の豚は，汚らしいが，傘をもっている.
- 綱渡りをしないで尊重されるものは，すべて肥えている. [訳注 36]

ルイス・キャロルは，単語の梯子の発明を1877年のクリスマスの日としている.「言葉の橋の規則は一つだけだ. それぞれの段階では，一度に1文字だけを変えて新しい単語を作る.」次の例は，キャロルがVanity Fair の1879年3月号でこのパズルを紹介したときに使ったものである. HEAD（頭）を TAIL（尻尾）に変えよ:

HEAD, HEAL, TEAL, TELL, TALL, TAIL

ルイス・キャロルは，『ダブレット』において，6段階で GNAT（ヤギ）から BITE（噛む）に変える単語の階段 GNAT, GOAT, BOAT, BOLT, BOLE, BILE, BITE を示した. フレッド・メイデンは，『鏡の国のアリス』で列車の客室にヤギ（GOAT）と一緒に小さい虫（GNAT）がいた理由を説明するのに，この単語の梯子を引用している.

　💡豚（PIG）を豚小屋（STY）に追い込め.

ルイス・キャロルのもっとも風変わりな豚のパズルは，4棟の豚小屋に関するものである.

[訳注 36] 邦訳は秋月康夫/渡辺寿夫共訳『やさしい確率論：レィディ・ラック物語』（河出書房新社，1977）による.

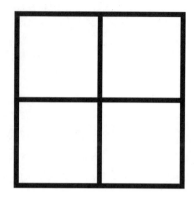

💡24 頭の豚をこれらの豚小屋に入れて，これらの豚小屋の周りを何周回っても，それぞれの豚小屋にいる豚の頭数が，その直前の豚小屋にいる豚の頭数よりも 10 に近くなるようにせよ．

70. 小から大へ行ったり来たり

ハオ・ワンは連鎖式パラドックス[原注 24]を圧縮した．

1. 1 は小さい．
2. n が小さいならば，$n+1$ も小さい．
3. それゆえ，1000 秭（1 octillion = 10^{27}）は小さい．

1000 秭がどれほど大きいかを強調するために，グレッグ・ロスがいうように，あなたが地獄に落ちたと想像してみよう．あなたは，次の作業を完了すれば解放される．「あなたの仕事は，ONE, TWO, と整数を順にタイプすることだけである．最初に C のキーを押したとき，

[原注 24] これは砂山のパラドックスとしても知られている．一粒の砂は山ではない．山でないものに砂を一粒加えても，山にはならない．それゆえ，百万粒の砂は山ではない．

あなたは解放され天国に行ける.」それぞれの数を正しくタイプするのに，平均して10秒かかると仮定しよう. 💡あなたが解放されるためにCの文字を最初にタイプするまでにどれほどの時間がかかるだろうか.

💡これで大きく（LARGE）拡げることができたので，ここから単語の梯子を使って小さく（SMALL）戻れるだろうか.

71. 滑りやすい坂を途中まで下りる

　滑りやすい坂は足場が悪いので，初心者は最初に一歩を踏み出さないように忠告される. 山から転げ落ちないようにするもっとも確実な方法は，山に一歩も立ち入らないことである.

　しかし，経験豊かな登山家は，二，三歩滑り落ちそうな普段とは異なる状況に気づくだろう. 私のお気に入りの例は，一連の脚注に見られる足掛かりである. J.E. リトルウッドは，フランスの専門誌 Comptes rendus に論文を書いた. それを M. リース教授が翻訳した. リトルウッドは，この翻訳に対する謝辞を述べるために論文の最後に（フランス語で）次のような三つの脚注を加えた.

　　本論文をフランス語に訳して下さったリース教授に感謝する.

　　上の脚注をフランス語に訳して下さったリース教授に感謝する.

　　上の脚注をフランス語に訳して下さったリース教授に感謝する. [訳注 37]

　リトルウッドは，これを永久に続けることはできるが，「脚注を繰り

[訳注 37] 邦訳は金光滋訳『リトルウッドの数学スクランブル』（近代科学社，1990）による.

[訳注 38] 同上.

返すのを現に 3 回で止めようとさえするのである. もっとも的を射た処置といえよう. フランス語はほとんど知らなくても, フランス語の文をそのまま**写し書き**することはできるから[訳注 38]」と記している.

次の滑りやすい坂の論証は, 早めの段階に足掛かりがある. 💡その足掛かりが分かるだろうか.

正午 1 分過ぎは, 午後 1 時よりも正午に近い.

正午 n 分過ぎが午後 1 時よりも正午に近いならば, 正午 n 分過ぎも同様である.

それゆえ, 正午 59 分過ぎは, 午後 1 時よりも正午に近い.

どんなものでも少なくとも秒速 1 メートルで動かすことができる.

あるものを少なくとも秒速 n メートルで動かすことができるならば, 少なくとも秒速 $n+1$ メートルで動かすことができる.

それゆえ, ものを動かすことのできる速さに上限はない.

72. 今度はポジティブ思考

ユリウス・カエサルは, 宣伝工作の達人であった. カエサルは, 自分自身を彼の敵対者の対偶[原注 25]に位置づけた. 「私は, 私に反対しないものは誰でも私に賛成していると考える. しかし, 彼らは, 彼らに賛成しない者は誰でも彼らに反対していると考える.」この二つの命題は論理的には同値である. 中立の者がいなければ, これらはあら

[原注 25] 条件文「P ならば Q」の対偶は「Q でないならば P でない」である. 対偶が妥当でなければ, 後件否定 (モドゥストレンス) も妥当ではない. P ならば Q, Q でない, それゆえ, P でないという後件否定は妥当である. ここで白状するが, 私は対偶を定義するために対偶を用いた. ダンテは循環論法に陥る者を地獄のどの圏に落ちるとしていたか.

ゆる点で正しい．だが，この二つの言明は，明白な中立者に対する捉え方が異なる．カエサルは，中立にみえる者は誰でも実際には友人だとほのめかす．カエサルの競争相手は，中立にみえる者は誰でも実際には彼らの敵だとほのめかす．

対偶は，1913年のジョージ・イーストマンによる古典的な「イーストマンでなければ，カメラではない」にまで遡る，宣伝文句の昔ながらのやり口である．イーストマンは，商標名を保護する方法として対偶による標語を使った先駆者である．商品の人気がでてきたとき，その名前が一般名称となる傾向にある．このとき，競争相手は，受けのよいその名前で商品を売ることになる．これは，アスピリン，セロファン，エスカレーター，ドライアイス，サーモスがたどった結末である．

一般名称化による商標権の消滅を避けるために，イーストマンは，商品名が一般名称だとしたらトートロジーになってしまうような対偶による標語を持ち込んだ．標語を聞いた者は，人々がどうでもいい意見を言っていると解釈することを避ける．彼らは，その意見を重要な意見と解釈することを好む．たとえ，その重要な意見が誤りであることを標語が意味していても，である．したがって，対偶は，話し手が商品名を一般的名称のように扱うことを避けるような圧力になる．対偶による標語は，いずれもそれらの対偶は妥当な推論であるが正しくはないことに注意しよう．（誤った前提から始めると，妥当な推論が必ずしも正しい結論をもたらすわけではない．）宣伝を行う者は，その標語によってそれ自体が真実味のないものになることを期待している．

この戦略は，一時的な流行の間に採用される傾向にある．ヨーヨーの人気は，ヨーヨーのように上がり下がりする．1987年にヨーヨーが流行した際には，米国ではどのヨーヨーも区別なく「ダンカン」と呼ばれた．警戒した玩具製造会社であるダンカンは，「ダンカンでなければ，ヨーヨーでない」という対偶を用いた標語によってその商標名を主張した．

対偶そのものも，逆や裏に対するブランド差別化が必要である．

　　もとの条件文：p ならば q
　　逆：q ならば p
　　裏：p でないならば q でない
　　対偶：q でないならば p でない

多くの教師は，単純な文の対偶を説明することで満足している．彼らは，「キリンが喉を痛めているならば，咳止めシロップの大きな瓶が必要である」の対偶は「キリンに咳止めシロップの大きな瓶が必要でないならば，喉を痛めてはいない」であると言う．W.P. クックは，それをさらに進めて，歌全体を対偶にした．

テックス・リッターの「ライウィスキー」本来の歌詞は次のとおりである．

　　海がウィスキーで私はアヒルならば，
　　私は底まで潜って，浮かび上がりはしない．
　　しかし，海はウィスキーではないし，私はアヒルでもない．
　　したがって，私はダイヤのジャックを対戦し，私の運を信じよう．
　　なぜなら，それはウィスキー，ライウィスキー，ライウィスキー，と私は叫ぶ．
　　ライウィスキーが飲めなければ，私は確実に死ぬだろう．

クックは，アメリカ数学会月報の 1969 年 11 月号でこの対偶詩を披露した．

　　私は底まで届かないか，または，ときおり浮かび上がるならば，
　　海はウィスキーではないか，または，私はアヒルではない．
　　しかし，私の運は信用できないか，または，カードゲームに挑戦しない．

したがって，海はウィスキーか，または，私はアヒル．

なぜならそれはウィスキー，ライウィスキー，ライウィスキー，と私は叫ぶ．

私の死が確実でないならば，私はライウィスキーを飲む．

現代の論理学者は，条件文の全称汎化を分析する．「すべての人は不死である」は「すべての x に対して，x が人ならば，x は不死である」を意味する．したがって，全称による一般化は対偶を作ることができる．「すべての人は不死である」の対偶は「すべての不死でないものは人でない」である．

対偶は，カラスのパラドックスにおいて，もっとも逆説的な効果を生む．

1. ニコの判断基準：すべての全称による一般化は，正例によって支持される．すなわち，「すべての F は G である」は，「F であり，かつ G である x」によって支持される．

2. 対偶：「すべての F は G である」は，「すべての G でないものは F ではない」と同値である．

3. 同値の条件：ある言明を支持するものはなんであれ，それと論理的に同値な言明を支持する．

4. それゆえ，白いハンカチは，「すべてのカラスは黒い」を支持する．

「すべてのカラスは黒い」は，その対偶である「すべての黒くないものはカラスではない」と同値である．白いハンカチは，黒くないものである．このとき，カラスについての全称による一般化は，それがカラスではないと予測する．そして，それは正しい．その黒くないものは，ハンカチである．

20世紀のもっとも重要な経験主義者の一人であるカール・ヘンペル（1905–1997）は，この論法の健全性を主張した．ヘンペルによれば，生物学者は，証拠を支持する量が極めて小さいことを理由に，「すべて

のカラスは黒い」ことの証拠として白いハンカチを挙げはしない．私が100万ドルの宝くじをもっていて，あなたのくじが外れていると分かったならば，それは私のくじが当たっているわずかな証拠となる．しかし，そう言うにはあまりにもわずかな証拠である．このことが，室内鳥類学を推進しない理由を説明している．

73. 常軌を逸した量

ピタゴラス学派は，世界は数で支配されていると信じていた．彼らは，自然数だけを数として認識していた．したがって，これら自然数の間の関係によって，すべてのことが表現できなければならなかった．彼らが三平方の定理を直角二等辺三角形に適用したときに，重大な問題に直面した．なぜなら，彼らはすぐに直角二等辺三角形の斜辺の長さは自然数の比によって表すことができないことに気づいたからである．$\sqrt{2}$ は，常軌を逸した最初の数である．ピタゴラス学派は，適切な単位によって現実を測定したいのである．

第7日安息日再臨派の創設者エレン・グールド・ホワイト夫人（1827–1915）は，無理数人の聖人を伴う啓示を受けた．彼女の発見は，福音における三つの節（7章4節，14章1節，および14章3節）に基づく．これらの節は，神の御座の前に立つ罪を贖われた144,000人の聖人について語っている．神の名を額に書かれた彼らは，新たな歌を歌っている．福音第7章によれば，彼らはイスラエルの12の部族それぞれからの12,000人の聖人を表している．（マタイ伝19章28節も参照のこと．）

ホワイト夫人は，瞑想状態において，「完全な正方形」のガラスの海に144,000人の聖人が立っているのを見た．彼女のある信奉者は，福音で言及されている1,200人の聖人は正方形の一辺であると断言

した．しかし，144,000 の平方根は 1,200 ではない．それは，無理数 379.47331922⋯ である．

したがって，ホワイト夫人は，聖人たちがいることを証明しただけでなく，無理数人の聖人がいることも証明した．彼女が明示的に結論を導き出したのではない．彼女は，私たちに計算することを残してくれた．正方形のそれぞれの辺には，379 人の完全な聖人と，0.47331922⋯ の聖人が一人いる．したがって，縦横それぞれ 379 列に一人ずつこのような半端な聖人がいて，さらに正方形の一つの隅には $(0.47331922⋯)^2 = 0.22403108⋯$ の聖人が一人いる．

ホワイト夫人が生存している間に，この地球上に半端な個人の先例があった．何人の連邦議会議員をそれぞれの州に割り当てるかを計算する際に，米国の奴隷は 5 分の 2 人と数えられた．

英国では，1907 年の亡妻の姉妹との再婚法案によって，男性が彼の亡き妻の姉妹と結婚することは合法となった．しかしながら，1921 年まで，女性が彼女の亡き夫の兄弟と結婚することは違法であった．兄弟の結婚した相手が互いに姉妹であったとしよう．兄弟の一方と，彼の義理の妹が亡くなる．残された兄弟が残された姉妹と結婚する．これは，男性にとっては合法な結婚である．しかしながら，女性にとっては合法な結婚ではない．したがって，この二人に子供がいれば，その子供は父親にとっては嫡出子であるが，母親にとっては非嫡出子である．すなわち，彼らの子供は半嫡出子である．

ポール・ディラック（1902–1984）は，半嫡出子ではなかった．しかしながら，変人二，三人分に相当していた．

ケンブリッジ大学の学生であったとき，ディラックは数学の研究集会に出席した．参加者は，英国に古くからある漁師と魚のパズルを解くように求められた．

　　3 人の漁師が，獲った魚を数えることも分けることもせず，横

になって眠っている．彼らはそれぞれ公正な人物であるが，お互いを完全には信用していない．もっとも心配性の漁師が目を覚ます．彼は，ほかの二人が目覚める前に，魚の山を分けて，自分の取り分をもらうことにする．しかし，魚の数は3で割り切れない．1匹の魚を取り除くと3で割り切れるので，彼は1匹の魚を水に投げ込んだ．彼は，残りの魚のちょうど1/3をもらう．彼にやましいことは何もない．彼は，偶数匹の魚を残したので，それを半分に分けることができるだろう．彼は，自分の取り分をもって，そこを離れる．そのあと，2番目に心配性の漁師が目覚めた．彼は，最初の漁師がしたことを知らずに，同じ手順を踏む．彼も自分の取り分をもって，そこを離れる．さらにそのあと，3番目の漁師が目覚める．彼は，前の二人の漁師の行為を知らずに，同じ手順を踏む．さて，獲った魚の最小数はいくつだろうか．

　ディラックは，即座に，漁師たちは −2 匹の魚から始めたと答えた．最初の漁師は，1匹を水に投げ入れたので，−3 匹が残る．彼は，その1/3を持っていったので，−2 匹が残る．2番目と3番目の漁師も1番目の漁師にならった．💡（この問題の意図された正の解は．）

　この逸話は，物理的な現実よりも数学的な明解さに重きを置いたポール・ディラックを浮き彫りにしている．これが，陽電子の発見において頭角を現した．1930年代初め，ディラックは電子を説明するために開発した方程式に目を向けていた．ディラックは，その方程式には4の平方根と同じように二つの解があることに気がついた．数学的な視点からすると，2も −2も4の平方根になる．彼の方程式の一方の解からは，負の電荷をもつ電子が得られた．もう一方の解からは，意図しない粒子が得られた．この「陽電子」は，正の電荷をもつことを除いて，電子とそっくりであった．

ディラックにとっても，陽電子は，真剣に取り組むにはあまりにも奇妙に思えた．しかしながら，霧箱の検知器から，電子の鏡像となる痕跡が得られた．これが陽電子の存在を示していた．ディラックは，「私よりも方程式のほうが賢かった」と結論づけた．

74. ニュージーランドの
アーサー・プライアー

　デイヴィッド・ヒュームは，純粋に事実に関する言明から価値的な言明を妥当に論証することはできないとして，ほとんどすべての哲学者と科学者を説き伏せた．

　しかし，ヒュームに先立って，倫理学者は，神は何を選択するか，何が自然か，何が満足を与えるかに関する処方箋を基本原理としていた．

　これまで出会ったあらゆる道徳の体系で，私はいつも次のことに気がついた．著者はしばらくの間通常の推理の仕方で論を進め，神の存在を結論として立て，あるいは人間の間の事柄について所見を述べる．すると突然，驚いたことに，「である」(is) や「でない」(is not) という命題の普通の繋辞に代わって，私が出会う命題は，どれも，「べきである」(ought) や「べきでない」(ought not) という語を繋辞とするものばかりになるのである．この変化は目につかないが，きわめて重大である．この「べきである」や「べきでない」という語は，新しい関係ないし断定を表わすのだから，その関係ないし断定がはっきりと記され，説明される必要があり，同時に，この新しい関係がそれとは別の，まったく種類の異なる関係からの演繹であり得るとは，およそ考えられないと思われるのだが，いかにしてそうであり得るのか理由が挙げられる必

要があるからである．[...] そして，このわずかな注意によって，すべての通俗的な道徳の体系が覆され，悪徳と徳の区別は，単に対象の関係に基づいているのではなく，理性によって見てとられるのではないことが示される．そう私は確信する．[訳注 39]

> ― ヒューム『人間本性論』，第三巻「道徳について」，
> 第一部「徳および悪徳一般について」，
> 第一節「道徳的区別は理性から引き出されない」

　ヒュームの論点は，しばしば論理的限界として定式化される．すなわち，記述的前提と規範的結論だけを含む妥当な論証はないというものだ．科学者は，彼らが価値ではなく事実を提供するという原則を支持してきた．事実が価値を伴うならば，観察と経験によって倫理学を行うことができるはずだ．しかし，善悪は経験に基づく性質ではない．
　ニュージーランドの論理学者 A.N. プライアーは，ヒュームの論点が厳密には次の例に該当しないことを示した．

　　お茶を飲むことは英国では一般的である．
　　それゆえ，お茶を飲むことは英国では一般的であるか，または，すべてのニュージーランド人は射殺されるべきである．

　この論証は健全である．最初の前提は正しい．この論証は，「P，それゆえ，P または Q」という形式の妥当な例である．ただ，この論証は，実利的には奇妙である．この結論を口にすると，二つ目の選言肢に対する何らかの支持があるかのように思える．これは，ロスのパラドックスにおける次の推論と同じである．

　　私はこの本に代金を払うべきだ．

[訳注 39] 邦訳は伊勢俊彦/石川徹/中釜浩一共訳『人間本性論 第三巻 道徳について』（法政大学出版局，2012）による．

74. ニュージーランドのアーサー・プライアー   137

それゆえ，私はこの本に代金を払うべきか，あるいは，この本を盗む．

「私はこの本の代金を払うべきだ」が正しいとすると，この論証は健全である．一般的には，その選言がより起こりそうになるときに限り選択肢を追加するので，この論証はただ誤解を招くだけである．お茶を飲むという前提は記述的であり，結論は規範的なので，プライアーは「...である」から「...すべきだ」を導出したと主張した．プライアーは，記述と規範的言明の選言は記述的だと合理的に考えることを許す．プライアーは，この点について主張するのではなく，そこから別のことを導出した．

お茶を飲むことは英国では一般的であるか，または，すべてのニュージーランド人は射殺されるべきである．
お茶を飲むことは英国では一般的ではない．
それゆえ，すべてのニュージーランド人は射殺されるべきである．

この論証では，2番目の前提が間違っている．しかし，それでも論証は妥当である．これこそが，プライアーがヒュームへの反例として必要としたものである．プライアーは，健全な論証を簡単に作り出すことができた．

ニュージーランドではキウィは珍しいか，または，母親は子供を養うべきである．
ニュージーランドではキウィは珍しくない．
それゆえ，母親は子供を養うべきである．

プライアーの二律背反は，ヒュームの主張が純粋論理には収まらない語で構成されなければならないことを示している．むしろこの議論

を続けるためには，彼は「…である」から「…すべきだ」を妥当に導出することは実質的にできないと言わなければならない．

これは，どちらかというと審判の判定が必要である．専門家の信頼性に訴える次の例を考えよう．

アルフィーの言うことはすべて正しい．
アルフィーは，嘘つきは悪いことだと言う．
したがって，嘘つきは悪いことだ．

一つ目の前提は，経験による反論を受けやすい．そうすると，これは妥当な導出ではないのだろうか．これらの例が成功しようがしまいが，ヒュームの主張の論点は単なる論理ではないと示すことで，プライアーは貢献した．

75. もっとも離れている首都

♀ほかのどの首都からももっとも離れている首都はどこか．ヒント：微分方程式の一意な解をどのようにして見つけるか．

76.「オーストラリア」の論理

ニューギニア島は，チルダ，すなわち否定の記号である～のような形状をしている．

76.「オーストラリア」の論理

この否定記号の下にはオーストラリアがある．これが，「オーストラリア」の意味するところを理解する手がかりになる．表面上は，「オーストラリア」は，最小の大陸（あるいは最大の島）の名前であるようにみえる．しかし，ルートヴィヒ・ウィトゲンシュタインは，表層文法と深層文法を区別しなければならないと言って，名前に関してすべての言葉を具現化する私たちの傾向を戒めた．

ウィトゲンシュタインの警告を肝に銘じて，L. スターチ氏は「オーストラリア」の奥深い文法を詳しく調べた．スターチ氏の研究によって，「オーストラリア」は，文に適用する否定演算子の一種であることが明らかになった．かくして，次にような考えには根本的な誤りがある．

> 「オーストラリアでは，冬は夏にくるとする何らかの理由はあるか」という質問は，「フランスでは，カエルを食材とみなすとする何らかの理由があるか」と同じ論法である．この「オーストラリア」という名称を「フランス」，「スイス」，「シベリア」，「ラトランドシャー」，「ノースダコダ」と同じ論理

的文法をもつと考えるのは誤りである．そのような名前と同じではないのは，「ユートピア」，「エレフォン」，「ルリタニア」がそうでないのと同じである．（実体モードを用いるために）ルリタニアが「現実の場所」であると取り決めた言語ゲームで遊んでいるのでなければ，「ルリタニアの人口は増えている」と言うことは無意味である．「オーストラリア」は現実の場所でないことは明らかである．さらには，「オーストラリア」という語は，名前ではない．「オーストラリアでは」という語句は，単に，「オーストラリアでは」の事例として述べていることの正反対が実際の事例であるのを強調するために使われる．したがって，「オーストラリアでは，卵を生む哺乳類がいる」（実際にはそのような哺乳類はいないことを意味する），「オーストラリアでは，黒いハクチョウがいる」（現実のすべてのハクチョウはほかの色であることを意味する），「オーストラリアでは，直立している人たちは，頭が下になっている」（これが自己矛盾であることを意味する）と言う．

　スターチの結果は，純粋に言語学的な研究の結果であるから，総合的真理にはなりえず，ダニエル・デネットが「哲学用語集」で次のように定義した範疇に入る．「アプリオリ【名詞】ニュージーランドで最初に発見された否定しがたい真理の一種」

77. 予言者を予言する

　すべての事象は予測可能であるという主張に反証するために，マイケル・スクリブンは，他人の選択を予言するのに必要なすべてのデータ，法則，計算能力をもつ「予言者」という行為者を思いついた．スクリブンは，続けて，予言の回避を主たる動機とする「回避者」とい

う別の行為者を想定した．それゆえ，予言者は，その予言を秘密にしておかなければならない．予言者に不利な点は，回避者は予言者と同じデータ，法則，計算能力を使えることである．すなわち，回避者は，予言者の論理的思考をなぞることができる．その結果として，予言者は回避者の予言をすることができない．💡スクリブンの反証は，妥当だろうか．

78. 硬貨投げによる解放

　コーエン兄弟の映画『ノーカントリー』において，アントン・シガーは残忍な殺し屋である．アントンは，殺すことについて，良心に抑制されることはない．実際，アントンは，気まぐれを大いに楽しんでいる．アントンは，その時の気分で，硬貨を投げて犠牲者に助かる機会を与える．硬貨の表裏を正しく言い当てられれば，犠牲者は生き延びることができる．しかし，この賭けに失敗すれば，犠牲者は甘んじて殺されることになる．両方の当事者が，この実存的な恣意性を帯びる．

　アントンは，風変わりな道徳観をもつ．ほとんどの人は，約束を守る義務はあるが脅しを実行する義務はないと信じている．アントンは，この非対称性を拒絶する．脅せば，その脅したことを実行しなければならないとアントンは考えるのだ．

　アントンの脅しを実行する決意の固さは，イマニュエル・カントの処罰を実行する決意の固さの身の毛も凍る復唱である．「たとえ市民社会がその全成員の合意によって解体することになろうとも（たとえば島に住んでいる人民が，別れて世界中に散らばろうと決める），そのまえに，監獄に繋がれた最後の殺人犯が死刑に処されなければならない．[訳注 40]」カントは，『人倫の形而上学』において，罰するために自

[訳注 40] 邦訳は樽井正義/池尾恭一共訳『カント全集 11』（岩波書店，2002）による．

身の義務を怠る者は彼ら自身がその犯罪に手を染めているという主張を展開する.

アントンは, ルウェリン・モスに, 彼の妻を殺すと電話で脅し, 金の入ったカバンを持ってくるように言った. モスは, すでに妻を彼女の母親のところに隠れるように送り出していた. モスは, いちかばちかに賭け, 金をせしめようと決めていた. アントンは, モスを追跡し捕らえた. そして, アントンは金を手に入れた. アントンは彼の脅しに従わないモスを殺した. アントンは, 大金を手に安全に立ち去ることができた. しかし, アントンは, 言ったことは実行する男だった.

アントンは, モスの妻カーラ・ジーンに忍び寄る. 母親の葬儀から戻ったカーラは, 寝室で待ち構えていたアントンを見つける.

　　カーラ・ジーン「そんなことをする必要はないでしょう」
　　アントン（笑いながら）「みんないつも同じことを言う」
　　カーラ・ジーン「なんて言うの」
　　アントン「『そうする必要はない』ってね」
　　カーラ・ジーン「そのとおりよ」
　　アントン「いいだろう」
　　（アントンはコインを弾き, それを受け止めると手の平で覆い隠した.）
　　アントン「せいぜい俺のできることはこれだ. 裏か表か言え」
　　カーラ・ジーン「あんたがそこに座っているのを見たとき, マトモじゃないって分かったわ.
　　何が私を待ち構えているかよく分かったわ」
　　アントン「言うんだ」
　　カーラ・ジーン「いやよ, 私は言わない」
　　アントン「言うんだ」
　　カーラ・ジーン「コインが何か言うはずはない. 言ってるのは

あんたさ」

　アントン（困惑して）「やれやれ，俺はこのコインのしたこと
を，そのまましただけさ」

79. 偏りのある硬貨で公平な硬貨投げ

　硬貨を弾くことによって無作為であろうとする人たちは，その手順
に偏りがあることを知って頭を抱えるだろう．硬貨はそれほど対称的
ではない．そのことによって，表に有利な偏りが生じる．また，硬貨
を投げる行為もそれほど対称的ではない．そのことによって，投げる
時点での硬貨の向きに対する偏りが生じる．

　♀偏りのある硬貨を使って公平な硬貨投げをする方法があるだろ
うか．

80. 無作為な選択を予言する

　あなたは，自由意志と決定論のいずれかを選ぼうとしている．都合
のいいことに，あなたには自由意志派のフリーダと決定論派のデニス
という二人の友人がいて，二人はそれぞれ自分の側にあなたを改心さ
せようとしている．あなたは，いつでも自由に彼らのもとを訪ねてよ
い．彼らの家は，あなたの家から等距離にあり，地下鉄で結ばれてい
る．自由意志派のフリーダは，山の手に住んでいる．決定論派のデニ
スは，下町に住んでいる．あなたの地元の駅からは，山の手にも下町
にもそれぞれ10分ごとに列車が出ている．

　あなたは，無作為に二人を訪ねようと決める．具体的には，あなた
は無作為に家を出て，地元の駅で最初に来た列車がどこ行きであって

も乗車する．こうすることで，それぞれに同じ回数だけ言い分を述べる機会が与えられると考える．

デニスは，あなたの訪問の記録をとっている．それによると，あなた訪問の 90％はデニスの家である．あなたの勝手な選択が何の制限も受けていないならば，デニスへの訪問の回数は 50％にかなり近くなるはずだ．したがって，あなたの「自由な選択」は，実際には決定論的であるにちがいない．あなたはデニスの家を続けて訪問することが多かったので，デニスにはこの論点を何度も主張する機会があった．

ついには，このような訪問は終わりを迎えた．あなたは，自分がフリーダの側であることに気づく．フリーダは，あなたの無作為な訪問の 90％が決定論者のドアを叩くことになったという事実をどのように説明したのだろうか．

フリーダは，列車の時刻表を調べた．どちらの行き先にもそれぞれ 10 分おきに列車が走っているが，それぞれの山の手行きの列車は，下町行きの列車の 1 分後に到着するようになっている．このことによって，山の手行きの列車の発車と下町行きの列車の到着の間の 9 分間に，あなたが地元の駅に現れることが起きやすくなる．

自身の無作為さに焦点を当てがちになることをこのパズルは利用しているとフリーダは言う．行為者が無作為であっても，その環境に偏りがあれば，予測することが可能になる．あなたの無作為な選択により 100 万本のはずれの中から 1 本の当たりを引きやすくはないので，そのくじ引きは予想通りはずれるだろう．

このパズルの規模拡大版として，無作為な行為者が規則正しく振る舞うような一種の「予定調和」もありうるだろう．これは，行為者の無作為性によって行為者の予測可能性を取り除くという原則に対する鮮やかな反例である．

無作為性は，ある探索空間に対する予測可能性を排除する．たとえば，地下鉄の 10 分間隔の時間帯を 1 分間隔に等分すると，手当たり次

第に乗車する人がどの時間帯を選ぶかを予測する方法はない．このように区分された記述に対しては，地下鉄に乗る人は明らかに規則的ではない．しかしながら，相対的な予想不可能性は，ほかの標本空間でも相対的に予測不可能であってほしいと思う者には慰めにならない．予測可能性は記述に相対的だというのが教訓である．これが，無作為性が予測に対する絶対的な免疫を与えると考えがちになるのを正してくれる．

　決定論と予測可能性のつながりは，別の方向から攻撃を受けた．私たちが自由であると信じる者は，たとえば約束によって，行為者は無制限に自身を予測可能にすると主張してきた．熱力学においてランダムな粒子が全体としては規則正しく振る舞うことに感銘を受けた者は，構成員が無作為に振る舞うとしても集団の振る舞いは予測可能であると推論し，社会学に道を譲った．この地下鉄パズルから導き出された教訓の斬新さは，個人の特定の振る舞いは，彼との協調がない場合でさえも予測可能になるということだ．さらに，この教訓は，予測可能性の総体的な特質とそれが記述枠組みに相対的であることをもたらす過程で導き出されるのである．

81. 氷上のウィトゲンシュタイン

現実の言語を精密に考察すればするほど，この言語とわれわれの要請との間の衝突が劇しくなる．（論理の透明な純粋さといったものは，わたくしにとっては〔探究の結果〕生じ・・きたのではなく，一つの要請だったのである．）この衝突に耐えがたくなり，この要請はいまにも空虚なものになろうとしている．── われわれはなめらかな氷の上に迷いこんでいて，そこでは摩擦がなく，したがって諸条件があるいみでは理想

的なのだけれども，しかし，われわれはまさにそのために先
へ進むことができない．われわれは先へ進みたいのだ．だか
ら摩擦が必要なのだ．ザラザラした大地へ戻れ！[訳注 41]
—— ウィトゲンシュタイン『哲学探究』(1958)，§107

古典的な物理の謎かけ：あなたは凍った湖にいる．湖面は氷で完全
にツルツルである．💡どのようにすればその氷上から立ち去ることが
できるだろうか．

82. 論理的帰結の耐えられない軽さ

息子のマックスウェルは，まだよちよち歩きだったころ，自分が赤
ん坊だったとは信じていなかった．このような懐疑的な見方をしてい
ることは，彼が写真に写った自分が分かるようになったときに明らか
になった．マックスウェルは，生後 6 ヶ月以降に写した写真では間違
えることなく自分が分かった．しかし，それよりも前の写真では，「赤
ん坊」の写真として取り合わなかった．

私は，マックスウェルに，年齢とは逆順に写真アルバムをめくり，
かつては赤ん坊であったことを納得させようとした．もっとも最近に
写した写真から始めたので，マックスウェルはかなりの確信をもって
「これは僕だ！」と言った．やがて，彼の「僕だ！」は「僕だ」に弱ま
り，それが「ぼく，だ」，そして「ぼく」になった．そして，マックス
ウェルが自分を識別できなくなる時点に到達した．彼は，きまり悪そ
うに微笑み，肩をすくめ，「うーん」とうなった．

私は，写真による反論をマックスウェルがどのようにかわしたかを
友人に話した．友人は，私の論証の前提は正しいことに同意した．友

[訳注 41] 邦訳は藤本隆志訳『ウィトゲンシュタイン全集 8』(大修館書店，1976) に
よる．

82. 論理的帰結の耐えられない軽さ　　　147

人は，その前提から導かれた結論にも同意した．しかし，その友人は，マックスウェルが肩をすくめたのは妥当だと主張した．友人は，滑りやすい坂がマックスウェルの超音波画像にまで延長できると指摘した．私は，9ヶ月目の超音波画像をマックスウェルだと考えたのか．8ヶ月目は？7ヶ月目は？...ついには，私はきまり悪そうに微笑み，肩をすくめ，「うーん」とうなった．

　だが，わずかな人たちは「もっと遠く」にまで行こうとする．彼ら全員が中絶反対論者というわけではない．中絶の議論の両面を支持する日本人は，かつてはそれは受精卵であり，中絶された胎児の魂は特別な墓廟に祀るのがふさわしいと認めた．おそらく，一部の日本人は，さらに，あちらこちらに点在する人たちにある未結合の精子と卵子の組み合わせにまで遡ることを厭わない．さらに遡ると，精子の原形物質と卵子の原形物質に到達する．そして，どんどんと散り散りになった要素は，しかるべきところにすべて行き着く．こうして，私たちは，それぞれの人には拡散した過去に向かうある種の永続性があることを「発見」する．

　この滑りやすい坂の論証に対するマックスウェルの反応は，この始まりのない人間の形而上学よりも良識のあるものであった．私がこう言うのは，かつては赤ん坊であったことに対するマックスウェルの懐疑的な態度に同意する哲学者がいるからではない．（年老いたバートランド・ラッセルは，自分が若きバートランド・ラッセルと同じ人物であるかどうかについて疑問を呈した．）マックスウェルが肩をすくめたことをより良識あるものするのは，議論がどちらに向かうかに関わらずそれに従うことに対する本能的な不本意さである．ソクラテスの助言に反して，私たちの結論の奇妙さを私たちの論理的思考を疑う理由として扱うべきである．これらの疑念は，健全な論証の結論が奇妙ではあるが正しいときに，それを拒絶するように導くだろう．しかし，私たちの不条理の感覚を，よちよち歩きの間に合理的に作り変え

るためには，この単純な形の品質管理が必要なのである．

83. 不可能犯罪

　歯に衣着せぬフレデリック・ダグラスは，脱走した奴隷として北部の州で講演を行った．ダグラスは，告白という形で自己紹介をした．「今夜，私は，こそ泥か強盗としてみなさんの前に立っています．私は，この頭を，この手足を，この胴体を，私の所有者から盗み，それらを使って逃げ出しました．」これには，クスクスと笑い声がもれた．

　自殺は，深刻な問題であった．自殺は，奴隷制度が不合理とみなされた場所でさえも，殺人扱いにされた．19 世紀の英国では，計画的な自殺によって有罪になった者は，財産を剥奪された．1819 年の大晦日に，エルトン・ハモンドは自殺を図った．この 33 歳の茶商人は，自殺が不可能であると論じる筋の通った丁寧な書簡を書いた．

> 　自殺の嫌疑に対して，私は有罪でないことを申し立てる．なぜなら，私のしたことにやましさはないからである．自殺は，はっきりとした矛盾である．玉座から退いた王は反逆罪なのか．自分自身の金庫から金を持ち出してそれを使った者は泥棒か．自分の干し草の山を燃やした者が放火の罪に問われるのか．あるいは，自身の脅迫と暴行を罰する者が有罪になるのか．そうであれば，自身の命を投げ打つ者が殺人罪になるのか．そんなことはない．

　ハモンドは，彼の自殺が不可能であるという結論を整然と組み立てた．ハモンドは，彼の自殺が，義務放棄などのほかの理由で不適切である可能性も検討した．彼は，精神病を装うこともできただろうが，正直言ってそのような言い逃れは慎むと記している．

裁判官は，ハモンドが正気を失っていたと結論づけた．

84. 二股信奉

　アイルランドの劇作家ジョージ・バーナード・ショー（1856–1950）は，『神聖な家系の名声』において，キリスト教における三位一体の教義の起源を説明している．アレクサンダー大王は，（神秘的な権威を手に入れるために）アポロンの息子であり，（マケドニアの王として父を継ぐ権利を裏付けるために）フィリップの息子であると主張した．アレクサンダー大王は，これらの正当性の証拠を欲し，したがって，これらの血統を強く主張した．ローマの皇帝たちは，王家の祖先と神聖なる祖先の両方をもつアレクサンダー大王を手本とした．

　バーナード・ショーによれば，イエスの弟子たちは，マリアの夫ヨゼフによってダビデ王に通じる政治に携わる正当性を手に入れ，同時にその一方で聖霊に通じる神聖な家系であると強く主張することで，このグレコローマン・モデルを入念に作りあげている．

　その当時，人々はそれほどまでに非論理的たりえたのだろうか．バーナード・ショーは，非合理的な同一性を信じる潜在的可能性はなおも強いと考えている．

　　このような二股信奉は，込み入った矛盾を心配したり意識し
　　たりすることなく，人の心に受け入れられる．その多くの実
　　例を与えることができるだろう．私の世代によく知られたも
　　のは，ティッチボーンの主張者の実例であろう．自分自身が
　　準男爵であることを押し通そうとする主張者の試みは，それ
　　に抵抗するティッチボーン家が労働者から権利を奪おうとし
　　たことを理由として，労働者の団体に支持された．

歯に衣を着せぬ物言いの社会主義者であるバーナード・ショーは，ティッチボーン夫人の（1854年の海難事故で行方不明になり）長らく行方の分からなかった息子ロジャーだと主張するオーストラリアの肉屋を引き合いに出している．夫人は，海で救助された息子がオーストラリアに連れていかれたのだと丸め込まれて，第11代準男爵になるために帰ってくるよう彼を促した．ティッチボーン家の多くの人は，この肉屋を下劣な偽者とみなした．彼らは，たとえば，彼の「認める」偽の親戚を登場させるといった策略によって，彼が偽者であることを暴きたいと考えた．この事件は，最終的には裁判になった．社会階級の集団は閉鎖的であった．育ちのよい人たちは彼と敵対した．その一方で，下層階級は卑しい出自を共有するこの男を支援した．

　裁判は，長引くにつれ世間の騒ぎは大きくなった．しかし，裁判官は手早くこの肉屋を偽証罪で有罪とした．

85. 不可能を成し遂げることの害悪

　　困難なことはすぐに成し遂げる．

　　不可能なことはもう少し時間がかかる．

　　　　　　　　　　　　　　　　　アメリカ陸軍工兵隊の非公式の標語

　やる気を起こさせるのがうまい演説家は，不可能なことを成し遂げるのは称賛に値するということに同意する．彼らによれば，アッシジのフランチェスコは，3段階のアプローチをとった．「必要なことを行うところから始める．それから，可能なことを行う．すると，突如として，不可能なことを行っているのだ．」第1段階は，確かに非の打ちどころはない．「べき」は「できる」を含意する．そうならずに，それができなかったとしたら，その行為を禁じることはできない．

　第2段階は，少し冒険をすることになる．可能な行為のあるものは

85. 不可能を成し遂げることの害悪　　　151

許されているが，禁じられているものもある．

第3段階は，ヤーッコ・ヒンティッカに非難される．不可能を行うことは，恐ろしくまずい．何であれこの世の破滅を導くようなことを行うのは許されない．不可能を行うことは，すべてのことを含意する．すべてのことには，この世の破滅も含まれる．それゆえ，不可能を行うことは許されない．

それにふさわしい罰は何だろうか．2002 年に，前衛芸術家のジョナサン・キーツは，カリフォルニア州バークレーで，すべてのものはそれ自体と同一であるという同一律を認めさせる嘆願を発起した．市内において，自身とは異なることによって捕まった者は誰でも，軽犯罪として 0.1 セント以下の罰金を課すというものだ．

なぜ，そのような軽い罰なのか．「すべての x に対して $x = x$」という同一律に反することは，凶悪な犯罪を導く．私は，死をもって償うことを支持する．

ただし，同一律の拒絶に対して死をもって報いることを支持しているのではない．アラビアの知識人アウィケンナ（イブン・スィーナー，980–1037）は，無矛盾律を拒絶する者に対しては非常に厳しく接した．「頑固者については，火の中に突っ込まなければならない．なぜなら，火と火でないものは同一になるからだ．苦痛を感じることと苦痛を感じないことも同一であるから，彼を殴打してみよう．食べることや飲むことは，自制と同一であるから，彼に食べ物や飲み物を与えないでおこう」（『形而上学』，I.8, 53.13–15）．しかしながら，私は無矛盾律を破った者は死をもって償うことを支持する．

ゲオルク・ヘーゲルは，歩いているときは無矛盾律に違反していると信じていた．部屋を横切るには，まず部屋の真ん中まで歩かなければならない．そして，その道のりの 4 分の 3，8 分の 7 と続く．しかし，有限の時間内に無限個の仕事を完了させることはできない．ヘーゲルは，移動は不可能だというゼノンの結論を受け入れるのではなく，

矛盾が現実になりうると主張した. カール・マルクスも同様である.

キーツが自己同一性の違反に対してこのような軽い罰を課したのには, 何か戦略的な理由があったのだろうか. キーツが集めた署名は65名だけだった. 彼は, バークレー市議会には支持者がいないことを知った. おそらく, もっと強制力のある独自の同一性政策であったならば, 同一律を法的に保護する手段を生じさせただろう.

86. 同一性泥棒

私がニューヨーク大学で論理学を教え始めたとき, 髪を紫色に染めた学生が同一性泥棒について忠告してきた. 私は,「そんなことは不可能だ」と懐疑的であった. 私がこの街に不案内であることを察して, 学生はニューヨーク風アクセントを強めた.「ええ, 教授がどこから来られたのか知りませんが, マンハッタンではそれが可能なんです」

学生があまりにもむきになるので, 私は考え直した.「そうか, 泥棒が私の同一性を盗んだら, その泥棒は被害者になってしまうね」

87. 無限チェス

無限をさらに上回る数はあるだろうか.

そう, それは無限に送料と手数料を加えたものだ.

ジョニー・カーソン

💡チェスを無限に対局しつづけることはできるだろうか.

チェス盤がすべての方向に限りなく広がっていると考えてみよう. 💡白のキングとクイーンで黒のキングを詰めることはできるか.

88. 2分間の無限論争

　飛行機の形状についての議論の長さは，つねにその形状の複雑さに反比例する．したがって，飛行機の形状が十分に単純ならば，議論はいつまでも続く．

ロバート・リビングストン

　口が達者な兄弟が，正午が午前 12 時かそれとも午後 12 時かについて論争している．彼らは子供なので，最後に発言したものが誰であれ勝ちになることに同意している．（negation のアナグラムは get a 'no' in である．）

　口が達者な兄弟は，みな同じように頑固者である．理由を言い尽くしたとき，彼らは互いに相手を否定し始め，それはどんどん速くなる．「そうだ」「そうじゃない」「そうだ」「そうじゃない」…

　彼らはこの無限の論争を 2 分間に詰め込んだ．正午の n 秒前には，直前の答えに $n/2$ 秒で反論する．すると，反論は，いくらでも加速して続いていく．

11:58:00　　　兄「そうだ！」

11:59:00　　　妹「そうじゃない！」

11:59:30　　　兄「そうだ！」

11:59:45　　　妹「そうじゃない！」

11:59:52.5　　兄「そうだ！」

　正午には，この無限の論争は完了している．さて，勝ったのはどちらだろうか．

　勝ったのは兄ではない．彼が「そうだ」と言えば，必ず妹は「そうじゃない」と反論する．また，勝ったのは妹でもない．彼女が「そうじゃない」と言えば，必ず兄は「そうだ」と反論する．

　勝ったのは妹ではありえない．勝ったのは兄でもありえない．💡し

かし，どちらか一方が勝ったはずではないのか．

89. インド式討論競技会

自分の思想を氷の上に置く術を心得ていない者は論争に熱中
すべきではない．[訳注 42]

フリードリッヒ・ニーチェ『人間的な，あまりに人間的な』

　古代ギリシアから受け継がれた公開討論の伝統によって，討論は西
洋の発明のように見える．ギリシアの慣習にとらわれない討論は，横
からの口出しを誘発する．BBC のマイケル・バレットは，1960 年代
に，ローデシアの二つの自由化運動であるザヌとザプの広報担当者間
の公開討論の司会をした．バレットは，アフリカの人たちの議論の進
め方が気に入らず，口を挟んだ．「どれもとてもよい，しかし，それで
黒人が白人になるわけではない」

　インドには，公開討論競技会という伝統がある．

[訳注 42] 邦訳は浅井真男訳『ニーチェ全集 6』（白水社，1980）による．

29人の博学の間で争う競技会を考えてみよう．それぞれの討論は1対1で対戦し，勝ち残りである．💡優勝者を決めるためには何回の討論が必要になるだろうか．

90. 負けるが勝ち

あなたはすでに負け犬かもしれない．
　　　　ロドニー・ダンガーフィールドが受け取った手紙から

潔い敗者は数多くいる．しかし，もっとも潔い敗者は誰だろうか．この問いは，潔く負けを受け入れられない娘を父親が諫めようとしているときに，思いついた．多くの少女と同じように，娘は経験した敗北にかなり動揺し，立ち向かう気力を失っていた．

父親は，小さな娘の勝ちたいという願いを時間をかけてうまく利用した．二人は，誰が図書館でもっとも静かにしていられるか，誰がもっ

とも長く歯磨きできるか，誰が一番に浴槽に入るか，...を競った．

　娘は父親を非常に潔い敗者と褒めた．父親は，どうして自分がそれほどまでに潔い敗者なのか分かるかと尋ねた．「太ってて，のんびりしているから」という嬉しくない答えが返ってきた．父親は，もっと気の利いた答えを引き出すために，この問題を次のように組み直すことにした．負けに対して自分と娘のどちらが潔いか．娘はこう答えた．「お父さんのほうが負けに対して潔い．なぜなら，私より負けた経験が多いから」

　父親は質問を言い換えた．負けることにおいて自分と娘のどちらが勝っているか．誰がこの世でもっとも潔い負けっぷりか．これが娘を物思いにふける雰囲気にした．娘が入浴している間に，父親は，アラブ人が「負けるが勝ち」とどれほど口にするかを思い出した．たとえば，アラブ人は，ガマール・アブドゥル＝ナセル大統領をイスラエルとの六日戦争（第三次中東戦争）における最終的な勝者とみなしている．ナセルが辞任したとき，エジプト人は彼の下に結束した．ナセルは負けたけれども，西側諸国に立ち向かったのであった．

　ジョージ・ガモフとマービン・スターンの『数は魔術師』には，君主イブン・アル・クズの領地で時間を持て余す英国人の話がある．この英国人は，馬に乗って通りかかった二人の遊牧民を呼び止める．英国人は，離れたところにあるヤシの木までの「あべこべ競争」を提案する．ヤシの木にあとから着いた馬の持ち主に金貨を与えるというのだ．遊牧民は戸惑うが，なんとしてでも金貨は欲しい．彼らは競争を始めるが，遅々として前に進まない．なぜなら，互いに自分の馬を進めまいとするからである．

　遊牧民がほとんど諦めかけたとき，彼らの前に修道僧が現れる．遊牧民は馬から飛び降りて，修道僧を前にして熱い砂の上にひざまずく．遊牧民は，この競争をどのようにして完了すればよいかについての助言を修道僧に求める．遊牧民には八百長や共謀して金を山分けすると

いった解決策しか思いつかなかった．しかし，修道僧は，どんな取引も，それがたとえ英国人相手であっても，正直でなければならないと言う．修道僧は，遊牧民の耳元で解決策をささやく．遊牧民は，喜んで馬に飛び乗ると，できる限りの速さでヤシの木に向かって馬を走らせる．訳の分からない英国人は，金貨を払う．💡この修道僧はどのようにして英国人の難題をうまく解決したのか．

　5年後，娘は，潔い敗者であることについての人格形成の会話をすべて忘れているように見えた．ある日，父親は，キャンディーを買うための1ドルを娘に与えることを拒んだ．しばらく考えて，娘は元気よく答えた．「お父さん，私に2ドルくれたら3ドルあげることに，1ドル賭けるわ」父親は，興味をそそられて，娘に2ドルを与えた．娘は大きなため息をつき，敗北に頭を垂れ，「私の負け」と認めた．娘は1ドルを父親に返し，そして，残った1ドルでキャンディーを買った．

91. 自己チューの最小化

　テレビドラマシリーズ『この私，クラウディウス』(1976) の第10話「愚者の幸運」では，皇帝の自由民二人が報告書を用意している．皇帝クラウディウスは，新しい港には賛成だが，その費用を心配している．皇帝はその財務問題を権限委譲している．ナルキッススは，その見積りは工事の測量を待つべきだとパッラスに言う．パッラスは反対する．港は非常に高くつくことをすぐさま報告すべきだというのだ．

　　パッラス「それが高くなれば高くなるほど，それが完成する可能性は低くなる」
　　ナルキッスス「何が言いたいのだ．われわれが費用を水増ししているというのか」
　　パッラス「いいか，ナルキッススよ．あなたは穀物で金を蓄え

ている．私も穀物で金を蓄えている．多くの人々が穀物で金を蓄えている．

冬に播くことのできる穀物が多ければ多いほど，その価格は下がる．

私はそれが心配なのだ」

ナルキッスス「それは非常に身勝手な視点だと解釈されてしまうぞ」

パッラス「穀物の価格が下がってほしいというのは身勝手ではないのか」

ナルキッスス「そうなってほしい人はたくさんいる」

パッラス「それは，身勝手でなくなるのではなく，より多くの身勝手を足し合わせているのではないか」

ナルキッスス「それは詭弁だ．誰もおまえには反論できんな」

パッラス「さあ，報告書を仕上げよう．その費用は哲学的考察に配慮することになるね」

92. アラビアのロレンス，
ヒョウに首輪をつける

💡 なぜヒョウは隠れることができないのか．

💡 どのようにしてヒョウはその点を変えるのか．

💡 どのようにしてヒョウに首輪をつければよいか．

1913 年，T.E. ロレンスは，この 3 番目の謎かけに直面した．ジャラーブルスの政府当局から贈られた若いヒョウは，大きくなりすぎて首輪が合わなくなった．ヒョウは番犬としては効果的だったが，ロレンスにはなつかなかった．

ヒョウを箱に誘い込んだが，そのことでヒョウはかえって扱いづら

くなった．ロレンスは，箱の中に手を入れたくなかった．そこで，ロレンスは，ヒョウが身動きがとれなくなるまで，布袋を檻に詰め込んだ．それから，箱の上蓋を開けて，動けなくなったヒョウに首輪をつけてから，動けるようにしてやった．

93. 橋桁のない橋

自分の想像の中で作られている橋の寸法設計を，わたくしがまず想像の中で橋の材料の強度試験を行なうことによって，正当化しようとした，と仮定する．これは，もちろん，橋の寸法設計の正当化と呼ばれることについての想像であろう．しかし，われわれは，それをある寸法設計の想像の正当化とも呼ぶであろうか．[訳注 43]
— ウィトゲンシュタイン『哲学探究』(1958)，§267

天文学者に対する工学：あなたは赤道上に橋を建てなければならない．足場を使ってもよい．しかし，最終的な橋は橋桁やそのほかのもので地面に接触していてはならない．そうして，この橋をひと押しすると，それは動く歩道のように回転するだろう．💡橋桁のないこの橋をどのようにして建てるか．

ウィトゲンシュタインは，哲学に打ち込み始める前は，航空機技師になるための訓練を受けていた．ウィトゲンシュタインのお気に入りの謎かけのあるものは，この期間に思いついたものだ．その中に赤道上の橋にうまく当てはまるものがある．💡その橋の長さが地球の周囲よりも1フィート（約30cm）だけ長いとしよう．この橋は地面からどれだけ離れているだろうか．

[訳注 43] 邦訳は藤本隆志訳『ウィトゲンシュタイン全集 8』（大修館書店，1976）による．

94. 鄧析の助言

中国の思想家鄧析について次のような逸話がある.

洧水の水かさが非常に増え,鄭の金持ち [の身内] に溺死者が
出た.ある人がその死体を手に入れたところ,金持ちがそれ
を買い取りたいと申し出た.その人が大層な額を要求したの
で,[金持ちは]鄧析に相談した.鄧析は言った,「ご安心なさ
い.その人は遺体を他に売ることなど絶対にできないのです
から [,そのうちに負けてきますよ]」.死体を手に入れた者
も,[相手の態度に] 心配して鄧析に相談してきた.鄧析はま
た答えて言った,「ご安心なさい.それは他所で買えるもの
ではないのですから [そのうち折れてきますよ]」.[訳注 44]

相手の窮状だけに焦点を絞れば,それぞれの助言はもっともらしい
と考えられる.この二つの助言が両立しないことは,次のような不備
があることを私たちに教えてくれる.それぞれの助言は,それぞれの
側の期待が相手側の期待をどう考えるかに影響されることを見過ごし
ているのだ.

ゲーム理論では,自分の視点が相手の視点に埋め込まれているなら
ば,自分の視点に相手の視点を含めなければならない.決定理論では,
このようなフィードバックは考えない.自然は,あなたの決定に無関
心だからである.鄧析は,ゲーム理論的問題を決定理論的問題と思い
違いをしたのだ.

このような期待の相互作用において優位に立つためには,相手を上
回る高みに登らなければならない.親が小さい子供たちに立ち向かう
ときには,これを行うことができる.母親の思考をなぞろうとする小
さな子供の思考を母親はなぞることができる.

[訳注 44] 通釈は楠山春樹著『呂氏春秋(中)』(明治書院,2007)による.

94. 鄧析の助言

認識能力が衰えた大人に対しても，相手の思考をなぞることは可能である．パニックは，2歩前進するために1歩後退することができなくなって，人々を単純化する．溺れている人は，浮かび上がりたいという願望が圧倒的である．したがって，溺れている人が救助員の上にしゃにむに登ろうとしたときには，救助員は水中に潜る．そうすると，溺れている人はすぐに手を離す．

すべての狂気の沙汰を概括的に論じる傾向にある．私たちは，まともな考え方はまともな考え方を網羅すると考えるが，逆はそうではない．

エドワード・G. ロビンソンは，映画「犯罪博士」において犯罪を研究する医師クリッターハウスを演じている．最初に，クリッターハウスは，4回の貴金属強盗をする前，最中，後における自身の心理的および感情的反応を測定する．盗品買い受け人を通じて，「教授」は，犯罪集団の首領（ハンフリー・ボガード演じる）ロックス・バレンタインになり代わり，盗品の蓄えを増やす機会を得る．6週間にわたってデータを収集したのち，クリッターハウスは引退を表明する．犯罪者たちはみな彼を祝福するが，冷酷なロックス・バレンタインだけは違う．ロックスは，この謎多き教授を調査し，教授がパークアベニューで開業していることを知る．ロックスは，クリッターハウスの立派な診療所に侵入し，クリッターハウスの犯行を示す手稿「犯罪と研究」を読む．クリッターハウスが戻ってきたとき，ロックスは銃を突きつけて，取引を持ちかける．まず，手稿は公表せずに，ロックスの秘密の貸金庫に隠しておく．次に，クリッターハウスは，ロックスのために働く．そして，クリッターハウスは，彼の金持ちの患者も犠牲にしなければならない．

クリッターハウスは，服従するふりをする．この窮地を抜けだし，究極の犯罪に対する彼自身の反応を調べるために，クリッターハウスは宿敵を毒殺する．

94. 鄧析の助言

　逮捕されたとき，心神喪失を申し立てるよう弁護士はクリッターハウスに助言する．クリッターハウスは，精神病と認定された者が「犯罪と研究」を書いたと片付けられることを心配する．弁護士は，とにかく心神喪失を説きつける．クリッターハウスは抵抗する．クリッターハウスは，自分が完璧に論理的であることを証明するために証人台に立つ．陪審は，心神喪失を理由に無罪の判決を言い渡す．陪審員長はこう説明する．「さて，裁判官，刑事被告人の唯一の望みは，彼が犯罪を行ったときに自分自身が精神疾患であったことを証明する点にある．実際，彼の人生はこの点にかかっている．しかし，彼はそこに座って，そのときも今も，自分自身が正気であることを証明するのに全力を尽くしている．こうしたことを行うのは精神疾患である者だけであり，したがって，彼はその時も今も精神疾患であるにちがいありません」

　陪審員はクリッターハウスの一歩先をいっていたのだろうか．視聴者の中には，レッド・フォックス好みの物語を連想する人がいるかもしれない．精神病院の周辺で，運転していた車がパンクしてしまう．運転手がペチャンコになったタイヤを交換しようと車から降りたとき，金網の向こうから彼を凝視する入院患者に気づく．運転手は，その患者が何もしようとしていないことを確かめるために数秒ごとにちらりと顔を上げながら，修理を急ぐ．それに気をとられて，運転手は4個のナットのついたホイールキャップを踏んでしまい，跳ね上がったナットは排水管に落ちる．運転手は，絶望して排水管を眺める．そして，どうしてよいか分からず，あたりを行ったり来たりし始める．ようやく，入院患者が口を開く．「残りのタイヤそれぞれからひとつずつナットをもってくる．これで，4本のタイヤそれぞれが3個のナットで固定される．」「すばらしい！」と運転手は叫ぶ．「君みたいな人が精神病院で何をしているんだ？」入院患者はこう答える．「私がここにいるのは，イカれているからであって，マヌケだからではない」

95. タレスによる影を使った
ピラミッドの計測

ロドスのヒエロニュモスは，タレスが影を詳しく研究し，その結果として，物体の高さを計測するもっとも単純な方法を考案したと報告している．

ピラミッドを計測するために，タレスはその巨大な遺跡のそばにちょっとした場所を見つけた．タレスは，（おそらく単に砂に横たわることで）そこで自分の背丈の印を地面につけた．タレスの影が彼の背丈と同じ長さであれば，その日のその瞬間には，それぞれの物体の影の長さはその高さに等しくなることをタレスは知っていた．それに基づいて，タレスはピラミッドの影の先端まで歩を進めた．その地点に印をつけると，タレスは影の長さを計測し，そこからピラミッドの高さを導き出した．

ヒエロニュモスの話は，幾何学的には疑わしい．ロベルト・カサッティは，The Shadow Club において，太陽が 45 度の角度にあれば，棒はその長さに一致する影を落とすが，横に大きい物体ではそうはならないと述べている．潜在的な影は，いうなれば，その物体の内部を貫いている．エジプトのピラミッドの勾配は 45 度よりそれほど大きくないので，太陽が 45 度の角度にあるときに，ほんのわずかな影を落とすだけである．タレスはオベリスクに対してこの計算を行い，その功績がもっと壮大な物体も含むように形を変えて語られたのかもしれない．

96. 牛痘伝染問題

1797 年，英国の医師エドワード・ジェンナーは，牛痘にかかると天

然痘に対する免疫が得られることを示した．すなわち，軽い病気への意図的な感染によって，恐ろしい病気にかかる危険を取り除くことができた．1802 年には，ジェンナーによるこの発見のニュースは，スペイン国王チャールズ 4 世の耳に届いた．チャールズ 4 世は，（スペインの征服の副作用として）新世界に天然痘が蔓延するのを阻止したかった．しかしながら，海を越えて旅すると，牛痘にかかった者はどのような方法を用いてもすぐに回復してしまう．♀チャールズ 4 世はどのようにして，この病気を運んだのか．

97. カントの手袋

　イマニュエル・カントは，一組の「同一」の手袋に鏡像としての違いがあることに感銘を受けた．本質的な性質は同じである．形状，質量，そのほかに違いはない．また，それら内部の関係も同じである．すなわち，親指，人差し指，中指，薬指，小指を入れるポケットがこの順にある．それでも，左右の手袋は異なっているように見えるし，異なるように振る舞う．右の手袋は，左手にはうまくはまらない．

　この左右の違いは，手袋とほかの物体との関連に端を発するのだろうか．片方の手袋が，それ以外には何もない空間にあると想像してみよう．その手袋は，右の手袋か左の手袋のいずれかである．したがって，その手袋の利き手は，ほかの物体との関係に起因しえず，空間そのものとの関係性に起因しなければならない．それゆえ，アイザック・ニュートンが，空間を絶対的存在として描いたのは正しいにちがいない．（あなたの親族との関係性からの抽象化によってあなたの家系図を理解するのと同じく）ゴットフリート・ライプニッツが個別の物体間の関係からの抽象化によって空間を理解したのは間違っていたにちがいない．

手と手袋の関係性は，実務上の重要性もある．2014 年において，あなたはリベリア人の外科医だとしよう．あなたは，あなた自身とエボラの患者の双方を保護するために殺菌した手袋を使わなければならない．悲しいかな，殺菌した手袋は 2 組しかないが，3 人の患者を手術しなければならない．♀全員の安全を保つように，この 2 組の手袋を着用することができるだろうか．

98. 対蹠点アルゴリズム

幾何学の旅人は，点，線，図形，立体を訪れる．シモン・リーブスは，「赤道」，「北回帰線」，「南回帰線」といった幾何学的なテーマを扱う BBC のテレビ番組の司会者である．「極点から極点へ」において，マイケル・パリンは，北極点から南極点まで旅をする．パリンは，南極点の周りを歩くことで，地球を一周する．赤道では，パリンは一方の足を北半球に置き，もう一方の足を南半球に置く．このようなアフォーダンスは，幾何学の旅人にとってお約束の醍醐味である．

幾何学の旅人は，北極点や南極点よりも到達しやすい対蹠点も訪れる．スペインのマドリッドとニュージーランドのウェリントン，コロンビアのボゴタとインドネシアのジャカルタ，そして，とくに有名なのはフランスのシェルブールとアンティポデス諸島である．これらは，近似的な対蹠点である．幾何学の旅人は，完璧主義の傾向がある．彼らは，不正確さに苛立つ．彼らは，運よく正確な対蹠点を訪れるかもしれない．しかし，正確に一致することは起こりそうもない．もし，運がよかったとしても，そうなったことを知る術がない．

これに W.V.O. クワインが救いの手を差し伸べる．『哲学事典』において，クワインは，冒険好きな幾何学の旅人が正確に対蹠な 2 地点を確実に訪れることのできる方法を説明している．

まずニューヨークからロサンゼルスへ行く経路を例にとって
みよう．よほど遠回りしない限り，ウィニペグからニューオ
リンズへの経路のどこかに交わるであろう．さて，ある人が
ニューヨークからロサンゼルスへ旅をし，またウィニペグの
おおよその対蹠点からニューオリンズのおおよその対蹠点へ
旅行したとしよう．これらの経路は交わらない．それどころ
か遠く離れている．しかし，それらは各々の対蹠点から対蹠
点への経路は横切ることになる．したがって，その旅人は，
それがどこかは知らなくても相互に対蹠な地点に正確に達し
たことになる．[訳注 45]

クワインの旅行計画は，直観主義者には適さない．直観主義者は，
非構成的証明を受け入れないのだ．

クワインは，古典論理を受け入れる理由をまた一つ示してくれたの
である．

99. 機能語の不可視性

「もし」と「しかし」がナッツとお菓子なら，みんな楽しくク
リスマスを過ごせるだろう．
マンデーナイト・フットボールの解説者ドン・メレディス

アウグスティヌス（354–430）と彼の息子アデオダトゥスによる見
事な対話がある．（アウグスティヌスは，「貞潔と節制を与えてくださ
い．ただしいますぐにではありません[訳注 46]」と祈り求めた聖人であ
る．）二人は，すべての言語は，教えるため，そして記憶するためのも
のであることに同意する．質問は，その話し手が何を知りたいかを伝

[訳注 45] 邦訳は吉田夏彦/野崎昭弘共訳『哲学事典』（白揚社，1994）による．
[訳注 46] 邦訳は服部英次郎訳『告白（上）』（岩波書店，2006）による．

99. 機能語の不可視性　　167

える．命令は，その話し手が何をしたいかを伝える．文は事実を描写するので，言葉はしるしである．しるしとは名前である．名前の意味とは，その名前の担い手である．母親は月を指差すことで幼児に「月」を教える．

　二人はこの原理をウェルギリウスの詩アエネーイスの一行（第2巻659行目）「Si nihil ex tanta superis placet urbe relinqui（神々が，これほどの町に何も残らぬことを望みたまうとでもお思いか[訳注47]）」に適用する．Si は「もし」と翻訳される．「もし」の担い手は何か．外界の指示物がないので，「もし」は話し手の心にある疑念を表すのだとアデオダトゥスはほのめかす．アウグスティヌスはとりあえずそれに同意し，次の単語 nihil（「無」）に進むように息子に促す．アデオダトゥスは，nihil が何かでないものを参照していると言わざるをえない．アウグスティヌスは，何かでないものを参照するというのは参照できていないのだと反論する．その場合，nihil は無意味でなければならない．アデオダトゥスは途方に暮れる．二人は，nihil をとばして，次の単語に進むことにする．

　この文は反例による挑戦ではあるが，二人はすべての単語は名前であるという原則をけっして捨てることはしない．それ自体が意味を持つ内容語とそれが文全体の意味に寄与することによってのみ意味をもつ機能語を論理学者が区別したのは，中世後期になってからである．

　中世の人たちは，難解な文（詭弁）を用いて論理学を教えた．これらの文は，結論を引き出すことで静的な文の中の機能語を際立たせる．（穏やかな水槽の中にあるガラス玉は，水が渦巻くと見えるようになる．）「すべての人間は，ロバであるか，または，人間であり，かつ，ロバであるのは，ロバである」という文を考えてみよう．この教義を擁護する後世の人は，これを両側から論証できるだろう．この文が真

[訳注 47] 邦訳は杉本正俊訳『アエネーイス』（新評論，2013）による．

であることを証明するには,「かつ」を主接続語として扱い,「(すべての人間は,ロバであるか,または,人間であり),かつ,(ロバであるのは,ロバである)」と読む.この文が偽であることを証明するには,「または」を主接続語として扱い,「(すべての人間は,ロバであるか),または,(人間であり,かつ,ロバであるのは,ロバである)」と読む.

14世紀の黒死病により教会は信用を失くした.まじめに受け取ってもらうために,知識人はよそ者を装う.彼らは,腐敗したスコラ学派の退屈な詭弁に惑わされることはない.これらのよそ者は,何を盗むべきかが分かったときには,中世のワインをルネッサンスの瓶にこっそりと移す一方で,価値のあるものは何もないと大声で主張した.何を盗むべきかを分からなかったときには,隠喩を混ぜ合わせ,風呂水といっしょに赤子を捨てた[訳注48].トーマス・ムルナーの1512年の『阿呆祓い』にある木版画には,そのような行為をする女性が描かれている.

論理学は,19世紀にこの粛正からやっと回復した.その知識の多くは,心理学者によって学び直された.経験主義者の影響下で,彼らはどのような意味のある言葉も概念によって裏付けられなければならないと仮定した.その心像は,ある状況を具体的に描かなければならない.

[訳注48]「悪い面とともに良い面も投げ捨てる」を意味するドイツ語の言い回し.

99. 機能語の不可視性

　この絵画的原則は，豊富な心像を導き出す役割を論じることによって支持されるようにみえる．Jという文字とDという文字を描いてみよう．心の中でDを回転させて，それがJの上部にくるようにする．この図は何に見えるだろうか．

　心の中で図形を切ったり回転させたりすることを伴う，次のような難問がある．3辺が5，5，8の三角形は，三辺が5，5，6の三角形よりも広い面積をもつだろうか．

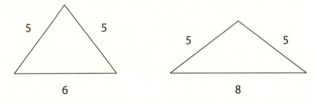

それぞれの三角形は，三辺が3，4，5の三角形二つに分解できる．したがって，面積は等しい．

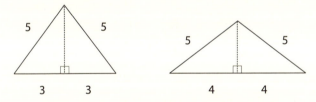

　しかし，被験者は，ほかのパズルを心像を使わずに解いた．ジョーはビルよりも金持ちで，ジョーはエドよりも貧乏であることが与えられたとき，ビルとエドの関係を見つけよというのがその例である．多くの被験者は，縦に並べた三つの点をもつ図式を思い描くことでこの問題を解いた．被験者は，ビルではなくエドを一番上の点で表すような意志をもついかなる心像，感覚，行為にも言及できなかった．このような無心像思考は，内観主義者の悩みの種になった．

　行動主義者が内観主義の風呂水を捨てたあと，無心像思考は無思考

として扱われがちであった．B.F. スキナーの『言語行動』の辛辣な書評をノーム・チョムスキーが書いたあと，心理学者は 14 世紀の洞察を再獲得しただけであった．チョムスキーは，機能語が中核であるような構文体系として自然言語を数学的に扱った．

心理学者は，the のような見落としがちな単語の廃れつつある本質を立証し始めた．

A
BIRD IN THE
THE BUSH

人々は冗長な the にほとんど気づかない．機能語は生き生きとした存在感を欠いている．これが，誤字がしばしば短い単語の脱落や重複を含む理由である．

次の文に F はいくつあるか．

FINISHED FILES ARE THE RESULT OF YEARS
OF SCIENTIFIC STUDY COMBINED WITH THE
EXPERIENCE OF YEARS.

多くの人が，OF を読み飛ばして，F は 3 個しかないと答える．私たちは，心像を活性化させる言葉に注目する．

機能語は背景の中に無意識に配置される．このことによって，統計学者が作者の性別や誠実さやそのほかの属性を解明しようと試みるとき，機能語は価値ある「言動」になる．それぞれの話し手は，前置詞や代名詞の無意識のうちに一定の割合で生成する．論理分析では，これらの語，とくに論理定項「でない」，「かつ」，「または」，「ならば」，「すべて」，「ある」，そして「である」に対する高度な分析結果が必要になる．

スパルタ人は論理定項を単独で用いることで目立たせた．マケドニ

99. 機能語の不可視性　　　171

ア王フィリッポス2世は，カイロネイアの戦いで勝利する前に，スパルタに支援を求める手紙を送った．スパルタは，NO という1語で返事をした．

苛立つフィリッポス2世は，ラコニアに侵攻したら，スパルタを徹底的に壊滅させるという警告を2通めの手紙として送った．再び，スパルタは，IF という1語で返事をした．

スパルタは，フィリッポス2世の三段論法の2番目の前提に対して疑念を際立たせたのだ．

> フィリッポス2世がラコニアに侵攻するならば，スパルタは壊滅させられる．
> フィリッポス2世がラコニアに侵攻する．
> スパルタは壊滅させられる．

この論証には，のちにモドゥスポネンスと呼ばれる論理形式が含まれる．そのもっと記述的な名称は「前件肯定」である．（下記の A が前件で，C が後件である.)

> A ならば，C
> A
> それゆえ，C

この「ならば（IF)」によって形成されるパターンは，推論を妥当なものにする．言い換えると，前提の成り立つことが，結論の成り立つことを余儀なくさせる．IF を強調することによって，スパルタは彼らの疑念を前件を肯定する2番目の前提に限定したのである．そして，実際，スパルタに対する「勝利」の対価はあまりにも大きいとフィリッポス2世は判断した．フィリッポス2世はスパルタに手出しをしなかった．

論理定項は，その前提の伸長や繰り返しによって目立たせること

もできる．ラドヤード・キップリングの詩「もし―」は次のように始まる．

　　もし汝のまはりの凡ての人々が狼狽し，それを汝のためなりといひて
　　　　汝を非難すれど，汝泰然自若たり得ば，
　　もし凡ての人々が汝を疑ふも汝自己を信頼し得ば，
　　　　されど彼等の疑ふも無理ならずとして許容し得ば，
　　もし汝待ち得て，而してその待つことに倦み疲れずば，
　　　　又は嘘を吐き廻られて，然も嘘を吐く者とならずば，
　　　　又は憎まれて憎みに負け人を憎む者とならずば，
　　　　されどお人好しとも見えず，聖人ぶつたる口も開かずば，[訳注 49]

　この句は，さらなる3節でいくつもの「もし」を補強する．冷静な読者は，次のような後件に達するまでじっと耐えなければならない．「汝のものぞ此の地と此の地の中にある凡てのものとは，而して―更に優れることは―實に汝は人なるべし！[訳注 50]」

　『フィリピ人への手紙』の中で，聖パウロは（聖書のキングジェームズ版で翻訳されているように）概念的な繰り返しによる巧妙な技法によって論理定項を強調している．

　　最後に，兄弟たちよ，すべて真実なこと，すべて高貴なこと，すべて義しきこと，すべて清いこと，すべて愛すべきこと，すべて定評のあること，〔そして〕もしなんらかの徳やなんらかの称賛〔に値するもの〕があれば，それらのことがらを心に留めなさい．[訳注 51]

　　　　　　　　　　　　　　　　　『フィリピ人への手紙』，第4章8節

[訳注 49] 邦訳は中村為治選訳『キップリング詩集』（岩波書店，1936）による．
[訳注 50] 同上．
[訳注 51] 邦訳は青野太潮訳『パウロ書簡』（岩波書店，1996）による．

この「すべて」は，「すべての x に対して，x が F ならば，x は G である」（F であるものはすべて G である）という形式の一般化された条件文である．地中を条件節が流れ，最後の明示的な二つの「もし」で噴出する．

論理定項は，正しさを継承する規則を細かく規定する．たとえば，「かつ（AND）」の規則では，両方の連言肢が真である場合にその連言は真になり，それ以外の真偽値の割り当てでは連言はすべて偽になる．

P	Q	P AND Q
T	T	T
T	F	F
F	T	F
F	F	F

「または（OR）」，「でない（NOT）」，「ならば（IF）」，そして，「であるとき，そしてそのときに限り（IF AND ONLY IF）」に対しても同様の表を構築することができる．この語彙の厳格さによって，論理学者は，わずかな数の簡潔な規則を効率よく利用することができる．なぜスパルタの法律はわずかしかないのか訊かれたとき，スパルタ王カリラオスが答えたように，「多言を弄しない者には，法律も多くは必要ではないのだ．[訳注 52]」ヘンリー・シェーファー（1882–1964）は，文の論理に必要なすべての結合子をたった一つの関数↑にまで減らした．この連言の双対には，通常の英語（やそのほかの自然言語）における名前はない．しかし，これは，NAND として計算機科学者に知られている．

[訳注 52] 邦訳は柳沼重剛訳『英雄伝 1』（京都大学学術出版会，2007）による．

P	Q	P NAND Q
T	T	F
T	F	T
F	T	T
F	F	T

　バートランド・ラッセルは，すぐさま NAND を哲学的に重要だと称えた．それは，NAND が，無に関する哲学的問題をたどると否定の特殊性に行き着くことを示していたからであった．

　シェーファーの関数は商業的には重要になった．なぜなら，今日では NAND ゲートと呼ばれる1種類の回路だけで論理機械を構成できるからである．スタン・アウガルテンの『最先端技術：写真で見る集積回路の歴史』の説明文として，適切なイメージが示されている．「コンピュータは，莫大な数字の灌漑システムで地平線まで延びた電子回路以外のものではない．[訳注 53]」（実際には，技術者には選択肢がある．シェーファーは，すべての結合子の機能を単独で果たすことのできるもう一つの関数 NOR を見つけた．）

　人間は，きちんと設計されていない．それは「その場しのぎのやっつけ仕事」，すなわち，あり合わせの物を継ぎ足した洗練されていない仕掛けである．（有名な例として，不運に見舞われたアポロ 13 号の月探査任務における，間に合わせで作った二酸化炭素除去装置がある．）技術者は，2歩前進するために1歩後退する．しかし，母なる自然は近視眼的である．突然変異は，直接の進歩になる場合にのみ維持される．したがって，私たちの「設計」は，見せかけだけの頂上，回避策，そして，間に合わせの解法が大部分を占める．人間の論理学者は，単一の論理結合子で倹約することのできる計算機を真似ようとすべきで

[訳注 53] 邦訳は名倉真紀/今野紀雄共訳『オズの数学：知力トレーニングの限界に挑戦』（産業図書，2009）による．

はない．私たちは多数の結合子を手軽に使うことが許されている．

パズルは，馴染みの言葉を中心にして組み立てられる．あなたは，新顔に出会うのではなく，支配的な環境によって気弱で内気な言葉が大胆になっているのに気づく．

100. 必要な無駄

財政危機への対処として，政治家は無駄な出費を撲滅すべきだと言った．まったく，その通りである．

しかし，私は考え直した．「まてよ，彼はありきたりのことを珠玉の見識のように押しつけている．もちろん，無駄は撲滅すべきである．『無駄』は，まさに撲滅すべきことを意味している．誰が無駄な出費を撲滅することに反対しうるだろうか」

経済学者だ，そんなことを言えるのは．無駄を防ぐためには，ほかの行為に費やす努力を必要とする．余計な出費を避けるために食料品店で何時間も費やす買い物客を考えてみよう．その買い物客は，値段を確認することに見合うほど節約してはいない．経済学者の反完璧主義を学んで，もう一度考え直すと，政治家が興味深い過ちを犯していることに気づいた．政治家は，用量にかかわらず使用を禁じる有害物質反対論者のようなものだ．目的は，無駄の最適な程度を見きわめることであるべきだ．以前，私は無駄遣いしすぎていた．それから，それほど無駄遣いしなかった．そして今，私はほどよく無駄遣いしている．

経済学者の最適な妥協による私の満足感は長続きしなかった．数学者は問うた．何によって最適値の存在が保証されるのか．

数学者は，19世紀の教訓から学んでいる．カール・ワイエルシュトラスは，最大値と最小値が存在することの証明を求めた．これは，同

時代の研究者に過度に懐疑的な印象を与えた.数学的な可能性は,物理的な可能性よりも広範である.したがって,幾何学者が論証を定式化するとき,最小値と最大値の存在を仮定する傾向が強い.

この前提に歯止めをかけるために,カール・ワイエルシュトラスは,最小値が存在すると誤って仮定した最適化問題の分かりやすい例を示した.パイロットがAの真上の点から点Bまで飛ぶ必要があるとしよう.その最短経路はどうなるだろうか.

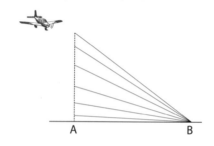

降下を始める点の候補の高さが低くなるにしたがって,そこからBまでの経路は短くなる.しかし,これには最短経路はない.

ワイエルシュトラスと同時代の研究者は,手っ取り早く最小値が存在すると考え続けた.与えられた周長をもつ三角形の最小面積はどれだけか.答えは,まっすぐな線分を高さが0の三角形とみなしたものだ.ワイエルシュトラスは,このようなしてやったりの詭弁に眉をひそめた.ある問題には解がないことを受け入れるべきだというのである.

ワイエルシュトラスの亡霊が私につきまとった.私は,1世紀戻ったように感じた.

私は,不本意ながら,もっともよい無駄の量はないと結論づけた.ただ好ましくない無駄の量を減らせるだけである.その結果として,どのように無駄に対応しようとも,少しだけ悪くなってしまう.

ワイエルシュトラスの亡霊は,歴史の中をさらにさまよえば,もっ

100. 必要な無駄

とめぼしい犠牲者を見つけることもできただろう. オックスフォード大学では, ロバート・グロステスト (1168–1253) が, アリストテレスの『自然学』第5巻を「自然はできるかぎりもっとも単純な仕方で作用する」という標語に要約した. グロステストは, この原理を光の形而上学に応用した.

オッカムのウィリアム (1287–1347) は, オックスフォードの節減の伝統を引き継ぎ,「より少ないものでできることをそれより多くのもので行うのは無意味である」と述べた. しかし, それぞれの選択肢はそれに先行するものよりも少ししか使わないが, どの選択肢も最小ではないとしたらどうだろう. 1キログラムの重りで完全に釣り合っている天秤の片側に, 1/2キログラムの重りを載せて傾けることができる, あるいは, 1/4キログラムの重りを載せて傾けることができる, あるいは, 1/8キログラムの重りを載せて傾けることができる, ...

どのような選択に対しても, それよりも少ないもので同じことのできる選択肢がある.

相対的に無用な行動が, 絶対的に無用な行動を引き起こすわけではない. その仕事をかたづけることはできるが, それは必要以上の手段を講じた場合だけである. ボルテールは詩「俗人」(1736) の中でこう言っている.「豊饒は最高の必要事なり[訳注 54]」

[訳注 54] 邦訳は金森誠也訳『恋愛と贅沢と資本主義』(論創社, 1987) による.

101. 反例の芸術

　デイヴィッド・ヒュームは偉大なる反例家である．ジョン・ロック
は，政治的義務は社会契約に基づくとした．明示的には同意したこと
はなくても，その状態に持続的に身を置くことで私たちはそれとなく
同意している．これが，貧者に対するヒュームの同情の引き金を引く．

> 貧しい農民や職人は外国の言葉も生活習慣も知らず，稼いだ
> わずかな手間賃でその日その日を暮らしているのである．こ
> のような彼らに，自分の国を離れる自由な選択権をもってい
> るなどと，果たしてまじめに主張できるであろうか．これは，
> 眠っている間に乗せられ，船から離れようとするとたちまち
> 大洋に落ちて死んでしまわねばならないにもかかわらず，船
> 内にとどまっていることをもって，その人が船長の支配権を
> 自らすすんで同意を与えているのだ，と主張するのも同然で
> あろう．[訳注 55]
>
> 「原始契約について」(1748)

　そうすることが気持ちよいから同情をするというアダム・スミスの
主張に対して，ヒュームは憂鬱な人柄によって生み出される感染性の
気だるさを引き合いに出す．

　しかし，ヒュームの反例を続けるのではく，若い女性がどのように
して偉大な反例家に反例を示したか，そして，その結果として英国初
の女性彫刻家になったかを詳しく説明したい．

　デイヴィッド・ヒュームは，フィールド・マーシャル・ヘンリー・
シーモア・コンウェイの秘書として働いた．コンウェイの娘アンは，
高度な教育を受けた若い女性で，ヒュームはそのような女性らとの付

[訳注 55] 邦訳は田中敏弘訳『ヒューム道徳・政治・文学論集』（名古屋大学出版会，
2012）による．

101. 反例の芸術

き合いを楽しみ，彼女らもそれを楽しんだ[原注26]．アンも例外ではなかった．

ヒュームと17歳のアンがいっしょにロンドンの街角を歩いているとき，イタリア人の少年に出会った．少年は，石膏像を飾った大きな棚板を頭の上に乗せて運んでいた．ヒュームは立ち止まって，少年の作品を称賛した．ヒュームは，この若き芸術家と，長時間にわたり話し込んだ．そして最後に，ヒュームはその少年に1シリングを与え，やっと少年を解放した．「この貧しくて無知な少年」との無駄な時間を過ごすヒュームに対して，アンは腹を立てた．ヒュームは，その少年は無知というには程遠いと答えた．そのような科学と芸術によって形作った石膏像をアンは嘲笑うべきではない．「今の君の才能すべてをもってしても，そのような作品を作り出すことはできない」

腹を立てたアンは，ろうと彫刻道具をすぐさま手に入れた．アンは，ヒュームの胸像を彼に見せられるようになるまで，ろうの塊を削って型を作った．

「初めての試みにしては上出来だ」とヒュームは認めた．しかし，少し邪険に，柔らかい素材で作るのは簡単であり，のみで石を彫らなければならない彫刻家に対して突きつけるような目をみはるものは何にもないと付け加えた．

またしても怒りに火がついたアンは，大理石の塊を手に入れた．すぐに，アンは，大理石で作ったヒュームの頭部の荒削りの像を，ヒュームに見せた．今度はヒュームも負けを認めた．アンは，それに打ち込む一途さと芸術の才能でヒュームを驚かせたのである．

[原注26] ヒュームは軍隊にいたことがあり，粗野と堕落は，女性の文明への貢献度合いを実験証明するものと考えていた．ジャン・ジャック・ルソーが体を壊し，ヒュームの膝の上でその寛容さに涙を流したとき，ヒュームは大いに心を動かされた．ヒュームは，これをブフレール伯爵夫人に打ち明けたが，話すのは彼女の仲間内の女性たちだけにするように頼んだ．その理由を，男性はその事件を子供じみていると嘲笑うからだとヒュームは説明した．

101. 反例の芸術

　専門家であるホレス・ウォルポールからのさらなる激励を受けて，アンは正式に彫刻を始めた．アンの父親は，彫刻と人体構造の家庭教師を雇った．アンは，結婚後の名前アン・シーモア・ダマーとして，英国で初の女性彫刻家となった．

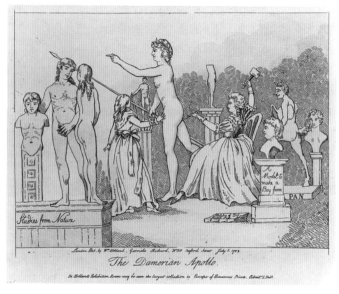

アポステリオリにアポロ像を彫刻するダマーの風刺画（1798 年）

　アンの夫はばくち打ちであることが分かった．破滅を避けるために，アンは夫と別れた．その崩壊の悪循環は，夫が自分の頭を拳銃で撃ったことで終結した．

　これが，アンの不評を広げた．アンは，自分の職業に心血を注いだ．彼女は，男性用の飾り気のない服をまとった．彼女は，感情的にある女性に傾倒した．これが，二人が同性愛であるという醜聞を招いた．

　アンが成功するに従って，この醜聞はひどくなっていった．男性芸術家にとっての脅威が，彼女の人物像を歪めていったのだ．

しかし，アンはじっと耐えた．アンは，芸術的才能によって，ヒュームに対するさらに多くの反例を作った．もっともわかりやすい反例が，ヴァザーリ回廊にあるウフィツィ美術館の自画像コレクションにある．それには次のような銘がある．ANNA ΣEIMOPIΣ ΔAMEPH EK THΣ BPETTANIKHΣ AYTH AYTHN EΠOIEI （英国のアン・シーモア・ダマー，自身を作る）

102. スケール効果の哲学

ジョナサン・スウィフトの『ガリバー旅行記』には，小さな世界に暮らしているリリパット国の人たちの話がある．彼らの視点では，物事は通常の縮尺と同じように見える．ここから，世の中すべての大きさに変化があったことを検知できるかどうかという疑問が生まれた．アンリ・ポアンカレ[原注 27]は，『科学と方法』の中で次のように書いている．

[原注 27] フランスのポアンカレ（1854–1912）は最後の博学者である．彼は，数学者，物理学者，論理学者，科学哲学者として，大きく貢献した．17 歳のときのポアンカレの試験の成績には，まだ改善の余地があった．文学は「良」で合格，科学は「可」，そして数学は 0 点であった．彼は，正しい質問にも答えることさえできなかったのだ．

182　　　　　　　　102. スケール効果の哲学

　一夜のうちに宇宙のすべての大いさが一千倍に増大したと想
像してみよう．世界はそれ自身に相似のまゝで（たゞし，こ
ゝに相似とはユークリッド幾何學第三卷に於けると同じ意味
である），ただ，いままで一米の長さであったものが一粁に
なり，一粍であったものが一米の長さになるに過ぎないもの
とする．わたくしの臥している寝臺も，わたくしの身體さえ
も同じ割合に増大しているのであるが，翌朝わたくしが目醒
めたとき，かくも驚くべき變化に當面してわたくしは如何な
る感を經驗するであろうか．安んぜよ，わたくしは何事もさ
らに認めないであろう．この大變轉は如何に正確に測ればと
て，その一端をも暴露することはできない．わたくしの用い
る尺度が測ろうとする物體とまったく同じ割合に變化してい
るからである． [訳注 56]

　　　　　　　　　— ポアンカレ『科学と方法』（1914）

　変化よりも連続性を好むことを根拠に，宇宙が膨張するということ
に怖気づく者もいる．あまり聞きなれない異論として節減がある．宇
宙が膨張するためには，より多くの材料が必要になる．もっと小さい
宇宙を前提とした仮説を選ぶべきであるというのだ．

　しかし，なぜ，私たちが今現在信じている大きさにこだわるのだろ
うか．少ないことは，多いことよりも節減している．宇宙全体が収縮
することは，宇宙全体が膨張することほどいかがわしくはない．

　このようなつまらない結論を引き出す科学者はいない．彼らの主な
取り組みは，ポアンカレの仮説に挑戦することである．あるものは，
この問題を形而上学者に委ねた．彼らは，科学者が，科学者の役回り
として，経験的に同値な仮説を区別していないと言う．

　操作主義者はさらに素っ気ない．彼らは，ポアンカレが擬似問題を

[訳注 56] 邦訳は吉田洋一訳『科学と方法』（岩波書店，1953）による．

102. スケール効果の哲学　　　183

提示したとして異議を唱える．論理実証主義者によって詳細に述べられた操作主義者の考えは，仮説を確かめる検証手続きの欠如は仮説を無意味にするというものだ．ポアンカレは，操作的検出可能性は理論に依存すると述べている．操作主義者には，意味があるかどうかは絶対的である必要がある．また，宇宙全体の大きさの変化を好むことを禁じる論理が，同様に宇宙全体が同じ大きさで在り続けるのを好むことも禁じるのも，気がかりである．

　ポアンカレに対する正しい反応は，経験による違いがないという前提に挑戦することである．経験上は互いに遜色ない代替案がほかの仮説とは大きく異なりうることに論理学者は物理学を使わなくても気づく．すべてのものが昨夜のうちに 2 倍の大きさになったという仮説は，あるものだけが 2 倍の大きさになったという仮説とは異なる予測を生じる．物体のあるものだけが大きくなったのならば，相対的にばらばらの大きさの物体が混在した風景になるだろう．あるものが大きくなったのか，ほかのものが縮んだのかは分からないだろう．しかし，昨夜のうちにすべてのものが 2 倍の大きさになったのではないことは分かるだろう．

　物理学者は，ポアンカレの仮説が検証可能であることをエドウィン・ハッブルが示したと言いたくなるかもしれない．分光器による解析は，ほとんどすべての天体は地球から遠ざかっていることを示している．これは斥力によるものではありえないので，同じ種類の観測が宇宙全体で成り立たなければならないとハッブルは推測した．この一様性のもっともよい説明は，空間そのものが膨張しているというものだ．風船の表面にいくつかの点を描いてみよう．風船を膨らませると，それぞれの点からは，ほかのすべての点が遠ざかっているように「見える」．同様にして，すべての天体は互いに遠ざかっている．遠ざかる速度は距離とともに大きくなる．物体の速度の限界は，それが置かれている空間に対しては適用されない．したがって，宇宙は，光速よ

りも速く膨張することができる．驚くべきことに，（重力の法則から物理学者が期待することに反して）膨張の割合は加速している．したがって，宇宙はどんどん暗くなっていく．

S. サムバースキーが，「静的宇宙と星雲赤方偏移」において，宇宙とその中にあるすべてのものは縮んでいると反論したときには，物理学者らは微笑んだ．彼らは，その愉快さを科学に興味のある一般人とも共有した（Popular Science 誌，1937 年 11 月号）．縮みゆくサムバースキーは，物笑いの種になった．

この可能性に対して，1950 年代には，ポール・ディラックの「不定数」についての意見によって，もっと真面目な関心が高まった．それは，これらのいわゆる「定数」は，実際には変数であり，非常にゆっくりと変化しているというものだ．シェークスピアの劇中で，ユリウス・カエサルは「私は北極星のように不変である」と言う．その後，天文学者は，北極星がゆっくりと位置を変えていることを発見している．同様の考え方をして，二，三の物理学者は，すべての基本定数は値が小さくなっていて，その過程で私たちは縮んでいるという仮説を立てた．これは，「縮みゆく人間」（1957）のような SF 映画にある種の妥当性を与える．縮みゆく人間が縮んで消えてなくなることを恐れるように，収縮宇宙論者は宇宙が縮んでなくなってしまうと悲観的に予言するのだろうか．

スティーヴン・ホーキングとレナード・ムロディナウは，ハッブルの膨張する宇宙はポアンカレが検討した種類の拡大と同じではないと述べている．「もしすべてのものが自由に膨張しているのならば，私たちや私たちのモノサシや実験室等もそれに比例して膨張し，私たちはいかなる違いにも気づかないでしょう[訳注 57]」（『グランド・デザイン』，2010）．二人は，ハッブルの仮説では物体そのものは膨張してお

[訳注 57] 邦訳は佐藤勝彦訳『ホーキング，宇宙と人間を語る』（エクスナレッジ，2011）による．

102. スケール効果の哲学 185

らず，宇宙はどんどん希薄になっていると説明している．

　しかしながら，ジョージ・シュレジンガーなら，ホーキングとムロディナウは線形関係と幾何級数的関係の決定的な違いを見落としていると抗議するだろう．地球の半径が2倍になると，その慣性モーメントは4倍になる．角回転率が4分の1になるので，1日の長さは測れるほどに長くなるだろう．圧力計の水銀柱の高さは2倍になるだろう．光速も速くなったように見えるだろう．もっとも単純な計測は線形（長さを物差しで測る）だが，そのほかの多くのものは幾何級数的である．ガリレオは，なぜ最大の動物が水生なのかを説明するためにこの点を利用した．勇敢な自己実験を行った生物学者J.B.S.ホールデン（1892–1964）は，古典的小論「ちょうどよい大きさでいること」において，この制約を一般化している．「マウスを1000メートルの坑道に落とすと，底に落ちたマウスは大したショックも受けずに逃げ去っていくこともある．ラットだったらおそらく死んでしまうだろうが，ビルの11階からなら落ちても大丈夫である．人間だったら死んでしまうし，馬なら砕けてしまう．[訳注 58]」ホールデンによれば，夜の間に膨張するというポアンカレの仮説を検証しようとするときの唯一の難点は，ずっと起きていなければならないことだ．

　ポアンカレの仮説は，実際には寸法は最小化されるべきかという問題を提起し損ねたが，教育的には惜しい失敗であった．哲学者と物理学者は，ポアンカレの仮説が，尺度によって変わるだけの仮説の間の経験的な同値性を証明したと信じている．しかし，宇宙がもっと経済的な大きさに縮むという状況に飛びつく者はいない．現実には，彼らにとっては，変化なし，大きくなる，小さくなるの順で好ましい．言い換えると，保守主義は肥大主義よりも優先し，肥大主義は縮小主義よりも優先する．

[訳注 58] 邦訳は一樂重雄/一樂祥子共訳『自然の中の数学（上）』（丸善出版，2012）による．

103. つつましやかな訓練

テディ・ルーズベルトは，合衆国の終身大統領よりも偉そうだった．彼はその影響力を国内，そして国外にも押し広げた．風刺画家らは，このラフ・ライダー[訳注 59]をリリパット人の中に立つガリバーとして描いた．

Teddy tosses a spadeful of Panama dirt on the capital city of Colombia.

ルーズベルトは，精力的な肉体の鍛錬，とくに屋外での訓練が効果的と信じていた．彼は，文明によって無人化されることを恐れた．

ルーズベルトは，精力的な精神の鍛錬も効果的と信じていた．固定観念に反して，これらの鍛錬のあるものは，ルーズベルト自身を取るに足りないほど小さくするものだった．ウィリアム・ビービは，著書『博物学者の本』の中で，サガモアヒルにあるルーズベルト邸での彼が参加した社交儀式（何年かの間に 40 回か 50 回開催された）について回想している．

夕べに，おそらくは知識の縁暈（えんうん），あるいは動物の心や感覚に

[訳注 59] セオドア・ルーズベルトは，1898 年の米西戦争において，ラフ・ライダー（荒馬乗り）連隊を率いて功をなした．

入り込むことの新たな可能性について話し合ったのち，私たちは芝生に出て，かわるがわる楽しい星空の観察を行った．私たちは，ペガサスの大四辺形の左下隅のかなたに，ほのかに美しい光の霞のようなものを見つけるまで，眼鏡をかけたりはずしたりして探した．そして，私たちの中の誰かがこう口ずさんだ．

あれは，アンドロメダの渦巻銀河

それは，我々の銀河系ほどの大きさ

それは，1億もある銀河のうちの一つ

それは，75万光年のかなた

そこには，1千億個もの太陽，どれも私たちの太陽より大きい

しばらく間を置いて，ルーズベルト大佐は，私に向かってニヤリと笑い，こう言った．「我々のなんと小さいことか．それでは寝床に入るとしよう」

104. 視覚の哲学

アゴスティーノ・カラッチ（1557–1602）は，次のような知られている最古の「ドロードゥル」（絵解きに見せかけた最小限の描画による図形）を描いた．

これが建物の影にいる目の不自由な物乞いと分かるかどうかは，視覚的思考次第である．視覚的思考は，哲学においてこれまでで最低限度の表現をもつ一種の知的活動である．

 哲学的謎かけは，主に言語を用いる．それらは，私たちの言語能力を利用する．しかし，その周辺には，視覚的謎かけがある．それらは，私たちの視覚能力を利用する．数学における視覚的謎かけは，きちんと定義された工程から明白で正しい答えが導き出される．たとえば，次の図の大きい正方形の面積は小さい正方形の何倍か．

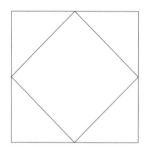

 多くの人々は，心の中で四隅の三角形を内側の正方形の上に折ることで，答えを見つける．この折った三角形がぴたりと合うので，大きい正方形は小さい正方形の2倍の面積があると結論する．

 これを，暗闇の中で見えるかどうかという哲学的謎かけと比べてみよう．一方では，見るためには光が必要だという自明の理がある．他方，（耳でも鼻でも舌でも手でもなく）目を使って暗闇かどうかを知る．見ることさえできなければ，暗闇であることを推論できない．同様に，まばゆい光の中では見ることができない．暗闇は，全体が「漆黒」という特徴的な見え方をする．

 パラドックスは，それを見る者に数多くのよい答えによって過度の負荷をかける．パラドックスは，曖昧さ，比喩，間違った方向づけに頼らない．したがって，パラドックスは「下図には何個の三角形があ

るか」という謎かけと対照的である.

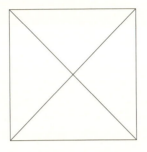

　答えは8個である.小さな三角形が4個と大きな三角形（隣り合う小さな三角形を対にして組み合せたもの）が4個ある.この謎かけは,重ね合わさった三角形を別個の三角形と数えることで,私たちを欺く.パラドックスはこのような底の浅いひっかけに頼らない.すべてがはっきりと見える状態でなされる.問題は,よい答えが多すぎるということである.それらの答えは両立しないので,これでは財産を持て余すことになる.

　数学的謎かけの抽象性は,子供向けの本にある視覚的謎かけと対照的である.典型的な「Ｉスパイ」の謎かけでは,カフスボタンを見つけるための指示とともに散らかった抽出しが描かれている.これは,努力を要するが必ず結果の伴う視覚的探索である.

　哲学における視覚的謎かけは,抽象的であることも具体的であることもある.しかし,答えが一つに決まることはまれである.その謎かけの真意は,隠された対立を引き出すことである.たとえば,フレッド・ドレツキはカフスボタンの例を喜んで用いる.しかし,ドレツキは,『見ることと知ること』において,別の質問をしている.「あなたがカフスボタンを見たのは,最初にそれを目にしたときか,それとも,それをカフスボタンだと認識したあとか.」一方では,何かを目にしたらそれを分っているという原理を受け入れる傾向にある.ユークリッ

ドは，視野を図示するとき，この原理を使った．その一方で，見ていることが確信していることを含意する，あるいは少なくとも気づいていることを含意すると信じる傾向にある．

知覚の客観性を維持するために，ドレツキは，（理論をあっといわせる観測ができるように）見ることと確信することの間の結びつきを弱める．この二律背反の解決は，事実の微妙な重みづけに依存していて，数学や子供の本の謎かけの「ひらめく」洞察には依存しない．

視覚的謎かけの意図は，私たちの視覚系が答えるように進化した問題によって設定されている．昼間には，「これは何か」に対して，ほぼいつでも苦労せずに答えられる．視覚は受動的であるように思われる．しかし，私たちは夜にも見るように設計されている．視覚は重要なので，データの量がわずかしかなくデータの質も非常に悪いときでさえ，視覚系が中止することはないだろう．

視覚系は大胆である．それは，ほぼ完全に遮られた物体を強制的に特定しようとする．

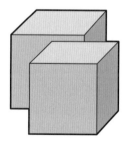

私たちは，この部分的に見えるだけの物体を，そこから欠けたところのない物体を推測すべき断片としてではなく，欠けたところのない物体として見る．視覚系は，防水シートの下の車を見るとき，あるいは「見る」ときのように，物体が完全に覆われていたとしても諦めることはない．色むらのあるガラスの向こうにある物体も何とかして見ようとする．その物体が典型的でない視点から描かれていても諦める

ことはない．そして，視覚系は，物体が影絵のように輪郭だけが分かるときにも頑張り続ける．

　点の数が少なくなり，互いの距離が大きくなるにつれ，それらを結びつける知覚者はますます長い翻訳の連鎖に頼らなければならない．どこで観察が終わり，理論が始まるのか．ある程度までは，理論が観測可能量の範囲を拡大するように，理論と観測は歩調をあわせて進む．

　理論が寄与する限界は，次のドロードゥルによって示唆されている．

　あなたは何を見ている？答えは，丸い正方形（の側面図）．

　この「答え」は，次のような反論が起きることを意図している．丸い正方形を見ているとみなせるものは何もないのだから，丸い正方形の描写とみなせるものは何もない．

　どんな種類のものを見ることができるか．その一覧に丸い正方形はない．また，（視覚的経験を引き起こすものだけを見るという視覚の因果説を前提として）私たちの光錐の外側にあるものも一覧にはない．

　私たちは，脳に適切な作用を生じさせる物体や事象を見る．しかし，その一覧は完全なのか．残像はどうなのか．フラッシュが点滅して私の目の感光色素を使えなくするとき，私は自分だけの視覚的物体（私の目の移動に追従する白色光の塊）を見ているのか．それとも，単に視野の一部分が見えなくなっているだけなのか．

　私の視野のどの部分が私の見ているものなのか．デビッド・マコーレイの絵画「消失点の見定め」（1978 年，図版 XV）は，消失点を近くで見ようとする通りがかりの者を描写している．

104. 視覚の哲学

　マコーレイ氏の間違いを正し，マコーレイの絵の実際の消失点は描かれた消失点の上方にあると指摘したくもなるだろう．しかし，この絵の中で本当に消失点はそこにあるのか．水平線へと収束する実際の線路を見るとき，あなたは線路と同時に消失点を見ているのか．

　視野のこのような構造上の特徴は私たちが見ているものには含まれないと言いたくなるかもしれない．それらは，私たちの視野の境界線のようなものである．視覚は，その限界を直接的に描くことなく明らかにする．

　しかし，多くの視覚的境界線は視野の内部にある．視覚系は，物体とその境界線を分離するように設計されている．このことから，白い背景と黒いインクのシミを区切る線の色についてのパズルがC.S.ピアースによって作られた．

(見えないインクの染みの境界線とは異なり,)この境界線は見ることができる. しかし, その境界線が黒だと言うことよりも白だと言うことの理由が多くあるわけではない.

このパズルに対する言語学者レイ・ジャッケンドフの答えは, 境界線は背景ではなく図形に属しているというものだ. しかし, これは次のような二つの図形による競合を含む場合には, 境界線の所有権を解決できない.

二つの正方形の間の境界線は黒か白か. もう一方の色に比べて一方の色を答えとする理由はない. そして, どんなものも全体が白でかつ全体が黒にはなりえないという原則は, 境界線が黒でかつ白である可能性を排除する.

赤でかつ青であるような正方形の例を論じることで, ベルナルト・ボルツァーノは, その色は赤か青のいずれかであるが, そのどちらであるかを述べることはできないと示唆した. これがフランツ・ブレンターノに恐ろしく恣意的な答えだという印象を与えた. ブレンターノは, 色の排他性の原則を拒絶することを選んだ. 「赤い面と青い面が互いに接触しているならば, 赤い線と青い線は一致する.」(「連続とは何か」)

ブレンターノの答えからは, 矛盾を導くことができる. 黒い正方形が影で白い正方形は白色光の光束だと仮定しよう. ブレンターノは, この影と光束の間の境界線は光でありかつ影であると言わなければならない. しかし, 影は光の欠如である.

欠如を見ることができるかどうか疑問に思うかもしれない. 見よう

とするそこに何があるのか．

　剥奪によって阻止されないように，リチャード・テイラーは，手荒な実験に基づいた論証により，私たちが欠如を見ていることを示した．L⦿⦿K! 左のOの中にはxが見えるが，右のOの中にはxの欠如が見える．

　テイラーを批判する人は，xの欠如が見えることは認めるが，このページ上の正のものから負のものを推論しているすぎないと主張する．彼らは，木をしならせ葉をはためかせるときに風を見るやり方で，間接的に負のものを見ているだけだと考える．

　視覚的謎かけの多くの様式は，古典的な視覚系の問題の極端な場合にすぎない．たとえば，動物は，いかにして隠れた捕食者や獲物を見分けるかを学ばなければならない．芸術家は，その課題を拡大し，「隠し絵」という様式を作る．その成長する複雑さは，クーリエとアイブスの1872年のリトグラフ「困惑する狐：馬，羊，猪，男性と女性の顔を見つけよ」で一目瞭然である．

皮肉にも，枝にとまった2羽の鳥はリョコウバトである．この絵画

が作られたあと，この種はあっという間に絶滅した．

さらに意図的で逆説的な欠如の描写として，「ナポレオンとセントヘレナの墓石」に隠された人物を見つけてほしい．

あなたの見つけたものは欠如である．

物体の影からは，その物体の輪郭，向き，そして相対的な奥行きについての手がかりが得られる．したがって，影に的確な物体を割り当てることは重要である．この問題は，影を過剰に規定することによって難解になる．

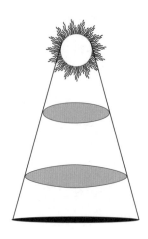

　この影は上方の円板が投じたものか，それとも下方の円板が投じたものか．光を遮るには1枚の円板で十分なので，下方の円板の下にある影の見かけを変えることなく，どちらの円板を取り除くこともできる．その影に近いほうの物体は下方の円板であるが，それは光を遮っていない．上方の円板は光を遮っているが，その影は不透明な下方の円盤を突き抜けることはできない．

　視野は，遮蔽関係によって部分的に体系化される．何が何を遮っているかに注目することで物体の相対的距離を知る．（情報の流れを阻むものそれ自体が情報の源である．）

　前方から光が当てられている環境では，前方にある（不透明な）物体が後方にある物体を遮る．しかし，後方から光が当てられたら，どうだろうか．物体が反射する光ではなく，物体が遮る光のおかげで，物体の輪郭が浮かび上がるのが見える．

　次の図のような二重食を見ていると仮定しよう．

104. 視覚の哲学

　遠星は東へと進む天体である．遠星よりも小さい近星は，遠星よりもあなたの近くで西に進む．作り出す影に関しては，近星は近くにあって，その小ささをちょうど相殺する．あなたの視座からは，近星と遠星が同じ大きさに見える．近星が遠星の影にぴったりと収まったとき，これらの天体の一方が消えたかのように見える．あなたが見ているのは近星か，それとも遠星か．最初は，あなたは常識を支持する．あなたは，遠星ではなく近星を見ている．そして，あなたが見ようとする遠星の姿は，近星によって完全に遮られている．あなたは何かを見ている．それゆえ，あなたは近星を見ている．

　しかしながら，近星が何もしていないことと近星は遠星の影に完全に包まれているという事実をよく考えると，あなたの愛情は遠星に移る．光を遮っているのは遠星である．これが前方から光が当てられているのならば，近星は，あなたが見ようとする遠星の姿を遮っているのだろう．しかし，（物体の輪郭を見ることによってその物体を見ている）後方から光が当てられている状況においては，遮蔽の原理は逆転する．あなたが見ようとする近星の姿を遮っているのは遠星である．

　この日蝕パズルでは，問題は二つの物体のどちらが輪郭として見られているかを解明することである．因果関係を過剰に規定する場合には，その原因を選ぶことに苦労する．かくのごとく知覚の因果説が予言するように，私たちは何を見ているかを決めるのに苦労することに

なる.

この混乱についての予言は，さらに，見ているのが物体かそれとも影かを区別するのが視覚の役割であるような状況で確かめられる．この役割の難しさは，計算機科学者が人工視覚を設計しようとするまで見過ごされていた．計算機は影と黒っぽい物体を区別するのが極めて難しい[原注 28]．この区別は，プログラマーにとっての技術的挑戦だけに終わらない．概念芸術家が電灯の下に影ができるように円錐を吊るしたとしよう．

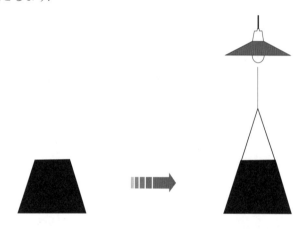

彼は，黒い粘土の塊を成型してこの影を複製した（左の図の円錐台）．そして，右の図の影に一致するようにその塊の表面を処理した．この塊を影の正確な位置に滑り込ませても，いかなる違いも認識できなかった．

この芸術家は，粘土の塊を消し去ったのである．（物体は，光と相互作用するときに限り，それが反射，屈折，吸収のいずれであっても，見ることができる．）また，芸術家は，円錐の影も消し去ったのであ

[原注 28] 計算機は，多くの幼児が自分の影を怖がるという事実に慰めを見出すだろう．あなたの計算機で「Youtube 子供 影に怯える」をググってみるとよい．

る．（影は，不透明な物体の完全な内部には存在することはできない．これが，あなたの影が地中に埋まりはしない理由である．）

　幾何学の講座を履修していたとき，私は合格すれすれの何人かの生徒が優等生に変身したことに驚いた．彼らが直感的に真実を理解したのかどうか知りたかった．

　実際には，学生ではなく，教科の主題が変わったというのが本当のところである．幾何学は，視覚的思考，すなわち，このような学生にはこれまでに訓練することを求められることのなかった技能を重視する．

　私は，ネド・ブロックの論文

なぜ鏡は左右を逆にするか
上下を逆にしないのか？

を教えたときの変貌ぶりについて思い出した．

　一部の無口な学生が突然口を開いた．一方で，一部の社交的な学生は押し黙った．図表がふんだんにあるブロックの論文の大部分は，「逆」「左」「上」「前方」「時計回り」，そしてそのほかの水平，垂直，前後の軸に影響を与える用語の曖昧さを引き出す心的回転を伴う．私のある同僚はこの論文を理解できなかった一方で，平均的な学部学生はこれが「言葉，言葉，言葉」を小休止してくつろげることに気づいた．

　多くの哲学者は，言語の塔から世界を俯瞰する．健康な人間は誰でも言語の天才である．（メタ言語の天才ではないが．）人類は，機能単位ごとに，私たちの祖先が蓄積した繁栄と勤勉さの上に立つことができる建築物を心の中に発展させた．私たちは，ぬかるみや沼地から這い上がり，オリュンポス山ほどの地の利を作り上げた．

　言語の塔は，それよりも低い塔を脇に追いやる．この低い塔は感覚系に対応している．その中でもっとも高いのは視覚の塔，すなわち「感覚の長」である．

　音声検出入力系のように，感覚系は出力を中枢系に送る．中枢系は

合理的で柔軟性がある．中枢系は情報を，総体的に，多かれ少なかれ意識的に，そして，その結果として，かなりゆっくりと評価し，間違うこともある．

中枢系の理解の進展，すなわち意識の領域より，機能分化された系の機械のような働きを理解する進歩のほうがずっと先をいっている．言語哲学者は，機能分化心理学者や心理言語学者の研究戦略をなぞる程度には成功してきた．鮮明な意識に飛び込むのではなく，彼らは私たちの言語反射神経の暗い片隅に分け入った．言語系に対して機能するものは，感覚系，とくに視覚系に対しても機能するにちがいない．

私は，知覚の哲学を楽しんでいる．なぜなら，その多くを哲学者でない人たちと共有できるからである．普通の人たちは，前述のような例題において何が課題かをすぐさま理解する．彼らは，哲学者にとっては当たり前のたくさんの違いを指摘するという洗練されたやり方で答える．

これは，とくに学生についても真である．実際には，しばしば学生は，私が尊敬する哲学者よりも視覚的に洗練されているように思われる．

「フリン効果」は，この印象に対して何かがありそうだということを示唆している．開始以来，IQ テストの点数は，すべての先進工業国において 10 年で 3 ポイント上昇した．レーヴンの漸進的マトリックスのような視覚的思考を重視するテストにおいて，点数の増加はもっとも大きかった．これらのテストは一連の図形を示して，新たな形状の外挿か欠けている図形の内挿を要求する．

あなたは，書いたり，読んだり，会話をしたりするときには，この

図像を用いる思考の流儀を使うことはない．しかし，テトリスで遊んだり，新しいスマホの操作法を習得したりするときには，これを使っている．

　レーヴンの漸進的マトリックスにおける点数の伸びによって，フリン効果の発見者である道徳哲学者ジェームズ・フリンは，IQ の大きな上昇が視覚的な刺激の強い環境によるものだという予想に至った．（私は，私の学生に錯視で驚かすのに苦労する．なぜなら，彼らはその錯視の多くをコーンフレークの箱の背面ですでに知っているからである．）20 世紀初頭から，蔓延する図を用いた広告，光を放つ陳列，映画，テレビ，ビデオゲーム，そして，ますます洗練されていくコンピュータ・グラフィックスに何世代も晒されてきた．人々は，視覚的分析において高度に発達した技能で応酬してきた．

　視覚的思考の進歩についてフリンが正しければ，脇に追いやられていた哲学の塔，すなわち視覚は，新たな地位をひっそりと獲得しているのかもしれない．

105. アプリオリな嘘の総合命題

　4 歳のときに盲目になったにもかかわらず，ヴェド・メータの本は，見てきたような描写で味付けされている．どうしてメータには，そんなことができたのだろうか．それには，トリックがある．ヴェド・メータは，彼の目になってくれるよう取材する人たちに頼んだ．その人たちの見る風景，彼らのすみか，彼らの服装の描写をメータは盛り込んだのだ．メータは，『ハエとハエとり壺』では哲学者を取材する．

　　私のオックスフォードでの最初の訪問は，ベリオール・カレッヂのリチャード・ヘアの自宅であった．[...] 彼は，服装こそそうではなかったが，修道僧のように見えた．彼は仕立ての

よい黒っぽいツィードの上衣とプレスの効いた濃灰のフラン
ネルのズボンを着ていた —— そして，例の伝説的な赤と緑の
ネクタイをしめていた．[訳注 60]

—— メータ『ハエとハエとり壺』(1963)

この一節は，普段着のヘアしか見たことのない知り合いを戸惑わせ
た．（ヘアは，靴下が我慢ならない．）知り合いがこの「有名なネクタ
イ」について尋ねたとき，ヘアも困惑した．ヘアは，全体が赤色でか
つ全体が緑色のネクタイをしていたとメータに語ったのだ．編集者は，
全体が赤色でかつ全体が緑色のものなどないことを理解していたにち
がいないので，メータの文章を「赤と緑のネクタイ」と書き換えた．

もしかしたら，ヘアは，報復するために嘘をついたのかもしれない．
メータは，あたかも彼が見えている証拠を示そうとしているかのよ
うに書く．メータは，実際には取材する人たちと示し合わせて，彼ら
の見えていることの証を彼自身のものだとごまかしている．ヘアは，
メータからの協力の要請を快く思わず，このごまかしを妨害しようと
決めたのかもしれない．

ヘアは，精力的な超自我をもった倫理学者であった．第 2 次世界大
戦中，ヘアは日本軍の捕虜となり，苦力労働者のように強制的に働か
された．そのことで，ヘアはわずかな不道徳にも我慢できなくなった．
ヘアは，ほかのなによりも道徳的な理由が優先すると明確に主張した．
妥協は一切ない．盲目のメータも例外ではないのだ．

良きにつけ悪しきにつけ，ヘアの嘘は興味深い見本である．「私の
ネクタイは全体が赤色でかつ全体が緑色である」は，アプリオリな総
合命題の否定である．

アプリオリな総合文は，その語の意味によって文の真偽が決まらな
い．「赤色」や「緑色」は基本単語であり，したがって定義がない．そ

[訳注 60] 邦訳は河合秀和訳『ハエとハエとり壺』（みすず書房，1970）による．

れでも，経験による裏付けなしに「全体が赤色でかつ全体が緑色のものはない」が真であることがなんとなく分かる[原注 29]．

色の概念を発達させるきっかけとして経験が必要である．経験は，概念を維持するためにも必要かもしれない．ヴェド・メータは，「私のネクタイは全体が赤色でかつ全体が緑色である」の不条理さを理解していなかった．したがって，メータは，盲目になった後にその概念を失ったのかもしれない．

あるいは，ヴェド・メータは，まだその概念をもっていたが使い損ねたのだ．アプリオリな総合命題のあるものは，自明ではない．たとえば，幾何学の定理のあるものは直感に反し，イマニュエル・カントはユークリッドの公理がすべてアプリオリな総合命題であると信じていた．

カントは，裏付けを越えてまで信じる人たちは自己欺瞞の罪を犯していると信じていた．カントは，どんな嘘も許さなかったが，誤解されるような真実を語ることは許した．これが，アプリオリな嘘は許されうることを示唆している．

R.M.ヘアは，カントの道徳律に収束するような独自の規則功利主義を信じていた．両方の倫理体系が盲人に対して嘘をつくのを許すことで一致しているとしたら，なんと臆面もない知の統合であろうか．

106. アプリオリな受動的ごまかし

イマニュエル・カントはけっして嘘を許さなかった．たとえ，その嘘が幼い子どもの命を救うとしてもである．だが，ときにはごまかし

[原注 29] あるいは，そう合理主義者は言う．経験主義者は，アプリオリな総合命題が存在するということを否定する．なぜなら，経験主義者は，この世界についての実質的な真理はすべて経験によって獲得されると信じているからである．

を許した．それが口先だけのごまかしであっても，その主張が真であるかぎり許した．誰かが真実から虚偽を推論したとしたら，それはその人自身の責任である．カントは，過ちを避けるために必要となる資質をすべて持ち合わせていた[原注30]．実際，カントは，聞き手の誤りを自己欺瞞として激しく避難した．

ほとんどの人がカントに異議を唱える．彼らは，こっそりと秤に指を乗せてお客を騙す肉屋と，次のように算術の詭弁を弄して積極的にお客を騙す八百屋には，わずかな違いしかないと考える．

八百屋のおばちゃん「悪いね，ひと巻き 12 インチのアスパラガスの束は切らしてて，ひと巻き 6 インチの束二つならあるよ」
買い物客「同じ量だから，値段も同じだね」
八百屋のおばちゃん「いいや，小さい束二つ併せたほうが，大きい束よりもたくさん入っているよ」

買い物客は納得させられて，余計に支払う． 💡真実を語っているのは誰か．

しかし，アプリオリな受動的ごまかしとは何か．それは，新しいビジネスにおいて，名声の確立した競争相手を合理的に打ち負かそうとするとき，組織的に現れる．1980 年代には，外食チェーン A&W は，サード（1/3）パウンダーを売り出した．マクドナルドのクオーター（1/4）パウンダーよりも大きいことに加えて，この新しいハンバーガーは試食で好まれたものであった．価格はクオーターパウンダーと同じ，それでも，売上は低調だった．

聞き取りによって，顧客は新しいハンバーガーは不当に高い値付けがされていると感じていることが明らかになった．「なぜ，3分の1ポ

[原注30] ルネ・デカルトは，すべての誤りは身勝手に起因するとした．神は，真実から真実だけを推論するのに必要なすべての知識を与えてくれた．しかし，私たちは，無謀にも証拠が保証するよりも多くのことを推論する．製造者は，その製品の誤用に対しては責任を取らない．

106. アプリオリな受動的ごまかし　　　205

ンドの肉に，4分の1ポンドの肉と同じ金額を払わなければならない
のか.」顧客は，分数の大きさを分母の大きさによって判断していた.
彼らは1/4は1/3よりも大きいと推論したのだ. A&Wは，その間違
いを正そうとした. マクドナルドは何もしなかった. マクドナルドの
怠慢は道義に反するだろうか.

　私がこれを尋ねた人は全員が「いいえ」と答えた. 彼らは，マクド
ナルドには，分数についての推論を改善しようとするA&Wに協力す
る義理はないと言う. カントが降霊して，彼らはすべての責任を顧客
になすりつける.

　おそらく，このことが，多くの顧客が自分の得になるときにはレジ
係の計算間違いを正さない理由を説明している. 顧客は，自らがその
誤りを招いたのでなければ，レジ係の過ちを正さなければならないと
は思わない. その過ちを正したほうがよいのかもしれない. しかし，
それを訂正するのは，責任の範囲を超えている.

　それでは，誰かがあなたにサイコロの2種類の目を指定するように
言う. あなたは，2と5を選ぶ. 彼は，2個のサイコロをあなたに渡
し，それらを投げるようにあなたに言う. 彼は，2か5の目（または
その両方）が出ることに対等の賭けをもちかける. あなたは，サイコ
ロにはほかに4通りの目があることに着目する. あなたは，彼が勝つ
確率は6回に2回しかないと計算する. あなたは賭けにのり，そして
勝つ. 彼は，賭け金を支払い，あなたが望むだけ何回でもこの賭けを
繰り返そうと提案する.

　あなたは，相手がアプリオリな誤りを犯していると考える. おそら
く，あなたは彼の愚かさに付け入るのは気が進まない. あなたは，自
分の計算を説明する. 彼は，それに納得しない. 彼は，その賭けを続
けるようあなたに懇願する. たぶん彼を痛い目に遭わせるために，あ
なたは一晩中サイコロを振る.

　期待に反して，あなたはかなりの額を失う. 困惑したあなたは，2

個のサイコロの 36 通りの目の出方を丹念に表にする．あなたは，2 か 5 の目が出るのは，36 通りの目の出方のうちの 20 通りであることを発見する．それゆえ，あなたが勝つ確率は 4/6 ではなく 16/36 である．あなたは，自分がアプリオリな詐欺の犠牲者であったことに気づく．このペテンは，他人の間違いに付け入ろうとするあなたが付け入られたのである．

相手の勝つ 20 通りの場合が不規則に散らばっていることを言い訳にはできない．それらは系統的に生じていて，確率空間の中に整然とした格子状パターンとして現れる．

	1	2	3	4	5	6
1	1,1	1,2	1,3	1,4	1,5	1,6
2	2,1	2,2	2,3	2,4	2,5	2,6
3	3,1	3,2	3,3	3,4	3,5	3,6
4	4,1	4,2	4,3	4,4	4,5	4,6
5	5,1	5,2	5,3	5,4	5,5	5,6
6	6,1	6,2	6,3	6,4	6,5	6,6

二つの行で相手は勝ち，また，二つの列で相手は勝つ．その目の出方はそれぞれ 6 通りある．したがって，4 に 6 を掛けて，そこから列と行の重なる 4 通りの場合を引き算すると，正しい数を求めることができたのである．すなわち，相手の勝つ場合は 24 − 4 = 20 通りである．

あなたは何を根拠に文句を言うのか．このペテン師は引っ掛けたことを責められるべきだろうか．あるいは，あなたが責められるべきだろうか．あなたに対するもっとも手厳しい批評家は，このペテンの達人が奉仕事業を行っているととらえるかもしれない．すなわち，こうした詐欺師の存在が，他人の間違いに付け入ろうとするあなたを躊躇させるということだ．

107. クレタ島再訪

クレタ島の人口は 108,310 人である．島には，すべてのクレタ人は嘘つきであるという古の言い伝えがある．クレタ人は，この神話が偽りであることを証明するために各人の発言をとりまとめた．

クレタ人 1「この各人の発言のうち，ちょうど 1 個だけが嘘である」

クレタ人 2「この各人の発言のうち，ちょうど 2 個だけが嘘である」

クレタ人 3「この各人の発言のうち，ちょうど 3 個だけが嘘である」

⋮

クレタ人 108,309「この各人の発言のうち，ちょうど 108,309 個だけが嘘である」

クレタ人 108,310「この各人の発言のうち，ちょうど 108,310 個だけが嘘である」

💡本当のことを言っているクレタ人は誰か．

108. ムチノ教授

ほとんどの学者は，可能な限り多くを学ぼうとする．ムチノ教授は，必要になった分だけ学ぼうとする．教授は，プライバシー擁護派である．できるだけ少ない知識で問題を解こうとするのだ．

ムチノ教授には，一日にしてそのあだ名がついた．教授の統計学部の同僚らは，彼らの平均給与を知る必要があった．しかし，誰しも自分の給与を公開するのは気が進まなかった．

ムチノ教授は，その問題を見事に解決した．教授は，自分の給与と

電話番号を足し合わせた.(すぐに分かるように,大きな数であれば,それを公開していない限り,どんな数でもよい.)教授は,その和を紙切れに書き,左隣りの人に手渡した.その人は,言われた通り,自分の給与を紙切れに書かれた数に足した.そうやって足し合わせた和だけが書かれた紙切れを次の人に渡した.紙切れが一周し終わると,大きな数が一つだけ書かれた紙切れが教授の手元に戻ってきた.教授は,その数から電話番号を引き算した.そして,その結果をその部屋にいる人数で割った.これで,それぞれの個別の給与を知ることなく,彼らの平均給与が分かった.

これに感謝した3人の同僚は,ムチノ教授に昼食をごちそうした.給仕が「みなさん,それぞれビュッフェスタイルにしますか」と尋ねた.

　1人目の教授「どうしよう」
　2人目の教授「どうしよう」
　3人目の教授「どうしよう」
　ムチノ教授「ええ,みんなそれぞれビュッフェにします」

給仕はムチノ教授に,ほかの人が誰も分からなかったのにどうして分かったのかと尋ねた.ムチノ教授はこう説明した.「一人目の教授がビュッフェにしたくないならば,彼はいいえと答えただろう.その後に続いた教授らについても同じことが言える.最後の教授を除いて,だがね.私が最後の教授であって,私は自分がビュッフェにしたいと分かっていたので,全員がビュッフェにしたいと推測したのです」

教授は,全員のプライバシーを侵害していると揶揄された.教授の行動原理は「集合体に対する知識,個人に対する無知」であった.それでも,教授は全員の心の状態を把握していた.これが,ムチノ教授というあだ名がつけられた経緯である.

教授の専門は「無作為化応答」と呼ばれる調査技法である.この技

法は，恥ずかしい回答に対する偏りを避けるために使われる．たとえば，「昨年のうちに試験でカンニングをしたか」と生徒に質問したら，「はい」と答えるのは気乗りしないだろう．回答の無作為化は，生徒にサイコロを振らせる．6の目が出たら，生徒は「はい」と答えなければならない．それ以外の場合は，生徒は至極誠実に質問に答える．回答者だけがサイコロのどの目が出たかを知っているので，「はい」と答えても，その生徒がカンニングしたかどうかが明かされることはない．生徒は，肯定的回答がサイコロの目によるものだとして，確率を盾にとることができる．

この調査結果は，それでも有効である．なぜなら，「はい」という回答の1/6を差し引けばよいからである．これで，昨年のうちに試験でカンニングをした生徒の割合がうまく求まる．

ムチノ教授は，無作為化した答えによって自身のプライバシーを守る．教授の名刺には，答えるのが恥ずかしい質問には無作為に答えると書かれている．名刺の裏面には，小さな文字で教授のやり方が次のように説明されている．教授の腕時計の秒針が密かに決めた10秒の区間に入っているならば，「はい」と答えるのが恥ずかしいような質問には肯定的に答える．それ以外の場合は，その質問には正直に答える．

私は，それは6回に1回は嘘をつくということかとムチノ教授に尋ねた．教授は，名刺に書かれたもっとも小さい文字を指差した．そこには，この技法は実際には次の選言的質問の言い換えであるという説明が書かれていた．秒針が密かに決めた区間に入っているか，または，秒針がその区間に入っていないならば答えるのが恥ずかしい質問に対する答えは肯定的か．

ムチノ教授は，統計の無知が不必要な不道徳を招くと信じている．教授が挙げた例の一つは「芝生の上を歩くな」という規則だ．みんなが芝生の上を歩いたら芝生は枯れてしまうというのは，真である．しかし，芝生は，ほどほどに歩かれても耐えることができる．芝生の上

を歩くことを全員に禁じることは，もったいない．このことを分かっ
ているので，多くの歩行者は規則を破る．これが，芝生を尊重する心
をむしばむ．したがって，歩行者には，芝生の上を歩くわずかな機会
を与えるべきである．用地の管理人は，正確な見込みを掲示できるだ
ろう．

　私は，教授の無作為道徳規範を公表してよいかとムチノ教授に尋ね
た．プライバシーに対する愛着のせいで，教授は気が進まなかった．
教授の関わり方の尺度の一つは，神学である．博識は博愛と相容れな
いことを理由に，ムチノ教授は無神論者である．神が存在するとした
ら，多くを知りすぎている．

　プライバシーについての強い信念にもかかわらず，ムチノ教授は，
倫理観は公開されていなければならないとも信じている．この規則に
従うためには，それが何であるかを知る必要がある．ムチノ教授は，
どのようにしてプライバシーを保護する一方で，道徳規範が共有知で
あるという要件を満たしたのだろうか．

　教授は，これに無作為道徳規範を適用した．具体的には，教授は，
私に二つの小論を書くことを許可してくれた．その小論の一方は，作
り話でなければならない．もう一方は，実話でなければならない．そ
して，二つの小論は，どちらも次の免責事項で終えなければならない．
あなたが読んでいるのが作り話なのか，それとも実話なのかは，硬貨
を弾くことで確定する．

109. 石には何も書かれていない

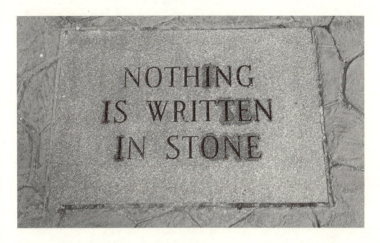

💡刻まれた文は真か,それとも偽か.

110. 自己実現的かつ自己破滅的な予言

💡自己破滅的で,かつ,自己実現的な発言はありえるだろうか.

111. 哲学者の陳情

市会議員「議長,どの火災の十日前にも,すべての消火器を
検査することを提案します」

1985年11月のアメリカ哲学会の会議録に次のような陳情が掲載さ
れた.「提案されている候補者は,指名への同意を求められなければ
ならず,そしてそれにきちんと答える前に,ほかの候補者として提案
されているのは誰かを伝えられなければならない.」(p.278) 💡この陳

情は筋が通っているだろうか．

112. ナポレオンのメタ発見

将軍閣下，どんな事をなされようと喜んでお受けいたしますが幾何学の授業だけはご容赦願います．

ピエール＝シモン・ラプラス

任意の三角形のそれぞれの辺に正三角形を作図する．

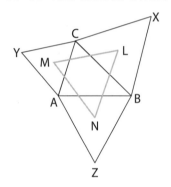

この三つの正三角形の中心（LMN）は，それ自体が正三角形になる．これを「ナポレオンの定理」として学んだ．そのことで，この定理に興味をかきたてられた．

あとになって，生徒にこの証明を学ぶ気にさせるためだけに，定理にこの名前がつけられているのではないかと考えた．ナポレオンは本当にこの定理を発見したのだろうか．

ナポレオンは，幾何学に熱中していた．数学者は，ナポレオンがこの証明を見つけ出すことができても不思議ではないと考える．なぜなら，数学者が意地悪く述べているように，多くの数学愛好家がこの定理を演繹しているからである．これは，何度となく再発見されている

定理なのである.

　専門家は, この定理がどれほど簡単に証明できるかを分かっている.
愛好家はそれが分からない. したがって, 愛好家は, これを発見した
のだという期待を膨らませる. この定理は虚栄心の罠なのである.

　ナポレオンの定理は, 「科学的発見にその第一発見者の名前がつけ
られることはない」というスティグラーの名前づけの法則に則ってい
る. この法則には, 論理学において多くの実例がある. ラッセルのパ
ラドックスはゲオルク・カントルによって発見されたし, ジュルダン
の名刺のパラドックスはG.G.ベリーによって発見された. そして,
ムーアの分析のパラドックスは, C.H.ラングフォードによってムーア
に対する反論として定式化された.

　そして, スティグラーの法則はどうだろうか. スティグラーは, 彼
よりも前にロバート・マートンがこの法則を定式化したと指摘してい
る. その一般的な原則は, マートンよりも前にアルフレッド・ノース・
ホワイトヘッドによって定式化された. 「重要な事柄は, いかなるも
のでも, それが発見される以前に, 誰かによって語られているもので
す.[訳注 61]」(『思考の組織化』, 1917, p.127). 何冊もの本が, ホワイ
トヘッドの主張の何百という実例を挙げている. その中には, 何回も
再発見されるという事実が何回も再発見されることも含まれている.

　ナポレオンの定理は, ホワイトヘッドの原則に則ったものであるが,
その原則に対する反証にもなっている. なぜなら, ナポレオンの定理
がもっとも再発見された定理であるといことは, 興味深い発見だから
である.

　発見したことを発見するのは, それ自体が発見である. この連鎖は
限りなく続くので, 発見という行為そのものが, 発見すべき新たな事
実を作り出す. これらの発見は, 時系列に並んでいなければならない.

[訳注 61] 邦訳は森口兼二/橋口正夫共訳『ホワイトヘッド著作集 第9巻 教育の目的』
(松籟社, 1986) による.

したがって，これまでにすべてのことがすでに発見されているということは起こりえない．

この発見を何と呼ぶべきだろうか．ナポレオンの定理とスティグラーの名前づけの法則から，これを「ナポレオンのメタ発見」と名づけることを思いついた．

113. 演繹に関するハンディキャップ

ティモシー・ウィリアムソン教授がエディンバラ大学での最後の年を終えるときに，私も在籍していた．私は，彼が日曜日でさえネクタイをして仕事をしていたことに驚いた．まわりには誰もいないのにである．見事な職業人気質だ．

ウィリアムソン教授がオックスフォード大学で論理学のワイカム講座教授になったのち，私たちは夕食に出かけた．私は，曖昧さについて私たちが話していた議論を続ける機会を楽しみにしていた．

そこが格式ばったレストランであったにもかかわらず，ウィリアムソン教授はネクタイをはずした．私も安心してネクタイをはずした．私は，今までに見たことのないこの格式ばらない彼の見識を称賛した．ウィリアムソン教授は，私が感激している理由を説明するように求めた．私は，ネクタイは脳への血液の流れを阻害するという研究を説明した．視力が低下するため，パイロットは，通常のネクタイをすることが禁じられている．ウィリアムソン教授と私がこのパイロットの例に従うならば，推論の質は改善するはずだ．

これを聞いたウィリアムソン教授は，ネクタイを締めなおした．彼は必要以上に固く締めると，こう説明した．「これでよし．あなたと議論するだけだから」

この出来事によって，論理的なハンディキャップの健全な形態とい

うものがあるのかと考えるようになった．一つの可能性は，提示しう
る反論の種類に関してより多くの制限を課すというものだ．論理学の
通説についての私のお気に入りの例を使って，これを説明しよう．こ
の通説は，非常に強力で，1世紀にも及ぶ論理学者の指摘にもかかわら
ず，オックスフォード英語辞典（OED）もこれを是認している．OED
は「帰納」を次のように定義している．

> 特称例を観察することから一般的法則または一般原理を推論
> する行為．（演繹の対義語）

そして，それとは対称に，「演繹」を次のように定義している．

> すでに分かっているか仮定している原則から結論を演繹また
> は導出する行為．とくに論理学において，一般から特称を推
> 論する論法．帰納の対義語．

💡 これに対して，課題は次の三つである．

1. まず，好きなように OED に反論せよ．
2. それから，次のハンディキャップをつけて OED に反論
   せよ．その反例は，一つだけ前提を置かなければならな
   い．その前提は，結論と異なっていてはならない．
3. 最後に，いかなる前提も用いずに OED に反論せよ．

114. 論理的侮辱

pとpの否定の両方を主張する男がいた．
そして，あらゆる結論を導き出した．
　　　　　　シドニー・モーゲンベッサー「ジョージ・サンタヤーナについて」

ディック・キャベットによれば，「侮辱には2種類ある．その一つは『あなたの本は退屈だった』というもので，もう一つは『あなたの本？一度下に置いたら，手に取ることができませんでしたよ』である．」後者の侮辱は，聞き手が積極的に不快なメッセージを推測する必要がある．犠牲者の掘り返しが深ければ深いほど，その皮肉は不快になる．

この基準からすれば，もっとも不快な侮辱をすることができるのは論理学者である．そして，実際に，私が知る限りもっとも不快な侮辱は，論理学者でもあり集合論者であるアーネスト・ツェルメロによるものだ．フェリックス・クラインがゲッチンゲン大学の数学科を牛耳っていたとき，当時ツェルメロは私講師（員外講師）であった．ヴォルフガング・パウリは次のように回想している．

> ツェルメロは数理論理学の講座を教えていて，次のような質問をして学生を唖然とさせた．「ゲッチンゲンにいる数学者は，2種類のグループのいずれかに属する．その一つは，フェリックス・クラインは好むが自分たちは嫌うことを行う数学者のグループである．もう一つは，自分たちは好むがフェリックス・クラインは嫌うことを行う数学者のグループである．フェリックス・クラインはどちらのグループに属するだろうか」
> — E.L. シャッキング「ジョーダン，パウリ，政治，ブレヒト，および可変重力定数」，Physics Today, 1999 年 10 月号より引用

ツェルメロの学生は誰もこの問題が解けなかった． ♥あなたは解ける？

115. 論理的謙遜

米国のカウボーイ，ウィル・ロジャース（1879–1935）は，サーカ

スで投げ縄の腕前を披露する仕事についた．投げ縄での失敗をごまかすために，ロジャースは自虐的なジョークを開発した．そのジョークを観客があまりにも喜んだので，ロジャースはわざと失敗するようになった．いつしか，ロジャースの出し物は，お笑い社会論評になった．ロジャースは，映画にも出演し，全国紙で（誤字と誤用を絶妙に詰め込んだ）コラムを書くまでになった．

ロジャースは，愛想がよく気取らない無知の哲学者という役柄を演じていた．「人は，3種類に分かれる．一つは，読書によって学ぶ人たちである．ごくわずかだが，観察によって学ぶ人がいる．残りは，電気柵に自らおしっこをかけるような人たちだ」ロジャースは，お偉方をからかったが，人々への博愛には誇りをもち，レオン・トロツキーのような共産主義者を避難しさえした．

> 彼と会っておしゃべりしたならば，彼が非常に興味深く人間味のあるやつだと分かることに賭けてもいい．なぜなら，私はこれまでに好きでない人に会ったことがないからである．人に会うとき，あらかじめその人についてどんな評価をしているかは問題ではない．その人に会って彼の立場や個性を知った後では，どんな人にもよい面がたくさんあることが分かる．
>
> ── サタデー・イブニング・ポスト，1926年11月6日付

ロジャースは，肩をすくめ，床を見つめ，困惑して頭をかいただろう．ロジャースは，いかにして謙虚に頭を下げるのかを，論理的思考によって知っていた．1928年の大統領候補指名大会が禁酒法に対する立場を決められなかったとき，ロジャースは次のような意見を述べた．「私は，組織政党の一員ではない．民主党員だ」

数学界のウィル・ロジャースは，ジェリー・ロイド・ボナである．「選択公理はあきらかに真である．整列可能定理はあきらかに偽であ

る．それでは，ツォルンの補題についてはどうだろうか．」これは，この三つの原理が数学的には同値であるにもかかわらず，集合論研究者は異なる心理的反応を示すというジョークである．この三つの原理のいずれを前提にしても，残りの二つを証明できるのである．

選択公理は，現代の集合論研究者にとっては直感的である．それは，数からなる集合の任意の集まりに対して，その集まりから任意の数の選択に対応する集合があるというものだ．言い換えると，ほかの集団からメンバーを徴兵して一つの集団を作ることが常にできる．メンバーを募集する方法に関して制限はない．とくに，確定記述をもつ個人を特定できる必要はない．また，名前がついていなくてもよい．これは，名前よりも多くある実数の場合には，うれしい条件である．自然言語における文の個数は，自然数全体に対応する低い位数の無限でしかない．実数の個数は，それよりも上位の無限である．したがって，名前のない実数が無限に多く存在する．選択公理は，この選び出す過程を飛び越して，選択された結果を使うことができるのだ．

「整列可能定理」は，自然数に対しては物議を醸さない．正の整数からなる空でないすべての集合は，最小元をもつ．しかし，実数に適用すると成り立たないように思われる．なぜなら，たとえば，0 より大きい最小の実数は存在しないからである．いかにして，すべての集合が整列になりうるのだろうか．

最後に，ツォルンの補題は理解しにくいため，多くの数学者はそれが真であるかそれとも偽であるかを直感的に分からない．これは，部分順序集合 S に対して，すべての昇鎖（全順序部分集合）が S の中で上界をもつならば，集合 S は極大元を少なくとも一つ含むというものだ．これに惑わされて，前後の見境をなくしてしまうのである．
💡「茶色で，毛むくじゃらで，海に向かって突進する，選択公理と同値なものは」

116. 不敬なトートロジー

ベイリオル学寮生の第1行動原理「陳腐な言葉さえも真実かもしれない」

モハメッド・ヨナス・シャイフ博士は，2000年10月2日にイスラマバードの首都医科大学で次のような意見を述べたと申し立てられた．預言者ムハンマドは，40歳までイスラム教徒ではなかった．その歳になって，彼は初めて神の託宣を受けた．イスラム教の創始者であるムハンマドの両親は，イスラム教徒ではなかった．なぜなら，彼らはイスラム教が存在する前に亡くなったからである．ムハンマドは，イスラム教の婚姻契約なしに結婚した．なぜなら，そのとき，彼は25歳で，イスラム教を創始する神の託宣を誰も受けていなかったからである．最後に，ムハンマドは割礼されていたり，脇の下を剃っていたり，陰毛を剃っていたりする可能性は低かった．なぜなら，これらの慣行はムハンマドの部族では知られていなかったからである．

シャイフは有罪になり，10万ルピーの罰金と死刑が宣告された．ジェローム・ノイは，Sticks and Stones において，神を冒涜した罪に対する西洋社会の困惑を次のように要約している．

> （預言者ムハンマドの部族の慣行に基づいた）真実の主張というだけでなく，（その主張の前半に関しては）論理的に必然的な真実のように見える多くのことは，ムハンマドがイスラム教という新たな宗教の基礎となる啓示を40歳になって初めて受けたとは考えないことを前提としている．

論理的に必然的な言明はいかなる情報も伝えない．なぜなら，それは世界がなりうるあらゆることと両立しうるからである．そこにはいかなる情報もないので，侮蔑的な情報を伝えることもない．

私はノイの困惑に共感した．トートロジーが不敬ならば，敬虔なイスラム教徒はそのトートロジーを拒絶すべきである．それはムハンマ

ドがイスラム教を創始する以前に彼の両親がイスラム教徒であったと言うことの方が不敬であるように思われる. なぜなら, このことからムハンマドがイスラム教の創始者ではないことが導かれるからである.

矛盾は, 不敬であることがさらに見込まれる. なぜなら, 矛盾からは中傷的な言明が導かれるからである.「ペルツォはロリコンであり, ペルツォがロリコンであるということはない」という連言から, ペルツォがロリコンであることが導かれる. これは具体的にペルツォに言及しているので, 中傷的言明である. ペルツォの立場になって, 彼がこのような矛盾を耳にしたと考えてみよ.

ペルツォに言及していない矛盾, たとえば,「シタラは歌を歌い, そしてシタラは歌を歌うことはない」についてはどうだろうか. 古典論理においては, この言明からペルツォがロリコンであることが導かれる.

1. シタラは歌を歌い, そしてシタラは歌を歌うことはない.
2. シタラは歌を歌う.（1 の単純化）
3. シタラは歌を歌うか, または, ペルツォはロリコンである.（2 に追加）
4. シタラは歌を歌うことはない.（1 の単純化）
5. ペルツォはロリコンである.（3 と 4 から選言的三段論法により）

中傷を導くものはそれ自体が中傷だと言うならば, すべての矛盾は中傷的である.

私たちは, 新たに無矛盾律を守るかどうかの境界線にいる. それに違反するとすべての者を中傷する.

この境界線を越えるのではなく, 侮辱は完全に意味論的であるという前提から身を引くべきである. 誰かがその文を口にしたという事実によっても情報は伝わる. 私が「ペルツォはロリコンであるか, または, ペルツォがロリコンであるということはない」と言うと, 私はそ

の一つ目の選択肢が真かもしれないとほのめかしている．すなわち，ペルツォはロリコンである証拠があるか，または，少なくとも手に入る証拠では彼がロリコンであることを除外できないとほのめかしている．したがって，私は，このトートロジーを口にすることによって，名誉を毀損するような情報を伝えることができる．発話は，偶発的な事象であり，問題にすることなく情報を伝える．

パキスタンの刑法 295 条 C は，次のように通告する．「言葉によって，それが話されたものでもあっても書かれたものであっても，あるいは，目に見える表現によって，あるいは，いかなる非難，風刺，嫌味によって，直接または間接に，聖なる預言者ムハンマドの侵すべからず名前を冒涜した者は誰であっても，死刑宣告または終身刑に処せられ，罰金が課せられるであろう．」論理学者は，ムハンマドの名前を讃える一方で彼を冒涜し，刑法 295 条 C を弄ぶこともできるだろう．

これは，距離をおいて続けることのできる牽制である．立法者は，神への冒涜の禁止令が作り出すいたちごっこに気がついていた．神を冒涜する者は，軽蔑的な情報を，その情報を必然的には伴うわけではない真実によって暗示させることできる．実際，神を冒涜する者は，トートロジーを盾にとりさえするかもしれない．したがって，刑法 295 条 C は，間接的に名誉を毀損する批評さえも禁じるように広範に書かれている．

このような広範で厳しい禁止には，二重の根拠がある．一つは，神への冒涜は本質的な悪事であるということだ．そしてもう一つは，神を冒涜をする者は，共同体を危険にさらすということだ．なぜなら，冒涜する者が罰せられないと信じる者（および不信心者）は集団でアッラーに罰せられるからである．

シャイフ博士は，その講義を行ったことはないと抗弁した．シャイフ博士は，外務省の政策担当者がその権力の乱用をシャイフ博士に批判されて腹を立てたと主張した．政策担当者は，11 人の学生が署名し

た訴状を仕組んだのだ.

2年間の投獄ののち，控訴によりシャイフ博士は釈放された．シャイフ博士は彼を告発した宗教指導者とタリバンを相手取って訴訟を起こそうとした．死刑がシャイフ博士に対して宣告された．モハメッド・ヨナス・シャイフは国外に逃れ，今はスイスに住んでいる.

117. 一般性ジョークと無矛盾性の証明

すべてのジョークが両義性を利用しているわけではない．いくつかのジョークは，一般性を利用している[原注31]．私の知るもっとも古い例は，4世紀のマクロビウスの『サターナリア（土星祭）』に記録されている．田舎者がローマにやってきた．この見慣れない者は皇帝アウグスタスと気味が悪いほど似ていたので，ローマ市民はぽかんとして見とれていた．一人の市民がこのそっくりさんを呼び止めた．「若者よ，おまえの母親はこれまでにローマに来たことがあったかね.」皇帝の生き写しはこう答えた．「いえ，そういうことはありません．しかし，父親は頻繁にローマに来ていました」

この滑稽さは，田舎者と皇帝が似ていることを説明する代替モデルに起因する．聴衆は，親族関係についての謎を解明する程度の技量を発揮しなければならない.

私の姪の蝶と花の刺青には，「あなたの与えるものは，あなたの手に入るもの」という甘い言葉の標語が添えられていた．図体の大きい彼女の兄は，凶暴に歯をむき出した角のある頭蓋骨の周りに同じ標語を

[原注31] 両義性とは，複数の意味を有しているということである．「バンク」は土手を意味することも，金融機関を意味することもある．一般性は，多くのものを包含する単一の意味である．「象」は，インドゾウとアフリカゾウの両方を網羅する単一の意味を有する．「厚皮動物」は，「象」よりも一般的であるが，「象」ほど両義的ではない.

117. 一般性ジョークと無矛盾性の証明　　　223

あしらった刺青でこれに答えた．彼は，相互関係が報復も含むことを
強調して，彼女の刺青をおとしめたのだ．

　しばしば，ジョークは，触れてはいけない答えを考えさせるように
聴衆を誘導して，彼らを悩ます．「suger（砂糖）以外のよく使う英単
語で，sで始まってシュと発音するものを言える？」出題者は，不自然
なほどの純朴さによる単純で率直な答えを用意している．「Sure（も
ちろん）」

　ジョークは，注目に値する巧妙な仕掛けを含むことがよくある．あ
る男が，彼の不倫相手が彼の妻と昼食をとっているのを見て，友人に
こう言った．「おい，見てみろよ！愛人と朝食をとっていた女性が，
その愛人の妻と昼食をとっているぜ！」男の友人は青ざめた．「どうし
てそれが分かった？」

　真実による誤解は，嘘よりも非難には値しないので，推薦状には次
のような曖昧な主張が含まれる．「彼は，何時間費やさなければならな
いとしても気にしない」「彼に教えることは何もない」，そして，「全面
的に，私はこの志望者について良いことを言いすぎることはないし，
彼を強く推薦しすぎることもない」

　一般性ジョークにおいては，なんら意味を変えることなく，記述を
満たす予想外のやり方が見つかる．これらのジョークでは，論理学者
が無矛盾性の証明で使うのと同じ技術が用いられる．要件の集合が無
矛盾であることを証明するもっとも簡単な方法は，すべての条件に合
うような状況を説明することである．ウィル・ロジャースは，「オクラ
ホマ州民がオクラホマを離れてカリフォルニアに移り住んだら，両方
の州で知的レベルの平均が上昇する」とからかった．これが不可能だ
と異議を唱える人がいたら，次のような数字による二つのグループか
らなるモデルを使って応酬すればよい．

$$カリフォルニア = 1, 2, 3, 4 \quad オクラホマ = 5, 6, 7, 8, 9$$

5 をオクラホマからカリフォルニアに移動させると，両方の集団の平均が上昇する.

非ユークリッド幾何学の定理は，当初，ユークリッドの残りの4個の公理はそのままにして第5公準（平行線は決して交わらない）を受け入れないことから導かれる馬鹿げた状況として生まれた. ジョヴァンニ・ジェローラモ・サッケーリ（1667–1733）は，『あらゆる汚点から清められたユークリッド（Euclides ab Omni Naevo Vindicatus）』において，平行線の公準を背理法によって証明しようと試みた. 平行線の公準は，三角形の内角の和が180度になるという命題と同値である. サッケーリは，まず内角の和が180度よりも大きいと仮定した. ここから，直線は有限であるという結論が得られた. これは，直線分はいくらでも延長できるというユークリッドの第2公準と相容れない. これは矛盾である[原注 32]. 背理法を完成するために，サッケーリはつぎに三角形の内角の和が180度よりも小さいと仮定した. サッケーリは，そこから多くの奇妙な結論を正しく導き出した. それは，三角形の面積には有限の最大値がある，長さには絶対的な単位がある，などである. この馬鹿げた状況を誤って矛盾と分類し，背理法の後半は完成したと信じた. しかし，これらの馬鹿げた状況は，双曲幾何学の定理とみなすことができるのである. 後に続く数学者らが，非ユークリッド幾何学の基本性質を球面上で実現する方法を見つけたのである. これによって，非ユークリッド幾何学が無矛盾であることが示された. あるいは，この点を裏返して述べれば，これはユークリッドの公理が必ずしも真ではないことを示している.

[原注 32] しかし，第2公準を諦めれば話は別で，楕円幾何学ではそうなっている. ユークリッドの第1〜4公準から第5公準が導けることを証明するのがサッケーリの計画である.

118. ありなのか，そして，ありではないのか

💡 なぞなぞ：私にはかつて祖父がいたが，父がいたことはない．私は何者か．

119. ロブスターの論理

💡 論理学者とロブスターをかけあわせると，何が得られるか．

ジョン・テニエル画のロブスター

ルイス・キャロルの詩「海老の声が聞こえます」は，自慢話を途中でやめられないうぬぼれの強い海老を記述している．

砂浜乾けば海老さん陽気
鮫(さめ)のやつめと軽蔑(けいべつ)口調
ところが潮満ち鮫うろつくと
声がおどおどふるえ出す[訳注 62]

[訳注 62] 邦訳は柳瀬尚紀訳『不思議の国のアリス』(筑摩書房，1987) による．

この意気地のない海老に少しでも論理学を教えれば，少なくともその声は力強くなる．

足の不自由な奴隷エピクテトスは，ローマ人社会の底辺でこそこそとしていた．怒った主人がエピクテトスの脚を折ったのである．物理的な奉仕の代わりに，足の不自由なエピクテトスは子供たちの家庭教師をした．熱心な研究によって，彼はより上級の生徒を教えることができるようになった．最終的には，エピクテトスは著名なストア学派の弁証家になった．

> 出席している者のなかのある者が，論理が有用であるということを私に納得させてください，といったとき，彼はいった．
> 「きみはわしにそれを証明してもらいたいのか」
> はい，そうです．
> 「そうするとわしは，論理的な議論をせねばならないというわけだね」
> 相手が同意すると彼はいった．
> 「それでは，もしきみをわしが詭弁でだましているならば，きみはそれをどこから知るだろうか」
> その人が沈黙すると彼はいった．
> 「ほら，論理が必要であることはきみ自身認めているんだ．もしそれらを離れては，必要であるか，必要でないかというまさにそのことさえも，わかることができないからね」[訳注 63]
> ── エピクテトス『語録』, ii.25

エピクテトスは，食ってかかる者と議論しているのではない．彼は，食ってかかる者がすでに議論の有用性に同意していることを，有用性の試験として実証している．エピクテトスの「論争相手」はすでに説き伏せられているのだから，議論の余地はない．

[訳注 63] 邦訳は鹿野治助訳『語録 要録』（中央公論新社，2017）による．

119. ロブスターの論理   227

　A.J. エイヤーは，引退した後でさえ，非常に活力ある社会生活を
送った．1987年，77歳のエイヤーはファッションモデルの一団がも
てなすニューヨークのパーティーにいた．ある若い女性が叫びながら
駆け込んだ．彼女の友人が寝室で乱暴されていたのだ．エイヤーが
部屋に入ると，そこにはナオミ・キャンベルとマイク・タイソンがい
た．キャンベルを解放するようにエイヤーが要求すると，タイソンは
不審な面持ちでこう言った．「知っているのか，...俺が誰だか．俺は
ヘビー級の世界王者だぞ」エイヤーは，丁重に答えた．「そして私は，
かつて論理学のワイカム講座教授だった．私たちは，それぞれの分野
で傑出している．私たちは，道理をわきまえた人間として，そのこと
について話し合うほうがいいんじゃないのかね．」キャンベルはこっ
そりと逃げおおせた．

　論理学者 W.V.O. クワインは，オッカムの剃刀による深剃りについ
てしばしば批判していた．ある記者が，ウィリアム・シェークスピアの
『ハムレット』から引用して，次のように力説した．「この天と地のあ
いだにはな，[...] 哲学などの思いもよらぬことがあるのだ．[訳注64]」
クワインは，譲歩してこう答えた．「そうかもしれません．しかし，私
の関心事は，天と地のあいだには哲学では思いもよらぬことはない，
ということなのです．」

　哲学者ピーター・アンガーは，自分自身を論理学の授業で「同点で最
下位」と位置づけた．しかし，アンガーは辛辣であった．とくに，誰か
がアンガーの（何らかの単刀直入で痛烈な）質問に直接的に答えるの
を避けたときには．このような質問の一つに，デレク・パーフィット
を大樽に入った脳だという仮定に関するものがあった．パーフィット
は，非現実的な反対尋問をする気にはならなかった．パーフィットは，
前夜にニューヨークから飛行機で着いたばかりだった．パーフィット

[訳注64] 邦訳は小田島雄志訳『ハムレット』（白水社，1983）による．

は，げんなりしながら，大樽に入った脳のようであるのがどういうことか想像できないと答えた．これが，まさに的を外しすぎた．アンガーはこう切り返した．「あなたは，それがどういうようなものか十分に知っている．それは，今まさになろうとしているものだ．」沈黙，...，それから，後方の列で忍び笑いの小さな波が起こり，それが前方に打ち寄せてきた．パーフィットは，一息ついてこの笑いの波を省みて，アンガーがまったく正しいようだと認めた．パーフィットは，一晩ぐっすり眠った後でこれよりましな答えをすると約束した．

リチャード・ファインマンは物理学者でない知識人をやりこめることを楽しんだ．生物学部4年の学生への講義で，ファインマンは猫の図を描き，その筋肉の名前を書きこむところから始めた．学生は，その筋群のことはもう知っていると抗議した．

「ええ？ほんとか？」と僕は言い返した．「道理で四年間も生物学をやってきた君たちに僕がさっさと追いつけるはずだよ．」それこそネコの地図を一五分も見ればわかることを，いちいち暗記なんかしているから時間がいくらあっても足りないのだ．[訳注65]

最近，私はこれを思い出される出来事に病院の救急処置室で遭遇した．そこには，百科事典を持ち出してきてリチャード・P・ファインマン医学賞を受賞するような人はいなかった．医者は，私の折れた腕の筋群の名前を見つけ出すのに15分を費やすことはせず，すぐさま私の腕を治療した．

これが数学者だとしたらどうだろうか．あきらかに，15分よりも長くかかる．ファインマンの計算によれば，「もし数学というものがすべて消えてなくなったとしたら，物理学の進歩はちょうど1週間，遅

[訳注65] 邦訳は大貫昌子訳『ご冗談でしょう，ファインマンさん』（岩波書店，1986）による．

れるだろう. [訳注 66]」

　これに答えて, 数学者マーク・カッツ[原注 33]は, もっと具体的に述べた.「正確には, 神がこの世を作った一週間である.」カッツは, プラトンの「神は幾何学する」をほのめかしたのである. 抜けている途中の段階を補ったものもある.

　　生物学者は自分を生化学者だと思い,
　　生化学者は自分を物理化学者だと思い,
　　物理化学者は自分を物理学者だと思い,
　　物理学者は自分を神だと思い,
　　神は自分を数学者だと思っている. [訳注 67]

　ファインマンは, すべての知識人の中でも哲学者を標的にすることを好んだ. 哲学者は, 最大のゴールと最小の成果を合体させる. 哲学者を一般的に追い詰めた後で, ファインマンは, 専門分野で彼らを追い詰める. かつて, ファインマンは, 次のような皮肉を言った.「鳥にとって鳥類学が役立つのと同じくらい, 科学の哲学は科学者にとって役立つ.」これがジョナサン・シェーファーの耳に入ったとき, シェーファーは冷静にこう答えた.「鳥にとって鳥類学を有することが可能ならば, 鳥類学の知識が鳥に大きな恩恵を与えているといえる」

[訳注 66] 邦訳は茂木健訳『おもしろ物理雑学：目からウロコ編』(主婦の友社, 2002) による.

[原注 33] カッツは, ファインマンと共同で双曲偏微分方程式と確率過程を結びつける公式に取り組んだ. カッツは, ファインマンを, ハンス・ベーテのような普通の天才ではなく魔法使いに分類した. カッツの 1966 年の論文「太鼓の形を聞き分けられるか」は, 異なる形状の 2 種類の共鳴装置の振動数の集合がぴったりと一致しうるかについて論じている. もし, 一致しえないならば, 音調から太鼓の形状を知ることができるだろう. しかし, そうはならないことが分かっている. したがって, 答えは退屈にきこえる. だが, その答えに到達する過程は, スペクトル理論への興味深い研究のきっかけとなった. その研究は, スペクトルを幾何学にまで遡ることが期待された.

[訳注 67] 邦訳は桃井緑美子訳『美しい科学 2 サイエンス・イメージ』(青土社, 2010) による.

論理学者は，ときおり，とっさのうまい切り返しを受け取る側になる．グレアム・プリーストが刺青を入れたとき，倫理学者ロジャー・ラムはその理由を尋ねた．プリーストは，そう聞かれたときの準備をちゃんとしていて，本能的な欲求だと答えた．

「屈辱に甘んじるのと同じように？」とロジャーは尋ねた．

120. 3重契約

ブルータスは，徳に関する論文を書き上げた．彼は高利貸しでもあった．ブルータスは高潔な人物であるが，それよりも高利で貸すと債務者は皮肉を言った．

古代の人は，利子のつくすべての貸付けを高利貸しとみなしていた．ユダヤ人は，よそ者への貸付けに関与するのを厭わなかった．しかし，仲間うちでの貸付けは，無利子の慈善事業であるべきだった．

16世紀のドイツの商人には，金貸業の問題点はそれほど明らかではなかった．彼らは，長期事業において借入れできることの利点を理解していた．野心的な商売人は，貸金業規制法を巧みに逃れる研究を支持した．

この研究者は，次のように問われている．借り手が貸付金に対して5％の利子を払うことを厭わず，貸し手はその金利で貸し付けることを厭わないと仮定する．しかし，金利に対する法律は，その取引を許さない．これに代わる，利子の支払いを伴った合法的な借金の方法はあるのか．

1519年にライプチヒでマーチン・ルターと論争した聖ドミニコ教会の神学者ジョン・エックは，貸金禁止を回避して契約する方法を仮説として論じた．まず，投機的事業において提携する貸し手と借り手が契約を結ぶ．つぎに，本来より少ない，おそらくは0％の利益を受け

入れることの見返りとして，貸し手の資本損失に対する保険契約である．そして，三つ目の契約は，設定された金利（通常は5％）を貸し手が受け取ることを保証する．それぞれの契約は合法的なので，これらの契約を併せても合法である．これで，非合法な利子5％の貸付けと同じ結果が得られる．現代においてこれと同等なのは，消極的な株主が「割引券を切り取る」債務証書である．

この魅力的なお膳立てによって，ドイツでは投資ブームが巻き起こった．1555年には，イエズス会は，この3重契約に参加するものに対して赦免しないことにした．イエズス会は，この3重契約が偽装された高利貸しであることを支持したのだ．伝えられるところによれば，国際的な銀行家であるフッガー家は，エックを擁護するために支援金を出した．西ヨーロッパでは，エックでないにせよ，この抜け道が歴史上もっとも儲かった思考実験になった．

121. ボルテールの大博打

個別には許容できることは，集めても許容できる．この原理は，ボルテールによって痛烈に確認された．1728年，パリは債務不履行に陥った．これが，公債によって資金調達をする政府の能力を危うくした．財務大臣は，失望した債権者に宝くじを額面の千分の一の値段で購入させることで，この問題に対処した．当選者は，債券の額面に加えて50万ルーブルを受け取る．

懐疑的な債権者たちは，失敗した事業にさらに金をつぎ込むことに気が進まなかった．彼らは，政府がまさにひどい目にあわせた人々からさらに財務大臣が金をむしり取ろうとしていると正しく見抜いたのだ．「最初の嘘は，だましたほうが悪い．二番目の嘘は，だまされたほ

うが悪い. [訳注 68]」

　財務大臣の小賢しさが度を超して彼のためにならないと気づいた人はいなかった. 宝くじの賞金額が，くじの代金を足しあわせた額を大幅に上回っていたのだ.

　そう，ほぼ全員が気づいていなかった. ともに債権者であったボルテールと数学者シャルル＝マリー・ド・ラ・コンダミーヌは，彼らの仲間の債権者のくじを組織的に購入した. これで，実質的に巨額の利益が保証されることになった. 彼らのすべきことは，目立つ行動は控えながら，つぎつぎと宝くじを買いつづけることだけであった.

　ボルテールは，社会的には巧く立ち回った. 彼は，カリスマ性のあるまとめ役であった. しかし，ボルテールは，軽率でもあった. くじの購入者は，くじの裏面に幸運を祈る言葉を書いたものだった. ボルテールは，フランスの財務大臣に対して皮肉で感謝の言葉を書き始めた. ボルテールはくじに偽名で署名したが，その「おふざけ」は，すべてのくじで同じ人物が当選しているという事実を政府に知らしめた.

　法廷で，ボルテールとその仲間は，彼らの個別には合法な行為は集めても合法でなければならないと巧みに主張した. 法廷は，不満ながらそれに同意した. しかし，政府は以降の宝くじを中止した.

　それでも，ボルテールの組織は 6 百万から 7 百万フランをせしめた. ボルテールの取り分は 50 万フランであった. このことが，死ぬまでずっと，彼を個人的には裕福にしたが，ひどく苦しめることにもなった.

122. 聖書の数え上げ

💡モーゼは，箱舟にそれぞれの種類の動物を何頭ずつ乗せたか.

[訳注 68] 邦訳は田村義進訳『書くことについて』（小学館，2013）による.

123. ラッセルも筆の誤り

> G. G. Berry, The writer of the following letter, was a man of very considerable ability in mathematical logic. He was employed in a rather humble capacity in the Bodleian, his subject being one which the University of Oxford ignored. The first time he came to see me at Bagley Wood he was bearing, as if it were a visiting card, a piece of paper on which I perceived the words: "The statement on the other side of this paper is false". I turned it over & found the words: "The statement on the other side of this paper is false". We then proceeded to polite conversation.

1904 年 12 月 21 日付オックスフォード, ハームズロード 12 番地からの覚書
（バートランド・ラッセル・アーカイブより）

最後から 2 行目の 3 番目の単語は，false（偽）ではなく true（真）でなければならない．これは，論理学史上，もっとも興味深い書き間違いである．これは，すべてのパラドックスが概念から始まるという一般論に対する反例である．これは，無意識下での行動の創造性のよい例である．

　この話は，G.G. ベリーが，次のような現在のアメリカ哲学会の公式 T シャツによく似た名刺をラッセルに見せたことから始まる．

　　前面：このシャツの背面にある文は偽である．

　　背面：このシャツの前面にある文は真である．

　まず，前面の文が真ならば，背面の文は偽である．しかし，背面の

文が偽ならば，前面の文は偽である．前面の文は真でかつ偽であることはありえないので，前面の文が真であるという仮定は棄却されなければならない．その一方で，前面の文が偽ならば，それは背面の文が述べていることを的確に否定している．前面の文はそう述べているにすぎないので，前面の文は真でなければならない．したがって，前面の文が偽であるという仮定からも矛盾が導かれる．前面の文にどのような真偽値を割り当てたとしても，矛盾が生じるのである．

ベリーは，「この文は偽である」というエピメニデスの嘘つきのパラドックスを個別には害のない二つの文に分けたのだ．その二つの文を組み合わせると，真偽値を矛盾なく割り当てることができなくなる．これらの文は対になってはじめてパラドックスを生み出すので，嘘つきのパラドックスに対するどのような解決法も総体的でなければならない．

ラッセルは，嘘つきのパラドックスに没頭し，ベリーの発見（これはのちに誤ってフィリップ・ジュルダンによるものとされた）を理解した．しかし，偉大な論理学者はこの出来事を誤って記録した．書き間違いは，より起こりやすい趨勢に従いがちである．会話で「これは真である」と言うべきところが「これは偽である」になるのはまれである．もっとよく見られる行動は，それぞれの加担者が相手の嘘を非難するという対称的な「彼は言った，彼女は言った」が入れ替わってしまうというものだ．無意識下の行動はより頻度の高い方向に間違えるので，ラッセルは「真」の代わりに「偽」を使ってしまった．

無意識下の行動は体系的で，矯正後に再び現れる傾向にある．そして，実際，ラッセルは，自伝の 1951 年版でまたしても書き間違いをしてしまう．自伝の 1967 年に発刊された版のときには，読者がラッセルに間違いを指摘した．ラッセルは，手紙で訂正したことを新聞に発表した．

False and true

From Earl Russell, O.M., F.R.S.

Sir,—Some readers of extracts from my autobiography have questioned—and rightly—the contradiction which I mentioned as being 'essentially similar to that of Epiménides.'

On a piece of paper is written: 'The statement on the other side of this paper is false.' The person turns the paper over and finds on the other side: 'The statement on the other side of this paper is false.' On turning over the paper, the recipient should read: 'The statement on the other side of this paper is true.' I regret that I made this error.

Bertrand Russell
Penrhyndeudraeth.

オブサーバー紙，1967 年 3 月 12 日付

この訂正は，1967 年版の 2 刷に取り込まれた．

しかしながら，1971 年のペーパーバックで再びこの書き間違いが現れた．ラッセルは 1970 年に亡くなっている．その結果，この 1971 年の書き間違いがとどめの一言[訳注 69]になった．

ポール・ホフマンは，興味をかきたてられるポール・エルデシュの伝記『放浪の天才数学者エルデシュ』の中で，この 1971 年のペーパーバックを用いている（pp.113–14）．書評を書いたクリフ・ランデスマンは，ホフマンが循環する嘘つきのパラドックスを台無しにしていると文句をつけた．ランデスマンが述べているように，ホフマンが引用した版では，矛盾なく，一つ目の文に真を，二つ目の文に偽を割り当てること（あるいはその逆）ができる．ホフマンは，これがバートランド・ラッセルの自伝にある嘘つきのパラドックスだと答えた．

悔しい思いをしたランデスマンは，この混乱状態を整理するよう私に依頼した．私の持っているラッセルの自伝は正しかったので，私は

[訳注 69] the last word には，「事実とはまるで正反対の表現」という意味もある．

戸惑った．しかし，この偉大な懐疑論者の自伝の全版全刷を取り寄せることで，私は大学図書館の司書の称賛を勝ち取った．

ラッセルの自伝が届くのを待つ間に，私は，二つの文を意図せず対にすると想定外のパラドックスを構成することに気づいた．二つの文が対称的であれば，非対称な真偽値をどのようにでも割り当てることもできる．全く同じ二つの文の一方が真でもう一方が偽となるようにできるだろうか．

これが，正直者のパラドックス「この文は真である」を連想させる相互否定のパラドックスになる．この文には，矛盾なく真偽のいずれを割り当てることもできるが，まさにこの自由度によって，いずれの割り当ても恣意的になるのである．デフォルトの真偽値（たとえば偽）があれば，この正直者のパラドックスは解決するという提案もある．しかし，それでは，相互否定のパラドックスは解決しない．文の間の対称性から，文にデフォルトの真偽値があると考えられるような根拠は出てこない．

この間違いをたどっていく中で，私は，逆向きの書き間違いも発見した．R.M. セインズブリーの『パラドックスの哲学』の初版では，14世紀のジーン・ビュリダンの「八番目の詭弁」を正しく引用している．

> ソクラテスがトロイの町で言う．「プラトンがいまアテネで言っていることは偽りである」．同じ時，プラトンはアテネで言う．「ソクラテスがいまトロイで言っていることは偽りである」．[訳注 70]（1988 年，p.145）

しかしながら，セインズブリーの第 2 版（1995 年，p.145）では，最後の「偽り」が誤って「真」に訂正されている．

[訳注 70] 邦訳は一ノ瀬正樹訳『パラドックスの哲学』（小学館，1993）に基づく．この邦訳の訳者あとがきには，1988 年の原著の全訳である旨が述べられているが，本書にあるように誤って訂正された第 2 版の翻訳になっている．

セインズブリーの逆向きの書き間違いは，何度となくラッセルの揚げ足を取る平素からの習慣の力というよりも，むしろ彼の博識から生じたものである．セインズブリーが執筆している時点では，滅多に言及されることのない相互否定のパラドックスよりも，循環する嘘つきのパラドックスに関する解説のほうがかなり多かった．ビュリダン以降，セインズブリーより前にこの相互否定のパラドックスに言及したのは，アーサー・プライアー（1976 年）とローレンス・ゴールドスタイン（1992 年）だけである．

セインズブリーの第 3 版では，この間違った訂正は修正されている．私は，第 4 版を楽しみにしている．

124. 最初の女性哲学者は誰か

論理学者の妻が出産した．助産師はすぐに新生児を父親に手渡した．妻はこう尋ねた．「男の子，あるいは女の子？」論理学者は赤子を調べた．そして，「そうだ」と答えた．

最初の女性哲学者は誰だろうか．「生まれながらの去勢男性」アレレートのファヴォリヌス（おおよそ紀元 80–150）は，この問いを意味のないものにしているかもしれない．

男性から女性に至る帯域で男性側に身を寄せている両性具有者は，疑わしきは被告の有利に解釈するという原則の恩恵を受け，男性としての特権を享受しがちであった．それでも，ファヴォリヌスは，その恩恵の上に安住しなかった．彼は，女性らしく話し，着飾ることで両面性を得ようと努めた．この大胆な絶対懐疑論者は，次のような三つのパラドックスで彼の人生を総括した．彼は，ガリアから来たギリシア語を話す異邦人であり，姦通で訴えられた去勢男性であり，そして，皇帝に逆らい，それでも生きている民間人であった．

それぞれの論証と反証を両立させるファヴォリヌスの腕前は，彼を
ローマ人上流階級で評判のよい教師にした．議論でハドリアヌス帝に
口を封じられたときは，ファヴォリヌスはのちに，30個もの軍団の
司令官の論理を批判するのは馬鹿げていると説明した．アテナイ人が
ファヴォリヌスのために建てた像を破壊したときには，ファヴォリヌ
スは，ソクラテスの像があったとしたらソクラテスは毒から免れられ
たのかもしれないと推測した．

この哲学者（あるいは，ファヴォリヌスは単にソフィストか修辞家
か工作員だったのか）は，信念を貫いて死ぬつもりはなかった．ファ
ヴォリヌスは，疑念を増殖させただけでなく，疑念についての疑念や，
それらの疑念についての疑念も増殖させた．ガレノスが『最高の教育』
で残念そうに物語るように，ファヴォリヌスは，最初に態度を決める
ため生徒を独りにしておくよう薦め，それから『プルターク』では確
信の可能性を考慮し，そして『アルキビアデス』では知りえることは
何もないと論じる．ファヴォリヌスは，不可知論者というよりメタ不
可知論者であり，メタ不可知論者というよりもメタメタ不可知論者で
あった．ファヴォリヌスには漸近的にしか近づくことはできない．い
くらでも近づくことはできるが，決して完全に接触することはできな
いのだ．

「女性」の境界線上の事例，あるいは，もしかしたら「『女性』の境
界線上の事例」の境界線上の事例として，ファヴォリヌスは深く根付
いた疑念を好んだ．

精神の安定（判断を保留することによる平穏）を得るために，ファ
ヴォリヌスは，まず，疑念についての疑念が未開の地でどのように育
つのかを研究した．彼は，語源を隅々まで研究し，徐々に大きな問題
へと踏み込んだ．

文献学者によれば，オウィディウスの読者が「両性具有者」という
言葉を使い始めたという．オウィディウスの著書『変身物語』におい

て, ヘルマフロディトスは (男性および女性の性的関心の神々である) ヘルメスとアフロディーテの息子である. 精霊サルマキスはヘルマフロディトスを愛した. 一つになりたいというサルマキスの祈りが, 二人を合体させる結果となった.

境界線上の状態は述語に相対的なものである (「成人」としては明確な事例も, 「男性」としては境界線上の事例になりうる) ので, 巧妙に不確定性を覆すことができる. プラトンの『饗宴』において, アリストファネスは両性具有を原始の理想的な状態への回帰と特徴づけた. 嫉妬深いゼウスは, 二つの頭, 4本の腕, 4本の脚をもつ人間を男性と女性に引き裂いた. このように部分的に定義された人間は, 完全を求めて努力することになる.

「両性具有者」は, 境界線上の男性に対処するために使われ始めた. そのような中間的な範疇は, 分類しようとする圧力に対する一時的な執行猶予でしかない. その場しのぎの範疇に割り当てる基準が確立したのちには, それらの基準が明確に満たされも明確に反してもいない境界線上の事例に注意が向く. たとえば, 表面上だけ反対の性の特徴を有する擬似両性具有者がいる. 表面的なことは程度の差であるので, 境界線上の擬似両性具有者もいる.

この繰り返しは, 弁護士にはお馴染みである. 改革派は, 中間の範疇を法制化することにより, 境界線上の事例についての訴訟をなくす. しかしながら, 新しい範疇そのものにも曖昧な境界線がある. 弁護士はできたての訴訟の機会につけ込んで, 新たな法制化の場に参加するのだ.

「困難な事例は悪法を生む」という格言は, 境界線上の事例を無視する行為を正当化するために使われる. はっきりとした事例にこだわることによって, 単純事例が得られるのである.

ファヴォリヌスが「最初の女性哲学者」の境界線上の事例であることは二重の意味で確実である. なぜなら, ファヴォリヌスが女性かど

うかの疑念にくわえて，ファヴォリヌスが哲学者かどうかの疑念もあるからである．

125. ブリトーはサンドイッチか

あなたは肩をすくめることができるが，裁判官はそうすることはできない．法律は，白黒はっきりした判決を要求する．さらに，判決は，偽りのない推論によって裏付けられていなければならない．恣意的な判決や虚偽は禁じられている．

2006年，ウスター上級裁判所裁判官ジェフリー・A・ロックは，ブリトーがサンドウィッチかどうかを決めなければならなかった．パネラ・ブレッドは，ホワイトシティ・ショッピングセンターの所有者が，ブリトー，タコス，ケサディーヤの販売をクドバ・メキシカン・グリルに許可し，ほかのサンドウィッチ・レストランをすべて締め出すという合意を破ったと主張した．8ページの判決文において，ロック裁判官は，Webster's Third New International Dictionary にあるサンドウィッチの定義を引用した．ロック裁判官は，サンドウィッチであるかどうかは，2切れのパンか1枚のトルティーヤかに行き着くと説明した．「サンドウィッチは，一般的に，ブリトー，タコス，ケサディーヤを含むとは考えられていない．これらは，典型的に1枚のトルティーヤで作られ，好みの肉，米，豆の具を詰めたものである」

言語学者はロック裁判官を物笑いの種にする．しかし，裁判官がすべきことは何か．裁判官は言語学者を協力させることはできず，問題になる事実はないと言う．

ある法律理論家は，「境界線上の場合は被告側に有利になるよう精緻化されるべき」のようなタイプブレーク規則を導入することで境界線上の場合に対処できると提案する．第3の判決としてスコットランド

式の「証明されていない」の採用を提案するものもいる.

これらの改革がなぜ役に立たないかを正しく評価することは，ボルティモア・オリオールズの外野手ジョン・ローエンスタインによる提案に具体化されている.「きわどいプレーをすべてなくすために，一塁を一歩後ろに下げるべきだ」(1984 年 4 月 27 日付デトロイト・フリープレスの記事)

126. 2 番手

早起きしたトリは虫を捕まえるかもしれないが，
2 番目のネズミだってチーズが得られる[訳注 71]

1993 年にストックカー・レースのデイトナ 500 において，デイル・アーンハートは 2 位のドライバーを追い抜いた.これで，アーンハートは何位になったか.答えは 2 位である.アーンハートはこの順位がけっして好きではなかった.「2 位は，ただ 1 位に破れた者にすぎない」

古典的な西部劇の二人のガンマンによる決着の場では，次の墓碑銘に要約されるように，先に撃つほうが有利である.「ジークという名の男，ここに眠る.クリップル・クリークで 2 番目の早撃ち」

セルジオ・レオーネの西部劇『続・夕陽のガンマン』の大詰めでは，3 人目のガンマンが戦いに入ってくる.それでも，最初に撃つ者が有利だろうか.

この場合には，2 番手がもっとも有利である.善玉が悪玉を撃てば，お約束どおり，卑劣漢が善玉を撃って，この銃撃戦に勝利する.誰も最初に撃ちたくはないので，敵対する 3 人は，互いに銃を向けあってメキシコ式膠着状態になる.（これは，礼儀正しい二人のカナダ人が

[訳注 71] 邦訳は清水勝彦訳『ワイドレンズ』(東洋経済新報社，2013) による.

互いに「どうぞお先に」と主張するカナダ式膠着状態の過酷なとこである.)

しかし,この膠着状態はどのようにして解消されるのか.デイヴィッド・ヒュームは,通常,自然への要請によって推論し,解決困難な問題を解いた.それでは,極地探検家アスプレー・チェリー＝ガラードに伺ってみよう.

> アデリー・ペンギンの生活はこの世のなかでもっとも非キリスト教的なずるいものの一つである.彼らが水を浴びるときの有様を見よう.岸の氷の上に集まってガヤガヤいっている五六十羽の群は,あるいは端からのぞきこんだり,お互いにおいしい獲物があって,いかにも御馳走にありつけそうなことを話しあっているようである.しかしこれはみな恰好だけのことで,実際ははじめにとび込むものをたべようと,アザラシが待ちかまえていやせぬかとびくびくものなのである.本当に見あげたやつなら,われわれの考え方でいえば「わたしは一番に飛込みましょう.もしわたしが殺されたらともかくわたしは私欲のために死んだのでなく,友だちのために身を犠牲にしたのです」というに違いない.しかしやがてこん

な見あげたやつはみな死にたえてしまうだろう．実際に彼らがこころみるところは仲間のうちで気の弱い奴を先におとしこむか，これに失敗すれば，大急ぎで徴兵制を制定して，えらばれたものを押し出すのである．それから——羽音をたてあわてふためいて残りの皆がとびこむ．[訳注 72]

—— チェリー＝ガラード『世界最悪の旅』

127. ドラクマの不備

私たちの弱点は，実際には私たちを愛すべきものにしている．

ゲーテ

硬貨は，不良品のほうが価値がある点で独特である．貨幣蒐集家は，刻印が二度打ちされた 1 セント硬貨，縁の壊れた 5 セント硬貨，中心がずれて鋳造された 25 セント硬貨には余計に支払う．

私は，概念的に不備のある硬貨を高く評価する．デモクリトスをあしらった 1992 年のギリシアの 10 ドラクマ硬貨を考えてみよう．

1992 年のギリシアの 10 ドラクマ硬貨の表面と裏面

デモクリトスは，原子と真空以外に存在するものはないと教えた．原子は，それ以上小さくすることができないものである．したがって，原子には，真にその一部というものはない．しかし，その裏側では，

[訳注 72] 邦訳は加納一郎訳『世界最悪の旅』（河出書房新社，1984）による．

原子核の周りを電子が回っている.

これは, ニールス・ボーアによって世に広められた原子の太陽系モデルである. このボーアのモデルそれ自体は, 理屈に合わない. 正電荷をもつ原子核が太陽に対応し, 負電荷をもつ電子が惑星に対応する. 電子は (その周回軌道のせいで) 加速しているので, 何周か回るとエネルギーを失って螺旋を描いて原子核に落ちるはずである. こうならないように, ボーアは, 連続的にエネルギーを失うのではなく電子は離散的なエネルギー状態を跳び移るという量子化条件を課した. しかしながら, 電荷をもつ粒子を加速すると, 角運動量は連続的に失われなければならない.

それでは, なぜボーアのモデルは世に広まりつづけたのだろうか. それは, 唯一正確な予測を示しているからである. 1918 年に遡ると, G.A. スコットは次のように説明している.

> バルマー系列に対するボーアの理論は, 通常の力学や電気力学と多かれ少なかれ矛盾する新しいいくつかの仮説に基づいている. [...] それが提供する線スペクトルの表現は途方もなく正確なので, それを現実の考慮すべき基質とするのをおおよそ拒否できない. それゆえ, 通常の電気力学と実際にどれほど矛盾するか, そして, その矛盾を取り除くためにどのように修正しうるかを調べることは, 理論的にきわめて重要な課題である.

論理的に同値な文が真実から等距離にあるのならば, 矛盾する理論がどれほど真実に近いかという点では相異なるべきではない. しかし, 物理学者は, 改良が理論を無矛盾にするには及ばないときでさえ, ボーアのモデルを改良することで真実に近づこうとした.

128. 非論理的硬貨蒐集

英国の硬貨は，集めてみると非論理的である．ユーロでは，その額面が大きくなるに従って，硬貨も大きくなる．英国の硬貨の大きさは場当たり的である．10ペンス硬貨は，20ペンス硬貨より大きい．50ペンス硬貨は，10ペンス硬貨と20ペンス硬貨の要素を組み合わせている．2ペンス硬貨は，ほかのどの硬貨よりも大きい．

しかし，私は非論理的硬貨体系を蒐集しているのではない．私は非論理的硬貨を蒐集しているのである．これが，お気に入りの英国2ポンド硬貨，すなわち，英国王立造幣局によって1998年6月15日に発行された，銀/金2色の2ポンド硬貨を私にもたらした．

この2ポンド硬貨のデザインは，英国の技術的偉業の歴史を象徴している．そこには19個の歯車がある．💡歯車の個数に関して，この選択はなぜ残念なのか．

129. サンチームと『壜の子鬼』

ロバート・ルイス・スティーヴンソンの1893年の短篇『壜の子鬼』は，悪魔の創造物をテーマにしている．それは，子鬼が入った壊すこ

とのできない壺である．子鬼は，壺の持ち主が願うことはほとんど何でも与えてくれる．難点は，その壺を所有したまま死ぬと地獄に堕ちるということだ．壺の所有から抜け出す唯一の方法は，その壺を所有する条件を熟知している誰かに，買ったときより安い値段で売ることである．

スティーヴンソンの話の中では，その壺はとてつもない値段がつくところから始まる．最終的には，水夫長がそれを2サンチームで買うことに合意する．このサンチームは，世界中でもっとも低い通貨単位である．その壺の買い手は確実に地獄に堕ちると売り手が律儀に指摘したとき，水夫長は自分はいずれにしろ地獄行きだと説明する．

しかし，買い手がすでに地獄行きであってはならないと要求する配慮を悪魔は持ち合わせていなかったのだろうか．そのような抜け道を塞いでしまうと，どんな金額でも壺を売ることができないという「証明」が得られる．その壺を最低の通貨単位，たとえば，1サンチームで買ったとしたら，それを売ることはできない．したがって，条件を熟知している者は，誰も2サンチームでその壺を買わないだろう．また，2サンチームで買う者がいないのならば，3サンチームで壺を買う者もいないだろう．そして，どんな金額でもこれが成り立つ．それでも，誰かが百万サンチームでその壺を買うように思われる．

『壺の子鬼』の初版では，スティーヴンソンは，誤ってこのアイデアをB.スミスの功績としている．B.スミスは，実際には同名の劇の俳優にすぎない．元となるアイディアは，ドイツの民間伝承にある．グリム兄弟は1756年に出版された作品からこのアイディアを借りているので，中世の言い伝えが起源かもしれない．この筋書きはヨーロッパ全土の物語で使われたので，後ろ向き数学的帰納法の論証は千年前からあるのかもしれない．

130. 意見の一致

私が結婚してから30年になると仲間の哲学科教授に教えたあと，若者たちは，どうやってそのような長続きする関係を生み出しているのかと尋ねた．私は，安定性の源に気づくことは難しいと白状した．

テレビのクイズ番組「新婚ゲーム」では，普段は見えない拠り所が明らかになる．新婚カップルの答えが一致すると，点数を獲得できる．これには，配偶者との合意だけが重要である．夫が隔離されている間に，妻は，夫の母親が何十年暮らしていたと夫が言うかを予想するように求められる．グロリアは「100年」と答える．彼女の夫ダリルが会場に戻ってくると，彼の母親は何十年暮らしていたかと尋ねられる．ダリルは，何年だったか覚えていないと声に出して悩む．しかし，彼は辛抱強く悩み続け，母親がちょうど「44歳の誕生日を迎え，したがって，母親は…10年のうち4年だから，100年だろう」と気づく．

131. ゲティアのもっとも極端な事例

1944年，合衆国陸軍はフランスの港町ブレストを占領したいと考えた．その戦略は，両翼に防衛陣を散らばらせて，中央から攻撃するというものだった．先駆的努力によって新たな「音響偽装」チームが配備され，拡声器をつけたトラックを使って，攻撃のために軍隊が結集していると思わせて敵を欺いた．拡声器付きトラックは，戦車攻撃が迫っているとドイツ軍に確信させた．ドイツ軍の大砲は側面に移されて，砲撃は音のする方に向けられた．ベル研究所で秘密裏に考案された新しい技術が功を奏したのだ．

米国の音響技術者にとっては恐ろしいことに，このとき，ドイツ軍によって狙われている地域に合衆国の実際の戦車がうっかり入ってき

た[原注 34]．混乱した戦車乗組員は死んでいった．勘違いは，非常に古い知識の定義においても致命的であった．プラトンは，知識を正当化された真な信念と定義した．信念は，知識としては十分ではない．なぜなら，知っているというどのような主張も，主張している知識が偽であると示すことによって反論できるからである．たとえば，ポーランドの騎馬隊がナチス機甲部隊を攻撃したという信念は知識ではない．なぜなら，ポーランドの騎馬隊は戦車に対して配備されたことはなかったからである．

　信念は真でなければならないという要件を付け加えても，信念が真になることが運任せになるような反例がある．この溝を埋めるために，プラトンは，あることを知る者は十分な証拠ももつことを要求した．プラトンの定義は，2000 年にわたり受け入れられてきた．

　ドイツ軍の砲撃手は，プラトンの定義が完全にはなりえないことを示している．ドイツ軍は，アメリカ軍の戦車が近づいているという正当化された真な信念をもったが，アメリカ軍の戦車が近づいていることは知らなかった．ドイツ軍は，「ゴロゴロという音は戦車に起因する」という正しい前提から「ゴロゴロという音は，近くにいる戦車から現在作りだされている」という偽な中間段階を推論し，そこから「その音が聞こえている方向に戦車がいる」という真な結論を導いた．ドイツ軍は，合理的かつ正確にアメリカ軍の戦車の存在を推論したのである．しかし，ドイツ軍は偽な中間段階を経て推論したので，彼らの結論の正確さを知識と分類するには運任せすぎる．

　哲学者がこの現象をプラトンによる知識の定義の反例と認識するまでには時間がかかった．結局，1963 年にエドムント・ゲティアが二つのシナリオを丹念に記述した．これらは，仲間の論理学の教師ら向

[原注 34] ドキュメンタリー番組「幽霊部隊」の中ほどで，退役軍人が，大規模攻撃で援護してもらっていると信じている同僚を助ける力がなかったことを悲しそうに回想する．

きにしつらえたようにみえる．ジョーンズが自家用車としてフォード
を所有していることについて十分な根拠をもつスミスを考えてみよ
う．（その根拠は，スミスは，ジョーンズがフォードを運転している
のを見た，あるいは，ジョーンズがちょうどフォードを買ったときに
話をした，などである．）「ジョーンズがフォードを所有している」と
いう命題から，それよりも弱い「ジョーンズはフォードを所有してい
るか，または，ブラウンはバルセロナにいる」という言明が導かれる
ので，スミスは（ブラウンがバルセロナにいることの裏付けはないに
もかかわらず）この選言を信じることも正当化している．結局のとこ
ろ，ジョーンズはフォードを所有しておらず，ブラウンはバルセロナ
にいることが分かった．ジョーンズがフォードを所有していることに
対するスミスの不運は，ブラウンがバルセロナにいるということに対
する幸運で相殺された．しかし，幸運に不運を加えた結果は，運がな
いことにはならない．

　ゲティアの2番目のシナリオでは，スミスとジョーンズは同じ仕事
をとりあっている．スミスは，その候補としてジョーンズのほうが強
いと認識している．また，スミスは，ジョーンズのポケットの中に硬
貨がいくら入っているかを知っている．したがって，スミスは，この
仕事をとる者のポケットには10枚の硬貨が入っていると推論する．
驚いたことに，スミスがこの仕事をとった．のちに，スミスは，自分
もまたポケットに10枚の硬貨が入っていることを発見する．この場
合も，スミスは，（この仕事をとった者のポケットには10枚の硬貨が
入っているという）正当化された真な信念をもつが，知識は欠如して
いる．

　ゲティアの事例を教えるのは難しい．なぜなら，スミスは目的もな
く演繹を行っているからである．通常，「または，バルセロナ」と追
加するときの真意は，バルセロナの選択肢に別の裏付けがあるという
ことだ．たとえば，あなたは，ブラウンがマドリッドにいるかどうか

は確信がないが，彼がスペインの2大都市の一方にいることは確信しているとしよう．ブラウンがマドリッドにいないことが分かったならば，あなたは彼がバルセロナにいると推論するだろう．しかし，ゲティアのシナリオは，この頑健性に欠けている．スミスは，ジョーンズがフォードを所有していないと知っても，ブラウンがバルセロナにいると結論しなかっただろう．スミスは，「ジョーンズはフォードを所有しているか，または，ブラウンはバルセロナにいる」を棄却するだろう．

ゲティアの仕事の面接のシナリオでは，スミスは変わり者にさえなってしまう．なぜ，スミスは，その仕事のほかの候補者のポケットの硬貨を数えるのか．なぜ，スミスは，そこから，ポケットに10枚の硬貨が入っている者が仕事をとると推論するのか．ジョーンズが仕事をとるとスミスが考えるならば，なぜ，ポケットに10枚の硬貨が入っているものが仕事をとるという回りくどく無意味な演繹を経由したのか．

ゲティアのシナリオの論法が奇抜ではなくなるように，認識論者はこともあろうにルイス・キャロルによる例に頼る．ルイス・キャロルは，1849年の妹への手紙の中で，そのアイディアをなぞなぞとして出題した．一年に1度だけ正しい時計と，まったく止まったままの時計のどちらが正確だろうか．キャロルの答えは，止まったままの時計である．なぜなら，一日に2度，正しい時刻を示すからである．

> きみはさらにつづけるかもしれない．「8時になったのを，どうして知ったらいいんだ？ぼくの時計は教えてくれない」．いいかな，あわてちゃいけない．8時になったとき時計は正確なのだということ，それはわかるね．よろしい．そこで，こうするといい．きみの時計をじっと見つめている，そしてそれが正確になった瞬間，時刻は8時だ．「しかし—」ときみ

はいう．そう，それでいいんだ．議論すればするほど問題点
から遠ざかる．というわけで打ち切りにしたほうがいいよう
だ．[訳注 73]

　認識論者は，この詭弁から，人が通常の信頼できる時計を見ること
で時刻が 8 時だと推論する単純な場合を抽出した．運が悪いことに，
その時計は 8 時で止まっていた．運のよいことに，この人はたまたま
8 時ちょうどに時刻を確認し，そして真な結論を推論した．この論理
的思考に，無関係な逸脱はない．

　おまけとして，これはほかの例にも一般化することができる．あな
たは燃料メーターが満タンであることを示している車を借りた．あな
たは，満タンであると正しく推論したが，あとでそのメーターは動か
ないことを知った．旅行に出発したとき，あなたは満タンかどうか知
らなかった．しかし，満タンであるという正当化された真な信念を
もっていた．

　キャロルの時計の事例のおかげで，標本をもっと広い範囲で探すこ
とは控えられているかもしれない．それでも人々は，ゲティアの事例
がまれな取るに足らない場合だという印象をもっている．

　したがって，動かない計測機器を含まないような自然の場合を考え
ることは有益である．多くの人々は，アメリカ大陸には馬の化石があ
ると推論する．なぜなら，プレーンズインディアンには精緻な馬の文
化があったからである．馬の化石はある．実際，ウマ科はアメリカ大
陸が原産である．ヨーロッパの馬の祖先は，ベーリング海峡を渡って
ユーラシアに来た．しかし，ユーラシア人が逆向きにベーリング海峡
を渡ったとき，彼らは，馬を移動方法ではなく食料としてだけ認識し，
アメリカ大陸にいた大型の陸生動物を全滅させた．馬を最初に飼い慣
らしたのがインディアンであったならば，歴史はかなり違ったものに

[訳注 73] 邦訳は柳瀬尚紀編訳『不思議の国の論理学』（朝日出版社，1977）による．

なっていたであろう．スペイン人は，アメリカ遠征でアメリカ大陸に再び馬を持ち込んだ．この侵略は，1680 年のニューメキシコでのスペイン人に対するインディアンの反乱によって終止符が打たれた．インディアンは，バッファロー狩りを革命的に変える馬を手に入れた．馬の文化は大草原地帯を北に越えてカナダにまで広まった．北部の入植者がインディアンと遭遇したときには，インディアンはいつでも馬を連れているように見えた．

　現在では，種を再導入するために体系的な試みがなされている．これが成功すれば，再導入されたことを知らない未来の世代に対してゲティアの事例を作ることになる．未来の古生物学者は，化石の記録に空白があることには気づきそうにない．

　ゲティアの事例は，安全対策を実施しそこねることによっても生じうる．2012 年 7 月 4 日，ニューヨーク・タイムズ紙の第 1 面は，ヒッグス粒子についての新たな証拠を公表した CERN（欧州原子核研究機構）の報道官を取り上げ，それによって以前の「公表」の誤解を解いた．

　　この公表の前日に，インカンデラ博士が声明を出した映像はインターネットに投稿され，そしてすぐさま撤回された．それはウェブを発明した研究所にとってばつの悪い瞬間であった．インカンデラ博士は，可能性のあるいくつかの結論について一連の発表映像を作成したと述べたので，映像製作者は正しい答えを前もって知らなかっただろう．しかし，偶然にも正しい結論の発表映像が投稿されてしまったのである．

　その映像を見た者は，CERN の映像が拡散されたことから，それが公式発表だと合理的に推論した．彼らは，科学者がヒッグス粒子の新たな証拠をつかんだと判断した．これは，正当化された真な信念であったが，知識ではなかった．

132. 早すぎる説明飽和

アリソン・ゴプニックは,「オルガスムスとしての説明」において,理解できたときの快感を性的な絶頂感になぞらえる. オルガスムスは, 性的充足感の指標である.「なるほど」の感覚は, 説明的充足感の指標である. どちらの指標も再生産的成功に導く行為の意欲を起こさせる.

これらの指標は満足感を与えるので, 不正確なときでさえ, これらを提供しようという衝動がある. 芸術家が土木技師である彼の妻にこう尋ねる.「なぜ, マンホールの蓋は丸いのか.」妻の答えはこうだ.「それは, 蓋が穴に落ちてしまわないような形状のなかでもっとも経済的だからよ.」この説明は, 彼女の同僚技師にとっては説得力がある. しかし, 専門家でない者は, 推論によって「円だけが一定の直径をもつ」という誤った中間段階を導く. 技師は, ほかにも一定の直径をもつ形状があることを知っている. たとえば, 19世紀にフランツ・ルーローは, ベン図の中心にある「三角形」が機構として応用できることを示した.

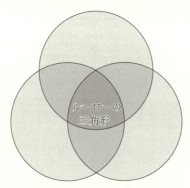

マンホールの蓋の形状がルーローの三角形ではない主な理由は, 円形のほうが旋盤で簡単に加工でき, 工業規格になったからである. この無粋な詳細を説明し忘れると, 技師は早すぎる説明飽和を引き起こ

すことになる．彼女がなぜマンホールの蓋が丸いかを本当に知ってもらいたいのであれば，彼女は夫に一定の直径をもつ図形がほかにもあると注意しただろう．

妻は，自分のすっきりした説明が乱雑になるのを躊躇したのだ．ちょうど妻が夫を満足させたいように，教師は生徒を満足させたい．それも，つかの間の楽しみだけでなく，長期間にわたる幸せによってである．学生のやる気を育むために，教師は発見（もしくは「発見」）の喜びによって授業を楽しくする．

この満足させようとする熱心さの一部が，利己主義になることもある．学生は，どれだけ学んだかを内観によって判断する．突然のひらめきを最大化させる教師は，効果的な説明者，説得力のある実演者，そしてソクラテス式問答法の巧みな実践者と受け取られる．

早すぎる説明飽和を自ら招く教師は，生徒を洞察の幻影のとりこにする．このとりこになった生徒は，さらなる啓発を探求せず，好奇心を失う．なぜ，すでに知っていることを調べなければならないのか．学ぶことの喜びは数多くあるので，知識を広げる機会は数多くある．そのような喜びを常に捨ててしまってよいのか．

功利主義の父ジェレミー・ベンサムの答えは「NO」である．ベンサムの快楽計算は，次のように言ったプラトン学派の賢人と相反する．「思慮ある知者のもつ快楽をのぞいて他の人々の快楽は，けっして完全に真実の快楽ではなく，純粋の快楽でもなく，陰影でまことらしく仕上げられた書割の絵のようなもの[訳注74]」（『国家』第9巻）

痛みの中断という意味では，息抜きの「快楽」は偽の快楽である．中立状態（痛みの欠如）は，快楽と誤解される．ほかの偽の快楽が偽であることは，その対象から導かれる．pであることを「喜んで」いるが，pが偽であることに誰も気づいていない．

[訳注74] 邦訳は田中美知太郎/藤沢令夫共訳『プラトン全集 11』（岩波書店，1976）による．

132. 早すぎる説明飽和 255

　プラトンは，偽の快楽の特徴づけにおいて，偶然うまくいった推論の重大さを見過ごしている．間違った推論者がその結論に喜びを感じるとき，彼は真実に喜びを感じている．それでも，彼の喜びは無効である．

　プラトンは，必然的に真であるような快楽や，必然的に健全であるような快楽さえ，糾弾すべきである．

　　次の数はそれぞれ素数である．3, 31, 331, 3331, 33331, 333331, 3333331.

　　それゆえ，33333331 は素数である．

　数が素数であることを証明する標準的技法によって正当にこの結論を導くことができる．しかし，この前提は，多くの素人を枚挙的帰納法を使うことに引き込む．連続する 3 の最後に 1 がくるという特徴をもつ素数の昇順列がある．この素数の連続が，その列の次にくる項も素数になることを暗示する．この推論は説得力がない．なぜなら，素数は，説得力のある帰納的推論を生み出す構成性に欠けるからである．この一般化は，これに続く $333333331 = 17 \times 19{,}607{,}843$ で破綻する．このような失敗は，このあと，少なくとも 5 項は続く．

　プラトンは，部分的な確信を与えた．真理の近づくことは，真理から遠く離れているよりもよい．知識に接近することは，絶望的な無知よりもよい．暗に不完全な説明が一次知識と二次知識の間のトレードオフ（認知対メタ認知）をもたらすというのは，教授法の高貴な嘘である．だまされやすい聴衆に対して，必要以上に単純化された説明は，自分に知識があるという誤った信念を代償として知識に似たものを提供する．

　学生をまったく無知のままにして無知であることを分からせるのがよいのか，それとも部分的にだけ無知にして無知であることを知らせないのがよいのか．この二律背反は，記述が必要以上に単純化されて

いるという警告とともに，説明を始めるという中間の選択肢を無視している．

ネロに教えるとき，セネカには，この魅力的な妥協案が欠けていたのかもしれない．皇帝ネロは，短気だった．ネロは，セネカの死を命じることができた．（そして，最終的には命じた．）繰り返し説明の言葉を濁す教師は，小さなネロを侮辱しているのかもしれない．彼の後継者は，知的にへつらいすぎて失敗することを選ぶだろう．キュニコス学派（犬儒学派）は，悪教師は良教師を駆逐するという教授法におけるグレシャムの法則を提案するだろう．

科学を広めようとする者は，科学を知的に楽しめるものにしたいと願う．言葉を頻繁に濁すと，その人を知ったかぶりとみなすだろう．ほぼ間違いなく，「創造的ノンフィクション」の消費者は，そのジャンルの必要以上に単純化される傾向を広く認識している．彼らは，読み進めることで，たまに起きる擬似的な発見の喜びにそれとなく納得する．

133. 逆立ちした善意

善意の原則は，行為者を合理的に扱うべきだという．この原則を人工物を解釈するために使う．ローマの陶器のかけらに刻まれた次の式を見つけた考古学者を考えてみよう．

$$XI + I = X$$

一つの解釈は，これを刻んだ者は愚かにも $11 + 1$ が 10 になると信じていたというものだ．別の解釈は，ローマ人の足し算の概念は異なり，合計を減らす処理であったというものだ．

それは，あまりにも斬新な考えだ．考古学者は，彼が $X = I + IX$ を

上下逆にして読んでいるという案をとくに好むだろう．なぜなら，その仮説では，銘刻が正しいことになるからだ．そして，真理（あるいは，もっと正確には，真理と認識されたこと）は，考古学者がローマ人との意見の一致を最大にするのを助ける．

残念なことに，考古学者は，同じような銘刻の解釈を急ぎすぎた．

$$XI - X = I$$

この銘刻は上下逆にして読んでも真になるので，善意の原則は，正しい解釈を一意に決められないのである．

134. 善意は集団信念に適用されるか

善意の原則は，行為者を合理的に解釈するように教えてくれる．行為者が集団ならば，善意はその集団を合理的に解釈するように要求するだろう．このとき，善意をこのように拡張するのをためらわせる謎なぞがある．それは，矛盾のない民主主義者の集団が矛盾することがありえるかということだ．

ありえる．社会認識論者は，集団の信念が投票による多数決で決まると思わせる．その集団は，P，PならばQ，Qでないという矛盾する三つ組のそれぞれの要素を信じている．

	PならばQ	P	Qでない
構成員1	はい	はい	いいえ
構成員2	はい	いいえ	はい
構成員3	いいえ	はい	はい
多数決	はい	はい	はい

民主主義者が多数意見に従うことを要求されるならば，彼らは不可能を信じることも要求される．

135. レイク・ウベゴンの人口

レイク・ウベゴンへようこそ
そこでは，すべての女性がたくましく，
すべての男性がかっこよく，
すべての子供が人並み以上に優れている[訳注 75]

ガリソン・ケイラー

ほとんどすべての子供が平均を上回ることは可能である．ほとんどすべての子供は，脚が何本あるかについて平均を上回っている．脚の数の平均は 2 よりも小さい．なぜなら，脚を失った子供がいるからである[原注 35]．

それでも，子供の人数が有限でしかなかったとしたら，すべての子供が平均を上回ることは不可能である．無限に多くの子供がいたら，それぞれの子供は平均を上回ることができる．たとえば，それぞれの子供の生まれた順番は，平均を上回っている．それぞれの数は，大部分の数よりも 1 に近いからである．

結論：レイク・ウベゴンには無限に子供がいる．

136. この論法に従えば

自動車運転手を 3 種類に分けられるように，哲学者を 3 種類に分けることができる．

もっとも一般的な種類の哲学者は，運転していて断崖絶壁に向かっ

[訳注 75] 邦訳は菅靖彦訳『子どもの「遊び」は魔法の授業』（アスペクト，2006）による．
[原注 35] 私のお気に入りの刺青は，片足の退役軍人のふくらはぎに彫られた「片足は墓の中」である．

ていることが分かると「崖だ！」と叫んで，方向転換する．

あまり一般的ではないのは，断崖絶壁に近づいていることが分かっても，まっすぐに進みつづける哲学者である．この種の哲学者は，ソクラテスを典型的な例とするように，研究に値する．彼は，自分の前提の論理的帰結を秘密にしない．実際に，自分の信念に従って行動することによって，彼はその信念から何が必然的に生じるかを積極的に示す．

3番目の種類の哲学者は，安全運転をする運転手である．彼は，はるかかなたからでも，舗装道路から遠く離れた断崖絶壁に気づく．彼は「見ろ，崖だ」と言って，向きを変え，まっすぐに崖から遠ざかる．

137. 予期しない最初の日の授業視察

覚書：学部長から新教授陣へ

貴殿が教職に新たに就いたので，私は貴殿の教育能力を評価する必要がある．任期はすでに始まっているので，できるだけ早く評価をしたほうがよい．貴殿の授業から標本抽出を科学的に行うとしたら，授業参観は予期されない視察となるだろう．これらの理由によって，視察が行われると貴殿が考えない最初の日に視察を行うことになる．しかし，熟考してみると，これは不可能な要求である．私は，次の月曜日に視察できるだろうか．いや，貴殿は，月曜日が最初の予期されない視察ができる日だと分かっているだろう．それでは，火曜日にある次の授業はどうか．月曜日が除外されたことによって，火曜日が最初の予期されない視察ができる日になっただろう．したがって，これも同じ論法の餌食になってしま

う．そして，実際には，同様の推論によって残りの日はすべて除外されるだろう．したがって，予期できない最初の日に視察することは不可能である．買い手市場で貴殿を雇用したので，貴殿は予期できない試験のパラドックスとの類似に一目で気づいているはずだ．しかし，候補日の除外が逆向きに進むことに注意を払っていないかもしれない．存在汎化（「この出来事は予期しない日に起きる」）を確定記述（「この出来事は最初の予期しない日に起きる」）で置き換えると，このような逆向きの除外が生じるというのは奇妙である．だが，これは貴殿の論理である．したがって，私は，授業を視察する日を提案するよう貴殿に尋ねるという哲学科の習慣に逃げ込まざるをえない．

138. 外れなしの数当てゲーム

バド・アボットとルー・コステロによるコントは，口論を数学的に解決した．アボットが 1 から 10 までの数を一つ考える．コステロがその数を言い当てたならば，言い争いはコステロの思惑どおりに解決する．そうでなければ，アボットが勝者となる．

コステロが推測するとき，アボットは常にほかの数を思い浮かべていると答えるだろう．コステロは，負けつづけることに首を傾げる．なぜ，アボットはいつもコステロが間違った数を選んだと言うのだろうか．

コステロは，突然ひらめく．彼は，役割を逆にしたいと要求する．コステロが数を思い浮かべ，アボットがそれを言い当てるということだ．アボットは，この慣習の打破に反対する．アボットは，異議を唱え，言い訳をし，丸め込む．コステロは譲らない．アボットは，言い

当てるほうになることにしぶしぶ同意する.

自信に満ちた作り笑いとともに，コステロは数を一つ思い浮かべ，アボットが推測する．コステロの笑顔が崩れる．彼は，アボットが言い当てたことを認める．そして，二人は役割を元に戻す.

コステロが数を言い当てるほうに戻り，アボットはこの優れた方式にこだわっているので，コステロは規則の修正を求める.

まず，正しく言い当てる確率をあげるために，数の範囲を 1, 2, 3 に縮小する．つぎに，コステロはもっと込み入った質問をしてもよい．もはや，「あなたが思い浮かべている数は n ですか」という形式に制限されることはない．さらに，返事の範囲は，「はい」，「いいえ」，「分かりません」に限定する.

この修正によって，頭の回転の遅いコステロでさえ勝利が保証された質問をすることができる．💡その質問とは.

139. あなたの死亡日を予言する

あなたの墓碑に刻まれる日付はいつか．あなたは，自分の誕生日はもう知っている．それでは，あなたの死亡日は.

あなたはその答えを知っているかもしれない．なぜなら，あなたは，執行日が確定した受刑者かもしれないからだ．あるいは，かなりよく見積もっているかもしれない．なぜなら，あなたは病気でもうすぐ死ぬからである.

このような情報なしに，あなたにできる最良のことは，ダッシュ（－）の右側にくる日付としてもっとも可能性の高いのはどの日なのかを算定することである.

それぞれの日は，あなたが年をとるのに従って，あなたの死亡日となる確率が日に日に高まることを除いて，同じ確率であると考えても

よい．ずっと先の日は，そのかなり前にあなたは死んでいるだろうから，死亡日にはなりそうもない．

焦点を絞るために，あなたの死亡日には，あたかも眠りにつこうとするように，深夜 12 時を自分の心拍で秒読みすると考えよう．次の日の最初の 1 分である午前 12 時 1 分には，あなたの死亡日は「今日」になっている．

「明日」が死亡日となるためには，今日は死亡せず，かつ，明日に死亡するという 2 個の事象の連言でなければならないだろう．

「明後日」が死亡日となるためには，今日は死亡せず，かつ，明日は死亡せず，かつ，明後日に死亡するという 3 個の事象の連言でなければならないだろう．

「明々後日」が死亡日となるためには，今日は死亡せず，かつ，明日は死亡せず，かつ，明後日は死亡せず，かつ，明々後日に死亡するという 4 個の事象の連言でなければならないだろう．

これとよく似た事例として，ロシアンルーレットによって死んだ誰かのニュースを考えてみよう．彼は 6 弾倉のリボルバーに弾を一つ込め，引き金を引いた後に毎回弾倉を回転させた．致命的となった確率がもっとも高いのは，何回目に引いた引き金だろうか．

それは，1 回目である．それが致命的となる確率はたった 1/6 であるが，それは 2 回目が致命的になる確率よりも高い．なぜなら，2 回目が致命的となるためには，（確率 5/6 の）外れに続いて（確率 1/6 の）当たりとならなければならないからである．これに続く引き金が致命的となる確率はどんどん小さくなる．（ロシアンルーレットで 100 回目に引いた引き金で死んだとしたら，非常に驚くべきことである．）

あなたは，今日が人生の最後の日であるように生きなければならないのか．そうではない．なぜなら，今日は，ほぼ確実にあなたの人生の最後の日ではないからである．今日は，死亡日にはならない確率が高い多くの日のうちで，もっとも死亡日となる確率が高いだけであ

る．明日になれば，新しい「今日」が死亡日となる確率がもっとも高くなる．

　背後から朝日を受けて歩くと，あなたの影は足元がもっとも色濃く，体から遠ざかるにつれて薄くなっていく．なぜなら，あなたの影の一部が体から離れていれば離れているほど，周囲の光がより多く差し込むからである．あなたのもっとも確率の高い死亡日は，影があなたの体と接触している部分である．

140. 最古のイスラム教寺院

　コーランは，伝統的には，天使ガブリエルがムハンマド（570–632）に啓示を与えた西暦610年に始まる．イスラム教の隆盛は，イスラム教徒がヒジュラ（聖遷）によってマディーナ（メディナ）に移ったあたりから始まる．🔍最古のイスラム教寺院は何か．

141. 査読者の二律背反

　かつて著者から感謝の手紙を受け取ったことがある．彼は，私が匿名の査読者で彼の草稿に有用なコメントをしたにちがいないと思っていた．「もしあなたが査読者であったならば，ありがとうございます」

　私はその論文を査読したかどうか思い出すことができなかった．私は，その草稿を漠然と覚えていた．しかし，それは，その論文にざっと目を通して査読者になるのを断ったからかもしれない．あるいは，私は査読報告を提出したが，その報告が彼には役立つようなものではなかったからかもしれない．

　さらに心配だったのは，私がひどい査読報告を書いた可能性である．ときおり，私は，編者が著者に対処することを強いると異議を唱えて

いた．著者の分析を的外れに酷評することによって，著者の回答が論文をひどくしてしまう．私の査読のせいで，短くて歯切れのいい論文が，長ったらしくさえないものになってしまう．さらに悪いのは，価値のある草稿を却下してしまったことである．これらの著者の中には，おそらくやる気をなくした者もいる．あなたが私のひどい職務の犠牲者だとしたら，おわび申し上げる．

それでは，この感謝している著者に私はどう応えるべきだったのか．「どういたしまして」と言うと，行わなかったかもしれない貢献を自分の手柄にすることになる．私の記憶を呼び覚ますために質問するのは，守秘義務を破ることになる．返事をしないのは無礼だろう．

私になんとかできることは，計算されていないようにみえるよう計算した文面を電子メールで送ることだけだった．「どういたしましてかもしれません」

142. 査読結果の最悪の組み合わせ

選択公理は，現代の数学者の間では十分に受け入れられている．彼らは，その要素がほかの空でない集合から集められたような集合が常に存在するという仮定は自然だと感じている．

しかし，選択公理は何人かの数学者によって明らかに偽だとして拒絶されたものだった．ヤン・ミシエルスキは，意見の相違を逸話によって説明した．（Notices of the American Mathematical Society, 53(2): 209）アルフレッド・タルスキは，選択公理が，任意の無限集合 X はその直積 $X \times X$ と同じ濃度をもつという命題と同値であることを証明した．タルスキは，その証明を Comptes rendus de l'Académie des Sciences（1666 年以来刊行されているフランスの専門誌）に投稿した．

その査読者は，一流の数学者であるモーリス・フレシェとアンリ・

ルベーグ (*) であった．タルスキの論証は妥当であったが，査読者は，あまり関心がないため掲載に値しないということで合意した．フレシェの反対の理由は，二つのよく知られた事実の間の含意は新しい結果ではないというものだ．それでは，ルベーグの反対の理由は何か．二つの偽な命題の間の含意には興味がないというのだ．

タルスキは，この専門誌に二度と論文を投稿しなかった．タルスキは，彼が証明した条件文の前件と後件についての数学者の衝突する意見に閉口したのかもしれない．しかしまた，タルスキは，一見すると無関係な命題の間の結びつきを引き出す本質的な価値に彼らが気づいていないことにがっかりしたにちがいない．論理学者であるタルスキは含意関係を研究する．彼は，点と点を結びつけるが，それらの点には興味がないのである．

バートランド・ラッセルは，純粋数学と応用数学の間の境界を定めるために，この結びつきという主題を用いた．ラッセルは，『神秘主義と論理』において，酷評されるも次のように断言した．

　　純粋数学は，もし，しかじかの命題がある任意のものについて真であれば，かくかくのも一つの命題がそのものについて真である，という主張からすべて構成されている．第一の命題が現実に真であるかどうかを論じないこと，およびその任意のもの（その命題が，それについて真であるとされているところの）とは何かを指定しないことが大切なのである．[...] かくして数学は次のごとき学科であると定義しうる．すなわち，数学とは，何について語っているかを知らず，語っていることが真であるかどうかも知らないところの学科である，と．数学の初階梯で悩まされたことのある人は，おそらくはこの定義を見て安心し，かつそれが正しいことを認めるであ

ろう. [訳注 76]

モーリス・フレシェとアンリ・ルベーグは，論理学に対して実践的態度を示している．彼らの関心は，宣言的命題を前件肯定と後件否定によって推論するために，この結びつきを使うことにある．「もし」は，すべての重要性を潜在的な「である」から借りている．条件文の前件があきらかに偽ならば，それは健全な前件肯定の論証の一部にはなりえない．また，条件文の後件がすでによく知られているならば，論証する必要はない．

私は，ルネ・デカルトの『省察』に対して同じ実践的態度をとる．彼は，2通りに神が存在することを証明した．これが私には冗長のように感じられた．証明は一つあれば十分である．私は，自分の証明に自信がないことをデカルトは露呈していると考えた．

だが，同時に，三平方の定理に何十通りもの証明を与えることが数学者の自信のなさを表しているとは考えなかった．私は，これらの証明を，予期しない結びつきを引き出すことで理解が深まっているものと受け入れた．

哲学には，ある立場を支持するという自分自身の信念を主張する哲学者を抑え込む反権威主義者がいる．哲学的論争における命題は，議論の余地があり，したがって権威によって支持されることはありえない．できることは，結びつきを引き出し，そして，信念をどの方向に修正すべきかを理解できるように，その結びつきを聞き手に委ねることだけである．

(*) ルベーグの名前の正しい綴りはLebesgue である．Lebesgue は，misspelled のように綴り間違いをしているように見える単語の一つである．ラルフ・P・ボアズの「綴り方教室」は次のように始まる．

[訳注 76] 邦訳は江森巳之助訳『神秘主義と論理』（みすず書房，1959）による．

数学者には泣かされると
後世の人は大声で言う
彼らの定理は知っていても
彼らの名前は正しく書けない.
知っていると思っていた規則を忘れて ──
アンリ・ルベーグには Q は不要.

143. 悲惨なトートロジー？

キース・ロウは,『野蛮な大陸：第二次世界大戦直後の欧州』の中で次のように書いている.「あるベルリンの女性は『所有という概念はすべて破壊された. 誰もがほかの全員から盗んだ. なぜなら, 誰もが盗まれていたからである』と日記に書きとめた」(p.46). 💡この女性の記述はトートロジーだろうか.

144. 量化子を含む標語

私は, 次のような標語の書かれた T シャツを着たランナーが走り去るのを見た.「すべてあなたが得たものは, すべてあなたが手に取ったもの.」これには 2 個の量化子が含まれる.（量化子は, どれほどの量かを示す語である.）芸術家チャールズ・イームズの設計理念には 3 個の量化子が含まれる.「最少の材料で最大のお客様に最高の商品を作る.」論理学者 W.V.O. クワインは, _____ を「ごく少数の人間がほとんどの人間に, その大部分を享受するのは自分たちごく少数の人間なのだと感じさせるもの」と特徴づけた. 💡これは何か.

145. 中国式オルゴール

> この作品の内容は聴かれた音形式以外の何ものでもない．な
> ぜなら音楽は決して単に音を通じて話しかけるばかりでなく，
> また単に音を話すばかりだからである．[訳注77]
>
> エドゥアルト・ハンスリック

　論理学者ロジャー・スクルトンや作曲家イゴール・ストラヴィンス
キーのような形式主義者は，ハンスリックに追従する．彼らは，（純粋
に器楽用の）音楽では音から表象的な性質がすべて取り除かれている
ことに同意する．肖像画や風景画とは大きく異なり，何についての音
楽であるかを理解することなしに音楽を理解することが可能である．
音楽を聴くことは，万華鏡を覗き込むようなものだ．

　表象主義に対するこのような厳格な反対派は，音の内部構造に着目
する．彼らの美的解脱に勝るものはない．音楽はこの世界から孤立し
ている．すなわち，完璧な隠れ家を提供しているのである．

　この音楽の理解に対する構造的アプローチは，音声理解に対する計
算主義と似ている．計算主義者によれば，適切にプログラムされた計
算機は，自然言語を理解することができる．この原理は，質問者がテ
レタイプによって会話するだけで相手が人間か計算機かを判別できな
いならば，計算機は考えることができるというチューリングテストに
おける仮定である．

　「中国語の部屋」において，ジョン・サールは，チューリングテスト
は大雑把すぎると論じている．

> 　英語を母国語とし，中国語は知らない一人の男がいるとしよ
> う．彼は，中国語の記号が収められたたくさんの箱（データ
> ベース）と，その記号を操作するための1冊の命令書（プロ

[訳注77] 邦訳は渡辺護訳『音楽美論』（岩波書店，1960）による．

グラム）を与えられて部屋のなかに閉じこめられている．部屋の外にいる人々が別の中国語の記号を部屋の中に送ったとしよう．この記号は，部屋の中の人物にはわからないが，中国語で書かれた質問である（入力）．部屋の中の男は，プログラムの命令に従って，その質問に対する正しい答えとなる中国語の記号を差し出すことができる（出力）．このプログラムのおかげで，部屋の中の人物は，中国語を理解しているというチューリングテストに合格することはできる．しかし，彼は中国語の単語を理解しているわけではない．[訳注 78]

　部屋の中の人物は適切に記号を操作するという能力があるだけで中国語は理解していないのであるから，どのような計算機も中国語を理解できない．計算機は，単なる形式体系の物理的実体化，すなわち，入力文字列を出力文字列に変換する装置にすぎない．文字列は計算機にとって意味をもたない．統語論がすべてで，意味論は使われない．

　それでは，チューリングテストの音楽版を考えてみよう．疑わしき二重奏において，計算機の演奏が人間の音楽家による演奏と見分けがつかないのであれば，計算機は音楽を理解している．

　疑わしき二重奏のもっともよく知られた例は，映画『脱出』の中の「バンジョー対決」のシーンである．アパラチア山脈の奥地を訪れたギタリストは，バンジョーを持った知的障害のある無表情な少年がいることに気づく．ギタリストは，自分のギターで初歩的なコードを爪弾いて，少年がバンジョーを弾けるかどうかを試す．少年は，ギタリストが弾いたコードを弱々しく反復する．ギタリストはもっと高度な旋律を試す．少年は反復し続ける．テンポを速めていくと，少年の演奏はギタリストをしのいだ．「私の負けだ」とギタリストは嬉しそうに認める．しかし，ギタリストが祝福の手を差し伸べたとき，少年は

[訳注 78] 邦訳は中島秀之監訳『MIT 認知科学大事典』（共立出版，2012）による．

それを無視する．この特殊な才能を持つ知的障害者は，握手の意味を理解していないのだ．

計算機は，探求心のある音楽家にも勝るかもしれない．この優れた演奏が，計算機が音楽を理解していることを示しているのではないか．

サールは，彼の言語学の思考実験を音楽に適応して，これに否定的に答えたくなるかもしれない．中国式オルゴールの中の人物は，単に音楽を理解することを模倣しているだけなのだろうか．この人物の命令書は，音列 A，B，C を聴いたときには，X，Y，Z によって応答するというように，音楽表記に似ている．中国語の部屋についての議論でサールが強調したように，この人物はこの命令書を暗記しているかもしれない．形式主義者によれば，音楽を理解するためには，構文的能力で十分である．この人物は，（チャーリー・パーカーが「レペティション」のソロ演奏でストラヴィンスキーの「春の祭典」を引用したときのような）過去の作曲家へのオマージュなどの音楽以外の連想をもちえないかもしれない．しかし，この種の「音楽的」審美眼は付け足しであって，音楽そのものの一部ではない．

それが形式主義者の意見のようである．私見では，形式主義は，ライトモチーフや擬音語のような周辺部の意味的現象を無視して，わずかに度を越した深い洞察である．それでも，言語理解と同じように計算機が音楽理解をしていると考えることに私はおおよそ反対である．この不釣り合いな態度に対する説明の一つは，音楽理解は知覚によるというものだ．計算機は，音波に対して敏感であるにもかかわらず，言語音ではなく楽音として音を聞くことはできない．おそらく，計算機が会話を理解していると認めることに対する反感の一部は，（サールの意味論的洞察に打ち負かされるので，細心の注意を必要とする点である）言語知覚の欠如にも原因がある．

146. クリスマス・イブ[364]

私の家では，クリスマス・イブ[364]を祝う．この伝統は，私の子供たちがクリスマス・イブにクリスマスの贈り物を欲しがったことから始まった．子供たちはクリスマスになるのを待ちたくなかったのだ．

私は，子供たちの短気が気になった．私は，最終的にフィリップ・ジンバルドーの『迷いの晴れる時間術』へとつながる研究を調べた．ジンバルドーは，人には3種類あると教える．過去指向の人は，先例を見て判断し，昔を懐かしむ傾向にある．現在指向の人は，もっとおおらかで，現在の環境に導かれる．たとえば，現在指向の子供は，10分待てば2個のマシュマロがもらえるときさえ，今の1個のマシュマロを選ぶだろう．未来指向の人は，費用と利益に基づいて判断する．未来指向の人は，郵便切手を持ち歩くような人種である．ジンバルド教授によれば，未来指向の人が世界を制する．

どうすれば，子供たちが満足して喜ぶのを先延ばしできるだろうか．子供たちは，今この場で身動きがとれないようだった．

クリスマスのもつ周期性という性質が，抜け道を暗示した．私は子供たちに尋ねた．クリスマス・イブに贈り物をもらうのよりもよいことは何だろうか．それは，クリスマス・イブ・イブに贈り物をもらうことだ．では，それよりもよいことは．それは，クリスマス・イブ・イブ・イブに贈り物をもらうことだ．… これをどんどん続けて，子供たちは再帰の喜びを楽しむことができた．

子供たちがこのイブの長い繰り返しに混乱し始めたので，私は上付き数字の有効性を説明することができた．子供たちは，これでべき乗の価値を知った．子供たちはこの表記法の助けを借りて，ついには12月26日にまでたどり着いた．

したがって，12月26日はクリスマス・イブ[364]である．これで，短気な子供たちは，彼らの友達の誰よりも早く，ハヌカーを祝うユダヤ

教の友達よりも早く贈り物をもらう．しかし，彼らは，クリスマスの翌日まで贈り物をもらうのを進んで待つような子供に見える．

クリスマス・イブ[364] は，いくつかの人生の教訓を教えてくれる．両親は「クリスマス後のバーゲンセール」の間に贈り物を購入することで倹約することができる．しかし，これは贈答シーズンである．したがって，私は，この哲学的祭日を読者全員への贈り物としよう．メリー・クリスマス・イブ[364] ！

147. パロディーの実践

『出世暦』には，「些細な出費に用心せよ．少しの水漏れが大船を沈める」や「ちりも積もれば山となる」のようなつましい箴言がちりばめられている．著者のベンジャミン・フランクリンは，けちの典型になった．極度の倹約のそしりを不快に思うのではなく，フランクリンはそれを楽しんだ．1784年の小文「灯りの費用を削減するための経済的プロジェクト」において，フランクリンは，すべてのパリ市民が日の出とともに起床すると何本のろうそくが節約されるかを計算した．全員が今より早い時間に行動するようにすれば，無料の日光を最大限に活用できる．フランクリンは，面白半分に論じていた．しかし，数の上では圧倒的な優勢になったので，ついにフランクリンは本気で改革を後押しした．これが，日中の光を節約する英国の夏時間制やほかの国が太陽を最大限に活用するための方策の発端となった．

1785年，チャールズ＝ジョセフ・マットン・ド・ラ・クールが『出世暦』のパロディーを書いた．『出世暦』の主人公よりもさらに先見の明があるパロディーの主人公は小額のお金を貯金し，何世紀にもわたって複利を受け取る．こうして，彼の死後に奇特なプロジェクトに資金を提供する．このパロディーの著者は数学者で，複利の驚くべき効果

を正確に解説した．フランクリンの反応は，この著者に感謝し，ボストン市とフィラデルフィア市それぞれに，2世紀にわたって利子を積み立てるという条件付きで1000ポンドを遺贈するというものだった．フランクリンは1790年に亡くなったので，信託は1990年に払い出された．フィラデルフィアの基金には200万ドルがたまっていた．（これは，地元の高校生のための奨学金になった．）ボストンの信託はほぼ500万ドルになっていた．これで，ベンジャミン・フランクリン工科大学が設立された．

148. でっち上げ耐性

物理学者アラン・ソーカルは「境界の侵犯：量子重力の変換解釈学に向けて」をソーシャル・テクスト誌（の1996年の「サイエンス・ウォー」特集号）を編集するポスト構造主義者に投稿した．これが発刊されると，ソーカルはリンガ・フランカ誌での対談をお膳立てした．ソーカルの投稿は「左寄りのもったいぶった言葉遣い，媚びへつらう参考文献，尊大な引用，あからさまな戯言による模倣」とみなされた．

私は，ソシャール・テクスト誌の編集者はでっち上げに対して耐性があったと推測する．ポスト構造主義者は，ジャック・デリダによる「作者の死」のモチーフに共感する．純真な読者は，作者の意図することが文章の意味を統制すると考えるが，文学論の研究者は，作者の意図すること以上の意味を文章はもちうると考える．次のような失言による現象を考えてみよう．新入生が「図書館は知識の坐薬[訳注 79]である」と言ったとき，彼の言ったことと彼の意図することは乖離している．これが，彼の困惑する理由である．

[訳注 79] 「倉庫（repository）」というべきところを「座薬（suppository）」と言ってしまった．

通常，誤字によって文章はひどくなる．しかし，ときには文章を改善する．「ジェンセンは，大きく消化不良[訳注 80]で膨らんだ者のようにけちをつけた」のほうが，レストランに不満をもつ常連客をうまく記述しているようだ．この解釈が標準的になりうる．

ポスト構造主義者によれば，私たちはティッシュペーパーを扱うように文章を扱わなければならない．ティッシュペーパーは，もともとコールドクリームを拭うために売られていたが，人々はそれを使い捨てのハンカチとして使い始めた．空調は，もともと印刷紙の除湿器であった．しかし，人々はその部屋が涼しくなったと感じた．セロハンテープは，もともと車の塗装の境界がぼやけないようにするために発明された．製品の機能は消費者が決める．

ひどい論法の見本になることを意図した論証も，妥当かもしれない．無意味であることを意図した発言でさえ，真実で核心を突くことがある．

ソーカルの意図が文章の意味を統制しないとしても，真面目に投稿された論文よりもでっちあげの内容のほうが価値がありそうだということにはならない．ソーカルの三段論法は，健全な三段論法になりえた．笑い話の種にされているのはソーカルだろう．

ソーシャル・テクスト誌の編集者の実際の反応は一貫性はないものの，裏切り行為に驚いたのももっともだろう．ソーカルは，意図したよりもひどくポスト構造主義をやりこめてしまったのだ．

[訳注 80]「憤慨（indignation）」というべきところを「消化不良（indigestion）」と言ってしまった．

149. 一文惜しみ

ヨークシャー人というのは，スコットランド人から気前よさ
を引いただけの人種である．

英国の箴言

経済学者と二人の商人が通りを歩いている．商人の一人が言う．「見
ろ，20 ポンド紙幣だ．」経済学者はこう答える．「そんなはずはない．
もしそうだとしたら誰かが拾ってしまっているはずだ」

ヨークシャー人とスコットランド人の商人は，この理論的議論に取
り合わない．彼らはその 20 ポンドをどのように分けるかという実務
的な問題に取りかかる．彼らは，競売にすることに同意する．それぞ
れが，入札額を紙に書く．その 20 ポンド紙幣は，高い入札額を書いた
ほうのものになるが，その金額を相手に支払わなければならない．引
き分けの場合は，その 20 ポンドを二人で等分する．

この商人たちは，理想的な行為者だが，この 20 ポンド紙幣を無視す
る経済学者につきあうほど理想的ではないと仮定する．

💡この 20 ポンド紙幣にいくらで入札するのがもっともよいだろうか．

150. プラトンの言葉遊び

プラトンは言った．「我々が感じるこれらの物事は
存在論的には現実ではなく，
我々の感覚で見られはしない
霊魂の宿る本質から噴き出すものだけである」

バジル・ランサム＝デイヴィス

プラトンの『国家』では，無矛盾律を表面的に「破る」ことと次の謎
かけを比較している．「男であって男でないものが，木であって木でな

いものの上に，とまっている鳥であって鳥でないものを，見て見ずに，石であって石でないものを，投げつけて投げつけなかった」[訳注 81]

『国家』第5巻の一節では，明示的にはこの謎かけに言及していないので，現代の読者には少々わかりにくい．

> 「それは，宴会で余興に用いられる，どちらの意味にでもとれる言葉や子供たちがやる閹人についての，それ，あの蝙蝠に放りつけることについての謎 ― 彼らは閹人が蝙蝠に何を何にとまっているときに投げつけたか，という謎をかけるのですがね ― それらに似ていますね．というのはその多くのものもまた，どちらにでもとれるものであって，それらのどれ一つ，有るとも，有らぬとも，またその両方だとも，両方のいずれでもないとも，固定的に考えることはできないようですからね」[訳注 82]

答えの一部は，この一節に示されている．しかし，次の問題の出題をやめるほどのネタバレではない．💡この謎かけの答えは何か．

151. チェス問題の問題

💡チェスと最古のチェス問題のどちらが古くからあるだろうか．

152. スパイの謎

💡あなたがそれを持っているならば，あなたはそれを共有したい．
💡あなたが，それを共有しているならば，あなたはそれを持っては

[訳注 81] 邦訳は山本光雄編集『プラトン全集 7』（角川書店，1973）による．
[訳注 82] 同上．

いない.

153. なぜ 1 はもっとも孤独な数か

クスリをやって木を見たとき，私はそれらがすべて点でできていることに気づいた．そして，小枝も点，家も点でできていることに気づいた．私は，こう考えた．「ああ，すべてのものには意味（point）がある．そうでないとしたら，それに対する目的（point）がある．」

ハリー・ニルソン

シンガーソングライターのハリー・ニルソンが，通話中の繰り返す発信音を聴いている．音楽が始まるが，彼は電話を切らずに「プーッ，プーッ，プーッ，プーッ，…」という発信音を聴き続ける．この発信音が，スリー・ドッグ・ナイトが歌う彼の 1969 年のヒットソング「ワン（がもっとも孤独な数）」のイントロになった．

1 がもっとも孤独な数，これまでの中で
2 も 1 と同じくらいひどいけど
1 がもっとも孤独な数，だってナンバーワンだから

この歌詞は，1 がもっとも孤独な数である理由について，自身を傷つけるような説明をしている．2 が忠実についていくとしても，1 は孤独なのだろうか．そして，そのほかの数はどうなのだろうか．無限に多くの仲間がいるではないか．

検証をするための障害もある．私たちの生命は限りあるために，無限集合の要素を一つずつ調べることはできない．このような調査なしに，これらの数のどれもが 1 よりも孤独ではないことをどうやって知りえるというのか．

ニルソンの「世界のなかで最も美しい世界」は，こうした検証の難しさを回避する説明を思いつかせてくれる．

　　きみは世界の中でも臆病で古い一画なんだ
　　けれども　きみがいなくちゃ
　　ぼくは幸わせになれない
　　誓ってもいいけど
　　ぼくはきみのことばかり考えてるんだ
　　きみは世界のなかで最も美しい世界[訳注 83]

　世界がたった一つしかないとしても，それはもっとも美しい世界だろう．一つしかないことは，最上級への近道である．

　1 の一意性は，1 が最大の自然数であるというオスカー・ペロンの証明の系である．ペロンは，N を最大の整数と定義するところから始める．N を最大の整数と定義したのであるから，N^2 は N よりも大きくなりえない．したがって，$N(N-1) = N^2 - N$ は正整数にはなりえない．それゆえ，$N-1$ は正ではない．その結果，N は 1 よりも大きくなりえない．だが，N は少なくとも 1 である．このことから，$N = 1$ が導かれる．言い換えると，1 が最大の自然数である．

　系：「数」が自然数を意味するものとすると，ほかには数はないことが導かれる．なぜなら，1 よりも大きい任意の数は，最大の数よりも大きくなってしまうからだ．ほかに数はないのだから，1 はもっとも孤独な数である．

　論理学者は，ペロンの論証が矛盾のない証明の重要さを説明していると考える．厳密に言うと，「最大の自然数」という確定記述は矛盾している．自然数の概念そのものは，それに後続の数があることを要請する．ペロンの演繹のそれぞれの段階は，それより前の段階から導か

[訳注 83] 邦訳は『うわさの男/ベスト・オヴ・ニルソン』（BMG ビクター，1986）による．

れている．それにもかかわらず，証明された結果はつまらないものである．私たちは単に矛盾から結論を導いているにすぎない．矛盾からはどんなことでも得られる．あるいは，ハリー・ニルソンの寓話「オブリオの不思議な旅」で論点の定まらない男が断定したように「すべての方向にある点は，まったく点がないのと同じである」

154. 真実の瞬間

新しい直観の急な出現である真理の瞬間は直覚の作用である．そのような直覚は奇跡的ひらめきか，推論の漏電を出現させる．事実それらは，ただ始めと終りだけが意識の表面に見られる，浸された連鎖にたとえられるであろう．探求者は鎖の一方の端で消え，見えない絆に導かれて他の端へ現われる．
[訳注 84]

アーサー・ケストラー

「イエローストーン公園は，巨大な火山の上にある」というような叙述的信念は，わたしたちの進路を決めるための地図を作り上げる．この信念は，事実に対応するならば，真である．しかし，「イエローストーン大火山が噴火したら，合衆国政府は崩壊する」のような条件文による信念についてはどうか．これらの条件文は，地図を変更するような規則である．

　典型的なのは，次のような推論を遂行しようとしているところに条件文を使うことである．

[訳注 84] 邦訳は大久保直幹/松本俊/中山未喜共訳『創造活動の理論（上)』（ラテイス，1966）による.

前件肯定	後件否定
P ならば Q	P ならば Q
P	Q でない
それゆえ, Q	それゆえ, P でない

　結局, 条件文を使うことの真意は, 通常, 私たちの知識をできるだけ拡張する準備をすることである. 前件を知れば, 前件肯定を用いて, 後件の知識を獲得する. 後件の否定を知れば, 後件否定を用いて, 前件が偽だという知識を獲得する. 妥当な推論を遂行するという条件文の意図を欠くと, 条件文の主張は誤解を招く広告のようなものだ.

　したがって, 私たちは, 条件文が意図する推論で前進するか後退するとき, しばしば「真理の瞬間」に直面する. すなわち, 条件文の前提を堅持するかまたは拒絶することができる. どちらの手順を踏んでも, 整合性は満たされる. したがって, 真実の瞬間は, 理論的な論理の潮位表というより現実的な推論の砂時計のなかに現れる. 論理は, 信念の間の衝突を指摘するにすぎない. どの信念を拒絶すればよいか教えてはくれない.

　世界滅亡の予言者を信奉する者は, 自信満々で「予言者が正当であれば, 明日には世界は終わる」と断言する. 平穏無事に明日が過ぎれば, 落胆した信奉者の何人かは, 後件否定を遂行し, 予言者を正当性がないとして捨て去る. しかし, 驚くほど多くの人がそうはせず, この条件文を拒絶する. 彼らは, 「予言者が正当であれば, 明日には世界は終わる」という条件文を彼らの信念から撤回するのだ. おそらく, 計算間違いがあったのだ.

　推論により前進する私のお気に入りの例は, 化学で起こったことだ. 1835 年, オーギュスト・コントが次のように断定したことはよく知られている. 「星の問題について言えば, [...] 星の科学的組成は言うに

154. 真実の瞬間   281

及ばず，星の密度すら確定するのはまったく不可能である．[訳注 85]」
そのすぐ後に，ロバート・ブンゼンとグスタフ・キルヒホッフは，標本
の炎のスペクトル特性を調べて化学成分を突き止める技法をあれこれ
研究していた．ライン平原越しのマンハイムで火災が起こったときに，
この二人の化学者は，研究室の窓から分光器を向けて，燃焼する物質
の中にバリウムとストロンチウムが存在すると推測した．そのあと，
ブンゼンとキルヒホッフは森の中を散歩していたときのことである．

> 「もしマンハイムで燃えている物質の性質を決めることができ
> たのなら，同じことが太陽でできないことはないのではない
> か．でも，こんなことを夢見るなんて，みんなに気が違った
> と思われるかな」という考えが浮かんだ．いまでは世界中の
> 人がその結果を知っているけれど，キルヒホッフがこう言っ
> たときは偉大な瞬間であったに違いない．「ブンゼン，僕は気
> が狂ったよ」．その意味を十分悟ったブンゼンは答えた．「僕
> もだよ，キルヒホッフ」．[訳注 86]
>
> —— ウォルター・ブルーノ・グラットザー
> 『ヘウレーカ！ ひらめきの瞬間』

　ブンゼンとキルヒホッフが日光を分析することによって太陽の化学
組成を知ることができたならば，星の光を分析することによってほか
の星の化学組成も知ることができるだろう．
　そして，彼らはそれを成し遂げた．

[訳注 85] 邦訳は阪本芳久訳『もう一つの地球が見つかる日：系外惑星探査の最前線』
（草思社，2012）による．
[訳注 86] 邦訳は安藤喬志/井山弘幸共訳『ヘウレーカ！ ひらめきの瞬間：誰も知ら
なかった科学者の逸話集』（化学同人，2006）による．

155. 言い逃れを逃がさない

　小説家ジョセフ・コンラッドは，船乗りたちの嘘をつく癖を熟知した船長だった．彼の小説『颱風』では，船長が窮地に陥る．200人の乗組員は，何年分かの賃金を自分の手箱にしまっていた．嵐の間に，その箱はすべて壊れて，全部の硬貨が入り混じってしまった．船乗りたちが信用できるならば，船長は単純に質問するだけで，その賃金を返してやることができる．それぞれの船乗りは，自分の箱に硬貨が何枚あったかを個人的には分かっていて，船長はそれをこっそり教えてもらうことはできる．だが，残念なことに，船乗りたちは不誠実で強欲である．彼らは，硬貨が何枚あったかと尋ねられたら，多めに答えるだろう．それでも，船長は，硬貨を正当な持ち主に返すことができた．💡船長はどのようにしたのか．

156. 論証とオスカー・ワイルドの 『嘘の衰退』

> 人生における致命的な過失というものは，人間が理性的でないということに由来するものではない．理性的でない瞬間がわれわれにとってもっとも美しい瞬間となることもありうる．人間の論理性にこそ，致命的な過失が由来するのだ．[訳注 87]
>
> オスカー・ワイルド『獄中記』

　オスカー・ワイルドは，日頃から論理学に対して批判的であった．「やみくもな暴力には対抗できるが，やみくもな合理主義にはとても耐えられません．合理主義の使い方がどうも不公正な気がします．知

[訳注 87] 邦訳は福田恆存訳『獄中記』（新潮社，1968）による．

156. 論証とオスカー・ワイルドの『嘘の衰退』 283

性に反則技をかけているようなものだ.[訳注88]」それでも,ワイルド
は,論証によって嘘をつくことはできないと考えていた.

それは,論証が真でも偽でもないからだろうか.論証は断言される
のではなく提起されるからであろうか.いや,ワイルドは嘘が自己充
足的でなければならない,すなわち,嘘はほかの何かを訴えることは
できないと考えていた.嘘は,美術品のように,それ自体で評価され
なければならない.

ワイルドの対話作品の主人公は,気まぐれを高く評価する.ワイル
ドの対話作品『嘘の衰退』では,ヴィヴィアンは気まぐれの学術的な
擁護を執筆したことをシリルにたしなめられる.ヴィヴィアンは開き
直る.「つじつまを合わそうなどと誰が思う? 野呂間と空論家,行為
のとことんまで,実践の *reductio ad absurdum*(議論倒れ,行きすぎ)
まで理論を実行する退屈な連中さ[訳注89]」

ヴィヴィアンは,嘘をつくことが重要な芸術形式であると信じてい
る.プラトンを逆手にとって,ヴィヴィアンは実体は芸術を模倣して
いるとまで主張する.彼は,『嘘の衰退:ひとつの抗議』において,そ
れをたっぷりと論じる.

> シリル 嘘! その習慣ならわが政治屋諸公が守っておられ
> ると思うんだがなあ.
> ヴィヴィアン 守ってなんかいるもんか.かれらは決して
> 不真実表示の域を脱しない,しかも現にことさら恩着せがま
> しく論証し,論議し,論争しているのだ.その率直な,恐れを
> 知らぬ諸説,そのみごとな無責任,あらゆる証明にたいする
> その健康な,自然な侮蔑を有する真の嘘つきの気質とはなん
> たる違いであろう! けっきょく,すばらしい嘘とは何である

[訳注88] 邦訳は仁木めぐみ訳『ドリアン・グレイの肖像』(光文社,2006)による.
[訳注89] 邦訳は西村孝次訳『オスカー・ワイルド全集4』(青土社,1989)による.
[訳注90] 同上.

か？それ自体の証言たるところのものにほかならない．もしひとつの嘘を擁護する明証をでっちあげるほど想像力に乏しい人間なら，ただちに真実を語ってもいいじゃないか．語らないよ，政治家は語ろうとしないよ．何か，おそらく，法曹界のために弁じるところあって然るべきであろうが．その全員に「詭弁派」の衣鉢が伝わっているのだ．かれらの見せかけの熱意や架空の修辞は楽しいものがある．かれらは悪しき訴訟事件を善き訴訟事件らしく見せることができる，まるでレオンタイン法院を出たばかりの男みたいに，そして依頼人のために，よしんばその依頼人が，よくあることだが，明白かつ判然と無実である場合でさえ，無罪放免の勝訴を気の進まぬ陪審員たちから捥ぎとることで知られているのである．しかしかれらは退屈な連中に弁護を依頼され，判決例に訴えることも恥としない．かれらの努力にも拘らず，真相は現われるだろう．新聞，これさえ，堕落してしまっている．いまや絶対に信用されているといってよい．特別寄稿欄に苦労して目を通してるとそれがぴんと来る．出ているのはいつだって読むに耐えぬものばかり．弁護士先生のためにも新聞記者諸君のためにもいえることは大してなさそうだ．それに，ぼくの弁じようとするのは藝術における「嘘」なんだ．書いたものを読んでみようか？ずいぶんきみのためになるぜ．[訳注 90]

157. 想定の倫理

W.K. クリフォードは，信念の倫理があると信じていた．あなたは，裏付けに従って信じることを余儀なくされる．船主が，航海に耐えられそうにないという裏付けがあるにもかかわらず船を航海に出そうと

157. 想定の倫理

するのは，とがめられるべき怠慢である．

　デイヴィッド・ヒュームは，信念の倫理があることを否定した．信念は不随意的である．この文の文字数が偶数であると信じようとしてみよ．それができれば大きな褒美があるとしても，それを信じることはできない．何を信じるかを選ぶことはできないのだ．

　しかしながら，何を想定するかは選べることにヒュームも同意するだろう．誹謗中傷するような想定を選ぶこともできる．19世紀の自然淘汰反対論者フレミング・ジェンキンスは，黒人の島に難破した白人の船乗りを想定した．数の力によって，この島の人種が白くなること，あるいは黄色になることさえも阻まれるだろう．ジェンキンスがそのような想定を選んだことは，批判される可能性がある．それとは対照的に，人種差別主義者の信念は不道徳の兆候にすぎない．

　かつて，巡査の速度の定義に異議を申し立てる女性の運転手が登場する仮想例に対して，リチャード・ファインマンは男女同権論者に取り囲まれたことがある．ファインマンは困惑した．なぜなら，女性にしたほうが，巡査よりも学があるような印象を与えるからである．しかし，男女同権論者らは，この想定が既成概念を押し付けると考えた．

　　「だいたいなぜそのドライバーをわざわざ女にしたてたん
　　です？女性ドライバーはみんな運転が下手だと暗に言ってい
　　るんじゃありませんか！」
　　「しかしあの女性は巡査をへこましたんですよ」と僕は
　　言った．
　　「巡査の方がばかに見えたことについては気にならないん
　　ですか？」
　　「あら巡査なんてどうせみんなばかに決まってるじゃない
　　の」とデモ女性の一人が叫んだ．
　　「あの連中，みんなとんまな豚野郎なんだから！」

「いやお言葉ですが，やっぱり気になさったほうがいいんじゃないですかな」と僕は答えた．

「あの話の中では言い忘れましたが，あの巡査は実は女性だったんですよ！」[訳注 91]

—— ファインマン『困ります，ファインマンさん』(1988)

信念の内容は，事実によって修正される．しかし，想定の内容は，意のままに補強しうる．これが，やっかいな問題から抜け出す機会をファインマンに与えたのである．

何を想定するかを選ぶことはできるが，想定する行為は自動的にその想定に反映される．これが，想定の心理的効果を糾弾したいと思ったとき，私たちを苦境に陥れる．

1939 年，チャーチルは，悪夢のような恐怖を感じ始めた．夏が深まるにつれ，チャーチルは，自分のまわりに感じ始めた敗北主義と絶望の感覚が徐々に心配になってきた．6 月 14 日の夕食で，チャーチルは米国のコラムニストであるウォルター・リップマンが隣に座っているのに気づいたとき，ジョセフ・ケネディ合衆国大使が，戦争が英国にまで及び敗戦に直面したらヒットラーと交渉するだろうと友人に言ったことをリップマンから知らされて，ひどく驚いた．その夕食の場にいたハロルド・ニコルソンは，チャーチルが「敗戦」という言葉を聞いた瞬間，リップマンに向かってこう断言したと回想した．「いや，大使がそう言ったはずはない，リップマンさん．彼がそんな恐ろしい言葉を言ったはずはない．たとえ，ケネディ氏の痛ましい発言が正しかったと仮定しても（私は一瞬たりともそう仮定することはないが），一例として，敗戦

[訳注 91] 邦訳は大貫昌子訳『困ります，ファインマンさん』（岩波書店，1988）による．

157. 想定の倫理

に怯えてこれら最も邪悪な男たちの脅しに屈するよりも，私
は喜んで妻を戦いの犠牲にするだろう．そのとき，英語を話
す人々の偉大な遺産を保護し維持するのは，あなたであり，
アメリカ人なのです」

—— ジェラルド・フルーリー
『ウインストン・S・チャーチル：見張り番』より

チャーチルが括弧付きで「たとえ，ケネディ氏の痛ましい発言が正
しかったと仮定しても（私は一瞬たりともそう仮定することはないが）
…」と言うとき，真実を語りえない．結局，チャーチルは，しばし
の間，英国はヒットラーと交渉するだろうというケネディの発言が正
しいと仮定したのだ．そうでなければ，チャーチルはどうやってケネ
ディを批判できようか．

チャーチルが同盟国についての仮定を限定しようとしたのは，これ
が最後ではなかっただろう．1943 年のテヘラン会議において，スター
リンは，チャーチル，ルーズベルト大統領，そしてルーズベルトの息
子のエリオット（空軍偵察隊准将）を含めた何人かの招待客を晩餐に
招いた．チャーチルは，ドイツ人に甘すぎるといってからかわれた．
スターリンは，戦後にドイツ参謀本部は解体されるべきだとほのめか
した．

チャーチルには，スターリンがふざけているのかどうか確信がもて
なかった．（ナチスは，1940 年にソビエトが 1 万 5 千人のポーランド
人兵士をカティンの森で処刑したと報じた．英国は，公式には，ナチ
スがこの虐殺を行ったというソビエトの嘘を受け入れた．）しかし，
チャーチルは次のように主張するのが賢明だと考えた．「英国議会や
世論は，大量処刑を決して容認しない．たとえ，戦争の激情にかられ
てそれを始めることを許したとしても，最初の屠殺が行われた後には，
彼らは責任者に断固反対するだろう．この点に関してソビエトは思い
違いをすべきではない．」スターリンは，おそらくふざけて，5 万人を

射殺しなければならないと主張したのだ．チャーチルは，そうするくらいなら庭に連れ出されて自分が撃たれようと答えた．ルーズベルト大統領は，緊張を解くために，4万9千人だけ射殺するという妥協案を提示した．しかし，大統領の息子は，その問題を馬鹿げたものとして片付けるつもりはなかった．彼は，スターリンの言った人数を支持するような演説を行った．彼は，処刑を支援するために合衆国陸軍は協力するだろうと言った．ひどく驚いたチャーチルは，隣の薄暗い部屋へと立ち去った．

> 私がそこにはいって一分もしないときに，背後から肩を手でたたかれた．そこにスターリンがモロトフとならんで立っていた．二人はにやにや笑いながら，ただ戯れにいったのであり，重大な性質のこととは思いもかけなかったのだ，と熱心に弁明した．スターリンという人物は，自らそのつもりになったときは，非常に人の心をとらえる態度を示す人であって，この時ほどに彼がそのような態度をみせたのを私は見たことがなかった．私は，そのとき，そして今日も，万事，からかいであって，背後に重大なわなのしかけなどなかったとは，十分確信できないけれども，テーブルに戻ることを承知した．その後の，その夕は楽しく過ぎたのであった．[訳注92]
> — ウィンストン・チャーチル『縮まりゆく包囲環』
> （『第二次世界大戦』第5巻）

チャーチルの警告は，思いつきがどのようにして実行へと突き進むかについての心配を暗示している．2011年に公開された，英国首相マーガレット・サッチャーの自伝的映画「鉄の女の涙」には，次の一節が登場する．

[訳注92] 邦訳は毎日新聞社翻訳委員会訳『第二次大戦回顧録19』（毎日新聞社，1954）による．

考えに気をつけなさい，それは言葉になるから．

言葉に気をつけなさい，それは行動になるから．

行動に気をつけなさい，それは習慣になるから．

習慣に気をつけなさい，それはあなたの性格になるから．

そして，あなたの性格に気をつけなさい，それはあなたの運命になるから．

私たちが考えることに，私たちはなる．

父はつねにそう言っていた．

158. 卵の行動主義

冷蔵庫に冷えた卵が2個ある．そのうちの1個は生卵で，もう1個は固茹で卵である．強い光源があれば，液体の生卵のほうが光を透過するので，どちらが生卵か調べることができる．だが残念ながら，あなたが頼ることのできるのは，卵の挙動だけである．💡どうすれば，卵を割らずに，どちらが固茹で卵であるかを見分けられるだろうか．

159. 鶏よりも卵が先

曖昧性の研究者は，進化論が「鶏と卵のどちらが先か」という謎を解消すると考えがちである．結局のところ，「鶏」に曖昧さがあるというのだ．鶏の前に境界線上の鶏がいたのであり，単にどこで鶏以前が終わり鶏が始まったのかを確定できないだけであるとチャールズ・ダーウィンは立証したというのがその考えである．

しかしながら，この論法の方向では，「どの鳥が最初の鶏か」を解消しているにすぎない．現代の進化論は，鶏と卵の問いに明白な答えが

ないことを導くのではなく，卵に軍配を上げる．

メンデルの遺伝理論によれば，鶏状態への移行は，卵を生む鳥とその卵の間で起こる．なぜなら，個々の生命体は，それが生存している間に属する種を変えることはないからである．それは遺伝子的に固定されている．しかしながら，進化論は，生命体は新世代の形質を維持し損ねると断言する．したがって，個別にどの卵が最初の鶏の卵であるかは決めることはできないが，どの卵が最初の鶏の卵であったとしても，最初の鶏がどれであってもそれよりも先にあることが分かる．卵のほうが先というのは，論理的必然というより生物学的必然である．ラマルクの獲得形質の理論によれば，鶏が先になりうる．

F という性質の発現が明瞭でないのならば，最初の F はありえないという反論もあるだろう．しかし，その父親の禿げたパターンと同じように徐々に禿げる息子を考えてみよう．禿に明確な最初の段階というものはないとしても，父親は息子よりも前に禿げはじめた．これに近い類似の例がある．彫刻家は，午前中だけ大理石の塊と向き合う．その塊が彫像になる明白な最初の日というものはない．しかしながら，次のように言うことができる．

大理石の塊は午前中に彫像になった．

不確定な状態が確定的に関連することもある．鶏と卵の問題による効果の一つは，この内部構造に気づかせてくれるということだ．また，この謎かけは，より一般的なテーマである隠された不確定性を補完するために隠された確定性があることを示している．

160. 楕円よりも卵が先

ヨハネス・ケプラーは，惑星の軌道は円ではないと確信するように

なった後，惑星は太陽に完全には統制されていないと推論した．それぞれの惑星は，ある程度それ自体で移動しており，したがって，魂をもたなければならないというのだ．事前のいくつかの曲線適合に基づいて，また，卵が飛び抜けて見事な形状をしていることの創造神話の影響をおそらく受けて，ケプラーはそれぞれの惑星の軌道が卵形だと予想した．

卵形は，一端が先細りしている非対称性ゆえに，数学的に記述するのは難しい．楕円は，両端が対照的に先細りしている．ケプラーは，アルキメデスがすでに楕円による扇形の面積を研究していたことを知っていた．したがって，ケプラーは，卵形を近似するために楕円を使った．結局，ケプラーは，太陽を楕円の焦点の一つとすると，観測データと適合することに気づいた．卵形そのものよりも卵形に対する近似のほうがよく適合したのである．

161. ガードナーの触れて解く問題

一方が磁化していることを除いて見た目のそっくりな鉄製の棒が2本ある．💡触れるだけで，どちらが磁化されているか見分けることができるだろうか．

162. 不慮の悪意

私の使う電気は，石炭を燃やす発電所からやってくる．灯りを点けたままにしておくと，わずかだが汚染を増やす原因となる．しかし，誰もその違いに気づかないだろう．したがって，私が灯りを点けたままにしておいても，害はまったくない．💡私の道徳は数学的だろうか．

163. 100万桁乱数表の書評

　図書館の書棚でランド社の100万桁乱数表に初めて遭遇したとき，私はそれが図書館に置かれるものではないと考えた．私は次の3点において抗議する．

1. その本は誰にでも書くことができる．
2. その本は著作権で保護できない．
3. その本には情報がない．

　この三つの苦情を併せると，興味深い結末に至る．

　乱数は簡単に作れるように見える．読者は，ランド社の前書きにそそのかされる．「まさにこの表の本質によって，不規則な誤りを見つけるために最終稿の全ページを校正する必要はないと思われた」

　後日，私は統計学者がこの感想の誤りを暴くのを見た．彼はクラスの半数に硬貨を投げることで乱数を生成させた．残りの半数には，硬貨投げを捏造するように指示した．そして，教師は，そのクラスの中からどれが捏造かを見分けたのだ．

　教授はどのようにしてこの長期にわたって捏造された乱数生成を検出することができたのか．硬貨投げを捏造した生徒は，数字の繰り返しを避けた．したがって，教授には，遠目からそのような繰り返しがないことが見えたのである．

　手品師は，読心術において，そのような繰り返しが嫌われることを利用する．100回の硬貨投げを捏造し，書きとめてもらう．そして，その結果を一つずつ読み上げてもらう．手品師は，次に読み上げられるのが何であるかを約60％の正確さで予言する．手品師は，予言が外れたときにはそれを繰り返し，予言が成功したときにはもう一方に変更するという単純な規則に従うだけである．したがって，彼が誤って表と予言したならば，その次も表と予言する．表という予言が正しけ

れば，その次は裏と予言する．この単純な規則がうまくいくのは，捏造された乱数生成では本能的に繰り返しを避けるからである．このトリックは簡単にプログラムすることができ，超能力計算機を作ることができる．

　監査人は，繰り返しのなさを自動的に検出して脱税者を捕まえる．検出する計算機を刺激するのを避けるために，創造的な会計士は不正な納税申告書に乱数表を使って最後の磨きをかける．

　乱雑さは，予測可能性と反対の関係にある．しばしば向きを変える多くの物体の動きを追跡するのは一苦労である．25匹のアリが1メートルの棒の上に無作為に落とされたとしよう．それぞれのアリは秒速0.01メートルの一定速度で移動する．アリは右か左に移動し，ほかのアリとぶつかったときだけ向きを変える．♀すべてのアリが棒の端から落ちてしまうまでの最大時間は？

　アリのあわただしい動きによって，この謎かけに答えるのは不可能のように思える．しかし，この分かりにくい状況に対して，単純な予測を可能にする視点がある．解決策があるという知識が，この状況が真にカオス的であるという判定を撤回させる．

　100万桁乱数表の数列には，隠された秩序は潜んでいない．あるページにある数字を読んでも，その次のページの数字を予測するための何の根拠にもならない．意外さをこれほど密に詰め込んだ本はない．

　誰でも乱数を書くことができるという私の考えはひっくり返された．いまでは，それとは逆の考えを持っている．すなわち，どんな人間も乱数を作りあげることはできないということだ．100万桁乱数表は，間違いなくノンフィクション部門に属している．

　しかし，その本は著作権保護[原注36]できないという私の考えはどうだろうか．100万桁乱数表には創造的内容はまったくない．

[原注 36] uncopyrightable（著作権保護不能）は，blocklessness（繰り返しのなさ）よりも優れている．それは，同じ文字が現われない最長の単語である．

ネイサン・ケネディにとっては，これが現実の問題になった．彼は，10万個の正規偏差の表を再配布しようとした．ケネディは，念のためにランド社が著作権法についての彼の解釈に同意することを確認する電子メールを送った．ランド社は同意しなかった．そして，ランド社は許可さえしなかった．

ケネディは，同じ方法を用いてもう一度10万個の正規偏差を生成しなければならなかった．憤慨したケネディは，ランド社の面目を潰した．

> ランド社とは違い，私は，これらの表に創造的内容はなく，それゆえ，著作権で保護されえないことを認める．さらに，（私は，放棄するようないかなる著作権を所有しているとも信じてはいないが）これらの表において私が所有しているかもしれない著作権はパブリック・ドメインに捧げる．いかなる目的であっても，これらの表を再配布，修正，もしくは使用してよい．
>
> — http://hcoop.net/~ntk/random/

これは，無為の寛容さの驚くべき一例である．ケネディの気前よさによって，ランド社は狭量に見える．

3番目の抗議は，重厚であるにもかかわらず，その本には情報がないことであった．しかし，この考えは，情報をどのようにして測るかという研究によってひっくり返された．あなただけが知っているある50桁の数列をタイピストに印刷するように指示する電話の会話を想像してみよう．

A： 11111111111111111111111111111111111111111111111111

B： 01011010110101101011011010101101011010110101101101

C： 10001011011011000101011001110001010001001111100100

数列 A の情報は，「1 を 50 個印刷せよ」に圧縮できる．数列 B は，それよりは長い「01011 を 10 回印刷せよ」に圧縮できる．しかしながら，（硬貨を投げることによって得られた）数列 C の情報は圧縮できない．乱数列には規則性がないのだ．この数列に含まれる数字を順に挙げることしかできないので，あなたの指示はこの数列そのものと同じくらい長くなるだろう．

複雑になればなるほど，圧縮するのが困難になる．これは，数列の複雑さがその記述の最短の長さによって測りうることを示唆している．この記述の長さは，記述に用いる手法によって変わるので，それを標準化する必要がある．

運がよいことに，グレゴリー・チャイティンと A.N. コルモゴルフが独立に発明した表記法がすでにある．すなわち，0 と 1 からなる有限数列の（アルゴリズム的）複雑さは，その数列を印刷することのできる最短の計算機プログラムの長さである．数列の乱雑さは，数列の長さに対するプログラムの長さの比で測ることができる．この比は，ほとんどの数列で 1 になる傾向がある．ほとんどの数列はそれゆえ乱数であることが証明できるにもかかわらず，特定の数列が乱数かどうかは証明できない．なぜなら，もっと短い長さのプログラムがないことが証明できないからである．

チャイティン–コルモゴルフの複雑さの定義は，ベリーのパラドックスを作り出す確定記述「19 音節未満で命名できない最小の整数」に似ている．この表現はある整数，具体的には，111,777 を表している．それでも，ベリーによる 111,777 の確定記述は 18 音節しかなく，したがって，111,777 を表す 19 音節の数詞を用いた表現よりも短い．111,777 を表すベリーの表現は，111,777 を表す最短の表現よりも短くなりえない．したがって，ベリーの表現は存在しない．

グレゴリー・チャイティンは，「計算の困難さについて」において，彼の「複雑さ」の定義とベリーの表現の間にある類似性を発展させ，

どのような計算機もそれ自体よりも複雑な数列を生成することはできないという定理を証明した. 計算機の複雑さは, その演算の最短の記述の長さに等しい. その記述を 0 と 1 からなる数列 D によって符号化する. その計算機が D よりも複雑な数列 S を作り出すことができたとしたら, S を生成するプログラムで, S を生成できる最短のプログラムより短いものがあることになる. それは, 具体的には D によって符号化されたプログラムである. したがって, このような S は存在しない. また, このことから, 計算機の出力はそれ自体よりもランダムになりえないことが導かれる.

チャイティンは, ベリーのパラドックスを彼が焼き直したものと, ゲーデルとチューリングによる嘘つきのパラドックスの焼き直しの間の類似性をはっきりと意識している. チャイティンにとって, ゲーデルの不完全性定理とチューリングの停止問題は, 同じ乱数を生み出す硬貨の裏表なのである.

それでは, 10 万個の正規偏差をもつ 100 万桁乱数表はどれほどの情報を与えるのか. なんと, その圧縮不可能性に従えば, これはこれまでに出版された本の中でもっとも情報を提供する本なのである.

164. 不当だが公平な死亡記事

シドニー・モーゲンベッサーは, 2004 年 8 月 4 日付のニューヨーク・タイムズ紙を読んでいれば, 草葉の陰で嘆いたことだろう.

かつて, 彼は, 暴動の最中に警官に頭を殴られるのは不公平かと尋ねられたことがある.

「それは不公平だが, 不当ではない」と彼は語った.

なぜか.

「頭を殴るのは不公平である. しかし, 警官は全員の頭を

殴っているので，不当ではない.」
——「シドニー・モーゲンベッサー，お節介な教授，82歳で逝去」より

モーゲンベッサーが実際に言ったのは，段打するのは不当だが公平だということだ．誰の死亡記事にも，この種の不当な仕打ちが含まれていると言われた．そうであるならば，お悔やみ欄担当者の不正確さは不当だが公平である．モーゲンベッサーは，ジョン・ラウルの小論「公平さとしての正義」に反論していた．正義が公平さならば，平等な扱いのような公平さは正義を保証すべきであるというのだ．

公平さのない正義を手に入れるために，私の台所の改修業者をいけにえにしよう．改修の初日に，彼はスピード違反の反則切符を切られた．ロングアイランド高速道路では（それが世界最長の駐車場として営業していないときには）誰でもそうであるように，彼は有罪になった．罰則くじに当たってしまった落胆を振り払って，改修業者とその相棒はスピード超過者として復活した．30分後，彼は再びスピード違反で路肩に止められた．またしても，改修業者は有罪になった．しかし，彼は1時間に二度罰せられたことの不公平さに憤慨した．

改修業者が私の家に現われたとき，彼は照明を倒した．ガチャン！私と妻は，彼がどんな経験をしたのか知らなかった．私たちは，照明を倒した男の水をうったような沈黙と，彼の相棒が目を見開いて警告するのに少し戸惑った．妻は甲高い声で叫んだ．「いいから，それで終わりにして！」改修業者の相棒はほっとして笑顔を見せた．「それが正しい哲学ですね」

165. 鏡映的真理値表

論理結合子の双対は，命題変数の列も含めた真理値表のすべての行に対して，真を偽で置き換え，偽を真で置き換えることで計算できる．

たとえば，連言の双対は選言である．

元の論理結合子			双対論理結合子		
A	H	A かつ H	A	H	A または H
真	真	真	~~真~~偽	~~真~~偽	~~真~~偽
真	偽	偽	~~真~~偽	~~偽~~真	~~偽~~真
偽	真	偽	~~偽~~真	~~真~~偽	~~偽~~真
偽	偽	偽	~~偽~~真	~~偽~~真	~~偽~~真

　表記法を変えると，この計算をもっと速くできる．連言を / で表し，選言を \ で表す．そして，真を > で表し，偽を < で表す．すると，連言の真理値表は次のようになる．

A	H	A/H
>	>	>
>	<	<
<	>	<
<	<	<

　この新しい真理値表を鏡のところまで持っていくと，連言の双対が得られる．すなわち，12 個の真理値を手で書き換えるのではなく，鏡に映すという 1 度の操作で双対が得られるのだ．鏡は，ある概念的な論点を観測できるものに変える．鏡を一目見るだけで，否定の双対は否定であることがあきらかになる．否定を文字の上の横線で表そう．

A	$\overline{A}$
>	<
<	>

　双対の一般原理は，望ましいそのままの見た目も提供する．任意の恒真な論理図式の双対は矛盾でなければならないことが「見える」．なぜなら，鏡に映すことによって，すべてが > である列は，すべてが < である列に変わるからである．

165. 鏡映的真理値表

鏡は，双対についてのよくある誤解を正す．鏡を介して双対性に出会った学生は，否定と双対の混同が少ない．なぜなら，彼らは一枚の鏡が特定の行だけではなく表全体を裏返すことを理解しているからである．

鏡による表記の裏返しは，配景的計算の具体例である．計算の典型的な形式は，表現の媒体に対する本質的変化を伴う．たとえば，新しい記号を書き，古い記号を消し，歯車を回転させ，スイッチを入り切りし，そろばんの珠を動かす．配景的計算では，元の記銘には手をつけないままにする．問題を解く者は，単に入力に対する彼の向きを変えるだけである．入力の記銘を書き換えたり複写したりすることはない．数値としては，出力の記銘は，入力の記銘と同一である．

配景的計算は，記銘操作を伴わない記号操作である．記号は，その記銘以外にも操作可能な要素をもつ複合対象である．書かれた記号は，形状とその記銘に対する読み手の向きから構成される順序対であるから，記銘ではなくその向きが変わることでその記号は変わりうる．たとえば，→という看板をクルッと回して左←または右→に交通整理する駐車場の係員は，正反対の種類の記号を構成するのに単一の記銘の表象を使っている．

記号の形状ではなく記号の向きを操作しようとする動機は，その形状が変えづらいことにある．1111 に取り消し線を引くこと，51 を 63 に書き換えること，あるいは，4 の後ろに 0 を追加することでさえ，単なる決断ではなく，物理的エネルギーを必要とする．大げさにいえば，配景的計算器は，（ディジタル計算における）記銘の操作や（アナログ計算における）物理モデルの操作によって課される物理的な制約を回避する．たとえば，入力記号を因果的に変更する必要はないので，その計算の速度は，どのような信号も光速よりも速く移動できないというアインシュタインの原理に制約されない．

答えを読み出すときには，それに関連する通常の物理的限界がある

が，配景的計算そのものに時間がかかるわけではない．なぜなら，そのデータに対して実質的な何かを行うわけではないからである．右向き記号の一部から左向き記号の一部への➔の変換は，叔父になるのと同じく「ケンブリッジ事象[訳注 93]」である．配景的計算の非因果的なこの特徴があれば，その部分計算がアルゴリズム的に複雑で指数的に増加するか無限である場合でさえ，「光より速い」性能は達成される．これが，立ちはだかる計算の限界を超える抜け道への期待を生み出す[原注 37]．

166. ビキニ回文

'Girl, bathing on Bikini, eyeing boy, finds boy eyeing bikini on bathing girl.'（ビキニ環礁で海水浴をする女の子は，男の子を見つめ，海水浴する女の子のビキニを見つめる男の子に気づく．）J.A. リンドンの回文は，トマス・ネーゲルの「性的倒錯」における反復の原則を象徴している．カクテル・ラウンジにいるロミオとジュリエットを想像してみよう．壁には鏡が張り巡らされている．ジュリエットは，ロミオが見つめているのに気づく．ジュリエットはロミオの関心に興奮する．ロミオは，ジュリエットのメタ興奮に気づく．ロミオは，彼の性的興奮がジュリエットを興奮させているという事実に興奮する．ジュリエットは，それに気づく．メタ興奮はメタメタ興奮を作りだし，というようにどこまでも繰り返す．

ロミオとジュリエットは，互いに相手の視点を心に刻む．これは，互いの鏡像を無限に映す合わせ鏡に似ている．二人はリンドンの回文

[訳注 93] その対象の本質的性質に対する直接の行為や変更を伴わない事象．
[原注 37] この期待は，'Mirror Notation: Symbol Manipulation without Inscription Manipulation', Journal for Philosophical Logic, 28 (April 1999): 141–64 で詳しく述べている．

を行きつ戻りつ通り抜け，欲望を何層にも重ねる．

　倒錯したセックスは，この反復する興奮に欠ける．単独の性的行為，モノ指向のセックス，無反応な相手とのセックス，合意を伴わないセックスには，一方向の欲望しかない．

　手はじめとしても，ネーゲルの反復についての要請は，健全なセックスと倒錯したセックスを分離するにはまとまりすぎているように思われる．倒錯は，絶望的に型にはまらないように見える．それでも，ネーゲルの原理は意外にもうまく働く．

　言語にも興味深い構造的な類似性がある．聞き手は，話し手を理解するために心理状態を反復する必要がある．息子に洗濯物かごを彼の聖域にもって行かせるために，私はそのかごをドアに立てかけておいた．息子は，そのかごを彼の部屋に戻して欲しいと私が考えていると推論するだろう．その推論は，私がそれを意図していると息子が認識することと，その意図を認識することによる行動に基づいている．この心理状態の相互埋め込みは，反復する興奮と同じ反復構造をもつ．

　それでも，何が原因で何が結果であるかは整理する必要がある．しかし，言語との結びつきは，ビキニ回文の適性を純粋な偶然以上のものにしている．

167. 霊長類の家族的類似性

　フランス国立自然史博物館の進化大陳列館で，私は「霊長類の特質」と題するポスターに驚かされた．そのポスターはルートヴィヒ・ウィトゲンシュタインがゴーストライターとして書いたように思えたからだ．

　　これらの霊長類をつぶさに見てみよう．それらに形態学的に
　　共通するものが見つけられるだろうか．難しい？それは，す

べての霊長類に共通する明確な特徴がないからである．しか
し，多くの霊長類が共有する特徴はある．それは，前を向い
た目，物をつかむのに適した手，手足に爪のついた5本の指，
そしてその体の割には大きな脳である．

プラトンの対話篇において，ソクラテスは，「徳」，「知識」，「敬虔」
などの使用には，すべてに共通する固有の何かがあることを前提とし
た．定義は，その本質を規定する．ソクラテスは，霊長類の本質的な
特徴について答えるために，「霊長類とは何か」に答える必要があった
だろう．

この定義に基づくモデルは，幾何学では功を奏する．たとえば，三
角形は3辺に囲まれた図形である．ギリシア人は法的な目的でも定義
を必要とした．たとえば，着服は「すでにそれを合法的に所持してい
る者による，他者の財産の不正な転換」である．ギリシア人は，人で
はなく法によって統治されることを望んだ．定義は，何を禁じるかを
公平に警告する．

法律や幾何学の先例にもかかわらず，ウィトゲンシュタインは，多
くの言葉（芸術，意識，知識，数，宗教）では核となる説明的な特徴
を欠いていると示唆する．それらは，それぞれの事例の対の間で重な
り合う特徴から統一感が得られる．

レンフォード・バンブローは，家族的類似性の形式的モデルを与え
た．e, d, c, b, a を5個の対象とし，A, B, C, D, E を5個の性
質とする．

$$e \qquad d \qquad c \qquad b \qquad a$$
$$ABCD \quad ABCE \quad ABDE \quad ACDE \quad BCDE$$

それぞれの対象は，その性質の75％をほかのそれぞれの対象と共有
するが，すべての対象に共通の性質はない．このモデルは，類似性の
安定したパターンを示している．どの二つの対象にも，共通する複数

の性質があることが保証されている．対象を選ぶ順序は重要ではない．

　滑りやすい坂の考え方は，家族的類似性の一貫性を欠く．両端に置かれた二つの対象，ここでは a と e には，共通の性質がない．

$$e \qquad d \qquad c \qquad b \qquad a$$
$$ABCD \quad BCDE \quad CDEF \quad DEFG \quad EFGH$$

　このような連鎖は，ルイス・キャロルの単語の梯子を連想させる変形を可能にする．

　APE, APT, OPT, OAT, MAT, MAN.

　この連鎖は，同義語によっても構築することができる．1967年に，ドミトリ・ボルグマンは，UGLY から BEAUTIFUL まで類語を並べた．

UGLY — OFFENSIVE（けんか腰の）
OFFENSIVE — INSULTING（侮辱的な）
INSULTING — INSOLENT（失礼な）
INSOLENT — PROUD（偉そうな）
PROUD — LORDLY（尊大な）
LORDLY — STATELY（威厳のある）
STATELY — GRAND（堂々とした）
GRAND — GORGEOUS（豪華な）
GORGEOUS — BEAUTIFUL（美しい）

　滑りやすい坂によって，比較する順序は，それぞれの対に共通する特徴の潤沢な在庫を維持するために重要である．

　滑り落ちるのを止めるためには，線を引いて，連鎖の中のある項目を仲間外れとして削除する．しかし，私たちは順序づけの影響に脆弱である．人々が「摩天楼，大聖堂，礼拝所，祈り」という順で耳にし

たら，仲間外れとして「祈り」が選ばれる．しかし，逆の順で耳にしたら，「摩天楼」が仲間外れである．家族的類似関係には，この恣意性がない．

　ある者は，共通で固有の何かが常にあることは論理学が保証すると異議を唱える．バンブローのモデルでは，それぞれの対象に対して，次の選言が成り立つ．

　　対象 o は，特徴として $ABCD$ をもつか，または，$ABCE$ を
　　もつか，または，$ABDE$ をもつか，または，$ACDE$ をもつ
　　か，または，$BCDE$ をもつ．

　簡単な論理式の変形によって，これを次のように縮めることができる．対象 o は，(A および B) をもつか，または，(A および C) をもつか，または，(B および C) をもつ．ウィトゲンシュタインは，この反応を賢明というよりは抜け目ないと特徴づける．「ひとは，何か一つのものが糸全体をつらぬいている，── すなわち，それはこうした繊維の間断なき重なり合いである，と言うことができるかも知れない．[訳注 94]」(『哲学探究』§67) もっと具体的にいえば，ウィトゲンシュタインは，家族的類似関係はどこまでも続くと異議を唱えている．新たな項目を追加することができるということだ．

　「家族的類似性」は家族的類似関係か．皮肉にも，そうではない．実際には，家族の構成員に共通の性質がある．それは互いに似ていて，具体的には，共通の親から受け継いだものである．

168. 最小の類似性

　類似性は，共有する性質の数とともに増加する．同一性は，最大の

[訳注 94] 邦訳は藤本隆志訳『ウィトゲンシュタイン全集 8』(大修館書店，1976) による．

168. 最小の類似性

類似性を与える．類似性の判定は，ときとして異なる．チャールズ・チャップリンは，チャールズ・チャップリンそっくりさんコンテストに出場したと言われている．そして，3位にしかなれなかった．

この結果に，風刺画を研究する心理学者は驚かないだろう．本物そっくりの写真よりもわずかに誇張された写真のほうが人々に認識されやすい．これは，すべての動物に対して成り立つ一般化の特別な一例にすぎない．報酬が受けられる刺激と，報酬が受けられない刺激を区別するように訓練されると，報酬を受けられる刺激の極度のものは，報酬が受けられる刺激そのものよりも強く反応するだろう．これが行動主義者を困惑させる．これまでに報酬を受けたことのない刺激に対して，十分に報酬を受けてきた刺激よりも強い反応があるのだ．

生物学者は，もっともな説明をすることができる．何を報酬とみなすかは，動物の生まれつきの嗜好と類似性の感覚に依存する．生まれつきの精神構造は，進化によって形作られる．人間は，愛らしさを強く欲するように設計されている．なぜなら，それが熟れた果実の印だからだ．菓子職人は，熟れた果実よりも甘いキャンディを考案してきた．したがって，私たちは熟れた果実よりキャンディを好む．

私の問いは，判定された類似性ではなく客観的な類似性に関するものである．どうすれば，対象を完全に別のものにすることなく，類似性を最小化できるだろうか．4個の対象があり，それぞれは6個の性質のうちの3個をもたなければならない．それぞれの性質は二つの対象の間で共有されなければならないが，どの二つの対象も共通の性質を2個以上もってはならない．💡この最小の類似性を達成するためには，対象にどのように性質を割り当てればよいだろうか．

169. 義理の兄弟の類似性

♀1889 年，ジョン・ウィリアム・ハレルド上院議員は，彼の未亡人の姉妹と結婚した．どのようにして彼はそれができたのか．

少年として，私は，実際に魚を釣ることよりも釣った魚を想像して時間を過ごすことが多かった．底のほうには何がいたか．私は，ローラースケート（skate）のように海底を静かに動くエイ（skate）を思い描いた．私の靴底（sole）と同じくらい平らなヒラメ（sole）を思い描いた．後になって分かったことだが，スケート靴の skate は，語源的には，魚の skate と無関係である．しかし，エイやヒラメを捕まえたとき，それらはスケート靴や靴底のように見えたのだ．

この魚と履き物には，マーク・トウェインがいうところの「義理の兄弟の類似性」があった．

> ちょうどウマに似た雲と同じようなもので，誰かにそれが似ていると指摘されるとそのように見えるのだ．その時になるとそのように見える，そうでない雲をわたしは何度も見てきたけれども．雲はしばしば，義理の兄弟の似姿いじょうのものは何ももってはいない．わたしはこのことをすべての人に言うつもりはないが，それでもそれは本当だと信じている．なぜならわたし自身，義理の兄弟に似た雲を見たことがあるからだ．それが似ていないことを非常によく知っていたのにだ．ほとんどこうしたものは幻覚なのだ，とわたしは思う．
> [訳注 95]
>
> — マーク・トウェイン『不思議な少年 第 44 号』

マーク・トウェインは，1867 年のヨーロッパと聖地を巡る蒸気船の旅で，未来の義理の兄弟であるチャールズ・ラングドンに会った．ラ

[訳注 95] 邦訳は大久保博訳『不思議な少年 第 44 号』（角川書店，1994）による．

ングドンは，彼の妹オリビアの写真をトウェインに見せた．トウェインは一目惚れした．

　想像力に富んだ技巧を類似性に施すと，義理の兄弟とのセックスは近親相姦であるという印象を作る．近親相姦のタブーは一触即発である．同じ家庭で育ったというような，わずかな類似性だけでも，嫌悪感への扉を開いてしまう．一旦この感情が外に出てしまうと，それを引っ込めるように説得するのは難しい．

　しかし，説得を試みてみよう．理性によって，義理の兄弟との結婚の実務的な利点を列挙する．未亡人については，とくに強く主張することができる．聖書では，昔からはっきりと主張している．『創世記』38章8節では，実際に義理の兄弟が彼の義理の姉妹と結婚することを要求する．

> そこでユダはオナンに言った，「兄嫁のところに入り，彼女に義弟としての務めを果たしなさい．そして，お前の兄の子孫を起こしなさい」．[訳注96]

『申命記』25章5節は，この義務を未亡人になった義理の妹と結婚することに一般化する．

> 兄弟たちが一緒に住んでいて，その中の一人が子のないまま死んだときは，その死んだ人の妻は外に出て，ほかの人の妻となってはならない．彼女の亡夫の兄弟の一人が彼女のところに入り，彼女を妻に娶り，義兄弟の務めを果たさなければならない．[訳注97]

「誰かが合法的にこの二人が結婚できない理由を示せるならば，すぐに申し立てよ．そうでなければ，二人は永遠の平和を保つことにな

[訳注96] 邦訳は旧約聖書翻訳委員会訳『旧約聖書1』（岩波書店，2004）による．
[訳注97] 同上．
[訳注98] 同上．

る.」これに対して，『レビ記』20 章 21 節では，信者席から次のように叫ぶ．

誰かが自分の兄弟の妻を娶るならば，それは穢らわしいことである．彼は自分の兄弟の陰部をさらさせたの〔と同じ〕である．彼らは子供のないままでいるであろう．[訳注 98]

これらは矛盾しているが，権威による介入には需要があるのだ．キャサリン・オブ・アラゴンが未亡人になったとき，彼女の義理の兄弟（のちのヘンリー 8 世）は彼女との結婚放棄を留保した．キャサリンが王位を継ぐ息子をもうけることができなかったとき，ヘンリー 8 世はローマ法王が過ちを犯したと考えた．神は，この二人が結婚していると認めなかったにちがいない．すなわち，ローマ法王は婚姻を無効としてこの過ちを受け入れるべきだというのだ．

これが，英国における義理の兄弟の結婚に反対する強硬路線につながった．このような結婚の禁止は，英国国教会の教会法の教義に基づいていた．その教義では，結婚によって結ばれた者は互いに血縁関係にあるとみなされた．1907 年の亡妻の姉妹との結婚法（7 Edw.7 c.47）は，男性と彼の亡くなった兄弟の妻との結婚を許すことで，これを部分的に覆した．亡妻の姉妹との結婚の禁止はしぶしぶ撤回されたのだが，未亡人に対する禁止は撤回されなかった．1921 年の撤回でやっと対称になった．半婚姻は，完全な婚姻になった．

義理の兄弟の類似性は，対人論証に対する矛盾した態度においても作用している．この名称は，相手方の譲歩を前提として用いる論証についてのアリストテレスの議論にまで遡る．たとえば，キャサリン・オブ・アラゴンとヘンリー 8 世は，彼らが結婚していたかどうか言い争った．ヘンリー 8 世が夫であることについて，キャサリンが正しければ，ヘンリー 8 世にはキャサリンの財産を受け取る権利が与えられる．キャサリンが亡くなったとき，ヘンリー 8 世は，キャサリンの言

い分によって自分はキャサリンの財産を受け取る権利があると主張した．ヘンリー8世は，相続がキャサリンの前提を用いることに依存するとは考えなかったのである．

のちに，対人論証は，相手の主張ではなく人格を攻撃する論証として使われるようになった．原理的に，人格の特徴づけは，議論の説得力と関係することもある．しかし，典型的には，人格攻撃は，論者を避難する一方で論拠に同意するという認識の不一致を利用することを目的としている．あなたがひどく嫌っている誰かが組み立てた説得力ある議論を思い出してみよう．カトリック教会にとって，ヘンリー8世の論拠に説得力をもたせないための手っ取り早い方法は，聴衆がヘンリー8世を嫌うようにすることだっただろう．

アルトゥル・ショーペンハウアーは，この認識の不一致を利用する論証は argumentum ad personam と呼ぶべきと提案している．歴史家ガブリエル・ナシェルマンズは，これに同意している．「単独の対人論証の特質を説明しようとする現代的な試みは，二つの同音異義語に対して一つの意味領域を構築する努力と似ている」

170. トルストイの三段論法

なぜ，ほかの人の死よりも自分の死を想像するほうが難しいのだろうか．レオ・トルストイは，『イワン・イリイチの死』の第4章で，非常に詳細な自己概念に対する非対称性を突きつめる．

> 昔キーゼヴェッターの論理学でこんな三段論法の例を習った──「カイウスは人間である．人間はいつか死ぬ．したがってカイウスはいつか死ぬ．」彼には生涯この三段論法が，カイウスに関する限り正しいものと思えたのだが，自分に関してはどうしてもそう思えなかった．

カイウスが人間であり，人間一般であること —— そこには
何の問題もない．だが自分はカイウスではないし，人間一般
でもなくて，常に他の人間たちとぜんぜん違った，特別の存
在であった．彼はイワン坊やであり，ママがいて，パパがい
て，ミーチャとヴォロージャの兄弟がいて，おもちゃがあっ
て，御者がいて，乳母がいて，それからかわいいカーチャが
いて，幼年自体，少年時代，青年時代それぞれに，たくさん
のうれしいこと，悲しいこと，喜ばしいことを味わってきた
のだ．

いったいカイウスなんてやつに，イワン坊やが大好きだっ
たあの縞々の革ボールのにおいがわかるか？カイウスはあん
なふうにママの手にキスをしたか，そしてママの絹のドレス
の襞がシュルシュルという音を聞いたか？カイウスは法律学
校でピロシキのことで抗議行動を起こしたか？カイウスはあ
んな恋をしたか？いったいカイウスにこれほどうまく法廷の
運営ができるか？

「したがってカイウスは間違いなくいつか死ぬし，死ぬの
が正しい．しかしこの私，つまりイワン坊やとして，またイ
ワン・イリイチとして，ありとあらゆる感情と思考をもった
この私は，まったく事情が別だ．だって私が死ななくてはな
らないなんて，ありえないじゃないか．それはあまりにも非
道なことだ」[訳注 99]

イワンは，一人称の視点から，「すべての x に対して，x が人間なら
ば，x はいつかは死ぬ」の x と同一視することができない．抽象的な
人間だけが，x と印のつけられた 2 次元の棺に収まることができる．

[訳注 99] 邦訳は望月哲男訳『イワン・イリイチの死/クロイツェル・ソナタ』（光文
社，2006）による．

あるいは，トルストイはそう言っている．

　ほとんどの哲学者は，逆の発想に影響を受けている．イマニュエル・カントによれば，「私」は「すべての表象の中でもっとも内容に乏しい表象」（『純粋理性批判』B408）である．完全に記憶を失った者でさえ，「私は頭痛がする」と考えることによって暗闇の中で目覚めることができる．彼の「私」という概念は機能しつづける．なぜなら，行為者はいかなる弁別的記述の内容も「私」と関連づける必要はないからである．

　悲しいことに，カントはこの現象の実例となった．晩年には，カントにアルツハイマー症の兆候が現れた．それでも，カントは一人称指示詞を正しく使えた．そうであることが分かるのは，カントが手帳に書き留めることで記憶力の衰えを補っていたためである．

　当初，カントは衰えゆく記憶力を補うことができた．しかし，病が彼の理性を侵しだすと，徐々に見苦しい見当違いをするようになった．カントの手帳のあるページには，主の度重なる取り違いにつけ込んでいた素行の悪い従僕マルティン・ランペを忘れることで解決したという記録がある．「今や，ランペの名前は，完全に忘れ去らなければならない．」それにもかかわらず，カントはまだ「私」の概念をきちんと使っている．この病の最終段階にある患者でさえ，適切にこの概念を使うのである．

　この「私」の概念は，変数 x のような働きをする．この変数は，記述を用いて対象を参照するのではなく，直接参照する．「私」の概念は属性をもたないので，劇的な変化を乗り切ることができる．私は，王子と体を入れ替えることを想像できる．私は，王子である私がカエルになることを想像できる．私は，カエルである私は肉体が朽ち果て，それでも肉体なしに存続することを想像できる．私は，池を見下ろすような抽象的な視点を取り込む．

　想像しうることは，可能と仮定したことである．したがって，「私」

の背後にある変数 x は，科学では理解できないような領域を示唆する．私は肉体を科学に提供するが，魂は提供しない．

「私」の概念によって作り出された観念は，偽りのない可能性なのか，それとも，擬似可能性なのか．イワンは，この問題を解決する必要はない．この心理学者は，ただ私たちがキーゼヴェッターの論理学の三段論法に尻込みする理由を説明したいだけなのだ．

171. ウディ・アレンの死の願望

ウディ・アレンの劇「死」の中で，クラインマンはこう言う．「私は死を恐れているのではない．私はただそれが起こったとき，そこにいたくないだけだ．」クラインマンの望みは叶えられるだろうか．

エピキュラス（紀元前341–270）によれば，間違いなく叶えられる．死はあなたの存在の終わりである．したがって，あなたの死が存在するようになるとき，あなたは存在しないだろう．そのタイミングは完璧である．

ルートヴィヒ・ウィトゲンシュタインは，その時点に幾何学的な形を与える．「死は生の出来事ではない．人は死を体験しない．[...] 我々の視野が限界を欠くのとまったく同様に，我々の生も終りを欠いている．[訳注 100]」（『論理哲学論考』，§6.4311）

なぜ，自分の死について心配するのか．あなたの生きているうちにそれが起きることはない．このような慰めに対して，快楽主義者は「時間の鏡」を持ち込む．死後に存在しないことが悪とは言えない．なぜなら，誕生前に存在していないことは悪ではないからである．非存在の状態は対称的である．

[訳注 100] 邦訳は奥雅博訳『ウィトゲンシュタイン全集 1』（大修館書店，1975）による．

ローマ帝国中に散在する快楽主義者の墓石には次のように書かれている．Non fui, fui, non sum, non curo（私はいなかった．私はいた．私はいない．私は気にしない．）一部の必然的な真実には，時間を超越した慰めがある．

172. 無限の彼方でのチェックメイト

はるか彼方に，チェス盤の縁が見える．

二人の老人が重い屋外用の駒で対戦している．あなたが目にしているのは，黒のキングとクイーンに苦しめられている白のキングである．黒のクイーンはちっとも動かない．あなたは，黒のクイーンを動かしてはどうかと申し出る．

　白（不機嫌そうに）「口出ししせんでくれ！」
　黒（疲れているが一息ついて）「手助けはいらん！もう白のキングをほとんど端まで追い詰めておる」
　あなた「腰砕けにならないようにしているだけですよ．このチェス盤はどこまで広がってるんですか」
　白「…無限の彼方じゃ…」
　あなた「どうやってそれが分かるんです？」

白「わしらはこの対戦を終わらせようと，ずっと真剣勝負しておる」

あなた「しかし，あなた方はどこかの位置でこのゲームを始めたはずですよね」

白「いや，わしらはずっと対戦しておる」

黒「おまえさんは運がいい．すぐに決着がつく」

実際，黒はキングとクイーンをもっていて，盤の端に沿って白のキングを追い回している．最終的には，黒は白を詰める．

黒（声を荒らげて）「どうじゃ．無限の彼方で詰むと言ったろう」

173. 物忘れ

私がセントルイス・ワシントン大学の哲学科に移ったとき，次のような飾り板のある部屋を見て喜んだ．

ラドナー記念ラウンジ：
優れた哲学者，同僚，そして友人であった
リチャード・ラドナーの思い出として

しかしながら，私がラドナーについて尋ねても，誰も彼のことを思い出すことができなかった．ラドナーは，「科学者として価値判断する科学者」において，科学者は受容する規則をもっていると述べている．それは，仮説を信じるのは，その可能性がある閾値，たとえば 0.95 やあるいは 0.99 を上回るとき，そしてそのときに限るというものだ．この信念の閾値は，失敗がどれほど害になるかに応じて変わる．これが価値判断である．

危険の度合いは，ときにはそれが起きる比率のこともある．原子力エネルギーを開発するとき，一部の物理学者は連鎖反応が暴走する確

率がわずかにあることを心配する．分裂したそれぞれの原子が隣の原子を分裂させ，それが分裂させる原子がなくなるまで続く．物理学者は，それが起きる確率は百万分の4より小さいと計算した．彼らは，その可能性は退けてもよいほど十分に小さいと感じた．

彼らは正しかったのかもしれない．しかし，そこには価値判断がある．

科学者がラドナーの主張を受け入れるためには，それはどれくらい確からしくなければならないのか．それは，価値判断が科学者の中核となる責任かどうかについての失敗がどれほど害になるかということだ．

あるいは，リチャード・ラドナーとその主張を忘れることがどれほど害になるかということだ．

174. 最後から2番目の州

選挙の全国バス行脚に関して，大統領候補者は，地元のイリノイ州から始めて本土にある48州すべてを訪問すると約束する．それぞれの州に対して1回の訪問分だけ選挙運動の資金を使うことができる．しかしながら，候補者の希望する順序で州を訪問してよい．♀政治家がその約束を守るとしたら，最後の一つ前の州はどこになるだろうか．

316　174. 最後から2番目の州

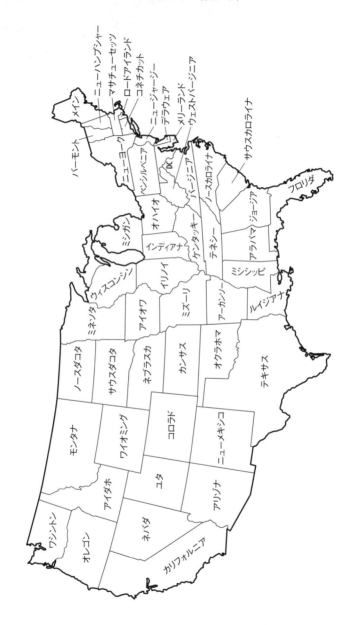

175. 忘れ去られた哲学者としての名声

　スコットランドには，独特の雰囲気のある墓地がある．風雨にさらされた墓標は，教訓的な墓碑を刻めるほど大きい．仲間の哲学者によって，私はお気に入りの墓碑銘と出会った．私たちは，セントアンドリューズ大学に隣接する大聖堂の墓地を散歩していた．彼女は次のような文言に私の注意を向けた．

　　ここにエジンバラ大学道徳哲学の教授アダム・ファーガソン法学博士の遺体が安置されている．彼は，1723 年 6 月 20 日にパース近郊のロジーレイトで生まれ，1816 年 2 月 22 日にこのセントアンドリューズ市で亡くなった．快楽，権力，あるいは野心の誘惑にも惑わされず，ファーガソンは地味で着実な努力により，幼少の時から亡くなるまでの間を知識の獲得と普及，そして公徳と家庭の徳の実践に費やした．彼の神に対する敬虔さや人への博愛を記録し，彼が道徳の教えを叩き込み高潔な行為のための心の準備を若者にさせたときの熱弁と精力をしのぶこの石碑は，彼の尊敬される記憶として彼の子供たちによって建てられた．しかし，彼の天賦の才のさらなる不朽の記憶は，彼の哲学的および歴史的成果の中にある．そこでは，古典的な優雅さ，論理的思考の力強さ，そして細部までの明解さが，彼の生きた時代の称賛を受け，長く後世の人の感嘆を意のままにしその感謝の念を受けるに値し続けるであろう．

　同僚と私は，虚ろな顔を見合わせた．私たちは，アダム・ファーガソンを思い出せなかった．ファーガソンを思い出せないことが，墓碑がいかにして古びて自己論駁文になるかを実証しているように思えた．
　この薄情な語用論のパラドックスに，私の同僚哲学者は心を痛めた．

彼女のファーガソンに対する困惑は，一般化する恐れがあった．同じように，私たちの学識は，長い歴史の中で摩滅していくのだろうか．私は，この碑文がアダム・ファーガソンの学識は長く記憶されるに**値する**としか言っていないことに気づいた．おそらく，ファーガソンはこの微妙な条件によって救われたのだろう．

よく考えてみると，これはあまり慰めになっていない．ある人の研究が記憶にとどめる価値がないという理由で忘れ去られることと，不当に無視されることのどちらが悪いだろう．

私がエジンバラ大学のデヴィット・ヒューム・タワーに戻ったとき（1学期の間，私はそこで講義をしていた），アダム・ファーガソン棟のそばを通った．専門家として当惑しつつ，私は，ファーガソンはスコットランドの啓蒙主義の著名人であることを知った．ファーガソン教授には彼の友人であったデイヴィッド・ヒュームやアダム・スミスのような膨大な知的遺産はないが，政治哲学では彼の評判は生き残っている．ファーガソンは，『市民社会の歴史に関する小論』を著した聡明な歴史家としてもっとも記憶に留められている．ヒュームは，その本の低い評価を振り払えなかったが，それがすぐに成功を収めると「無用の心配と分かって安堵」した．ヒュームは，ファーガソンを「知性，知識，審美眼，気品，そして道徳の人」と称賛した．ヒュームが法曹協会図書館長を退職したとき，アダム・ファーガソンがその役職の後継者になることができたというのがよい証拠である．

ヒュームは，死の間際まで，お気に入りの議論を続けた．それは，アダム・ファーガソン，ジョン・プリングル，デイヴィッド・ヒュームが隣接する国の王子だとしたら，彼らはその王国をどのように統治しただろうかというものである．ファーガソンは聖職者だったが，勇猛果敢であった．これは，彼がブラックウォッチ連隊（英国陸軍スコットランド高地連隊）の従軍牧師であったときにはっきりとした．ウォルター・スコット卿は，フォントノアの戦いでファーガソンが職

175. 忘れ去られた哲学者としての名声

務範囲を超えた話を語っている．彼の職務に求められた後方部隊にとどまることをせず，アダム・ファーガソンはブロードソード（だんびら）を振り回す隊列を率いた．後方部隊に行くことを命令されたとき，ファーガソンは，「職務など知ったことじゃない」と言い返し，ブロードソードを大佐に向かって投げつけた．ジョン・プリングルもまた軍人らしい物腰であった．これが，アダム王子とジョン王子は戦いの技能を育むだろうとヒュームが主張する根拠であった．ヒュームは，自分は平和の技能を育むと言った．デイヴィッド王子は，彼の王国を守るために，ほかの王子の一人に対してもう一人に向かっていくための補助金を与えるだろう．アダム王子とジョン王子が長引く戦いで疲れ果てた後，デイヴィッド王子が最終的に三つの王国すべての統治者になるだろう．

後世の人々はアダム・ファーガソンをどちらかというと礼儀正しく扱った．まさしく，彼の墓を散歩する哲学者の記憶にとどめられないかもしれない．まさしく，エジンバラ大学の学生は，ファーガソン・ホールが並外れた知性と公共心をもった以前の教授の名を冠したものだと覚えていないかもしれない．しかし，彼の死後200年がたち，真価の分かる学者がアダム・ファーガソンに関する記事を書き，ファーガソンの仕事は理論を超えて現実的な問題にまで及ぶと書き留める．そこで，私は，アダム・ファーガソンと同じように記憶にとどめられている学者は実のところほとんどいないときまり悪く認めざるをえない．ここにお詫び申し上げる．

私の同情は，自己憐憫と化した．私は，今から2世紀後に人々は私のエッセイや本を読むかどうかを知りたいと思う．私くらいの年齢のとき，ファーガソンはその時代の最高の哲学者や最高の経済学者と親友であり，文化的変容に寄与した．ファーガソンは，彼のもっとも世に知られた研究書を発表したばかりであり，すでに「エルシュ語で伝道された説教」，「舞台演技の道徳規範は真剣に受け取られる」，「気学

と道徳哲学の解析」を書いていた．私は，自分の砂時計にどれほど砂が残っているかを楽観視している．しかし，アダム・ファーガソンほどはなさそうである．ファーガソンは，93歳で亡くなる1週間前まで健康的で生き生きとした生活を送っていた．

学者は，自分の成果が図書館に保存されるという事実に慰めを見出す．しかし，英国でのファーガソンの同時代人であるサミュエル・ジョンソンによる見解は，単なる保存ではホルムアルデヒドの匂いとチョークの粉がつくだけであることを実証している．

> 公立図書館ほど人の希望が虚しいことを著しく確信させる場所はない．なぜなら，虚しい努力に何時間を費やしたのか，想像の中で未来に称賛されることを何度期待したか，いくつの彫像が立つのを虚しく眺めたか，何度，非現実的な転向に情熱を傾けたか，何度，機転で競争相手の相変わらずの汚名を喜んで使ったか，そして，自分の権威の少しずつの高まり，自分の命令の不変性，自分の力の永続性を喜ぶ野心が考えられることもなく，四方八方が壮大な巻数の骨の折れる熟慮と正確な質問の成果がひしめき，今や目録でしかほとんど知られておらず，学ぶことの虚飾を増やすためだけに保存されている壁を誰が見るだろうか．

> — サミュエル・ジャクソン，
> The Rambler, No.106 (1751年3月23日)，p.167

学者は，読んでもらい，考えてもらうことを望む．そのほとんどは，読まれることなく世間から忘れ去られるだろう．私もこの声なき大多数に加わるのだろうか．

少数派に属するよりも，多数派に属する可能性のほうが高い．多数派が大きくなればなるほど，そこに属する確率は高くなる．人口は指数関数的に増加していて，亡くなった人を思い出す生きている人の能

175. 忘れ去られた哲学者としての名声

力はほぼ変わらないから，忘れ去られた者は将来的にはますます十分な代表権を有するであろう．過去の暗闇は幾何級数的に増加する．それに比例して，この凍えるような影から逃げられる希望は小さくなる．

それにもかかわらず，私はそこから抜け出すことを計画している．アダム・ファーガソンへの見当外れの同情は，正しく評価され続けるための第一歩に変わりうる．その企ては，次のような私の墓碑銘から始まる．

　　ロイ・ソレンセン，ここに眠る．彼は，そのパラドックスに
　　よって，長く記憶にとどめられるであろう．

私のパラドックスによって私が長く記憶にとどめられるならば，この墓碑銘は真実である．それはそれでよしとする．数理統計の論法が予測するように，私が長く記憶にとどめられないのならば，私の墓碑銘は冷やかに自己論駁しているようである．

大聖堂の墓地でファーガソンを悼んだ運命を私が自ら招く真意はどこにあるのかと疑問に思うかもしれない．その答えは，私の墓碑銘が神話の不死鳥と類似していることにある．私の墓碑銘は，その灰の中から復活することになる．それがどのように行われるかをみるには，哲学者，たとえば，私の親友の曾孫の孫娘がこの墓碑銘を発見するが私のことは記憶にないとしよう．彼女は，この墓碑銘が偽であると結論する．実際，私を覚えていないというまさにそのことによって，この墓碑銘は偽となる．彼女は，私の墓碑銘の哀れな自己論駁的本質に感銘を受ける．親友の曾孫の孫娘は，ほかの曾孫の孫にこの痛ましい墓碑銘のことを話すだろう．

このように後世に墓碑銘を読んだ者は，記念碑は注意深く作られるべきだという教訓を引き出すだろう．エイブラハム・リンカーンのように安全策を講じたほうがよい．リンカーンの有名な「ゲティスバーグの演説」には次のような控えめな一節がある．「われわれがここで

述べることは，世界はさして注意を払わないでありましょう，また永く記憶することもないでしょう．しかし彼らがここでなしたことは，決して忘れられることはないのであります．[訳注 101]」

　ゲティスバーグの演説は，何百万人にも読まれ続けた．時代を越えて生き残ることで，リンカーンはうれしい方向に自身を論駁した．

　そうすると，忘れ去られることを予測し，そちらにも手をうっておいたほうがよくないだろうか．ジョン・キーツは，イタリアでの墓標に悲観的な次の言葉を彫り込むことを求めて，詩人としての名声を高めた．「ここに眠る者，その名は記憶されず」

　取り締まろうとする者は，死後に正しく評価されることを予測するすべての者への教訓として，私の墓碑銘を差し押さえるだろう．おそらく，目立たないが長い時間をかけてしかるべき報いを受けた忘れ去られた哲学者として，私は悪名を得る，もしくは有名にさえなるだろう．

　いつか，私のような気性をもつ誰かが，ロイ・ソレンセンが忘れ去られたことを思い出す者はいないと気づくだろう．なぜなら，ロイ・ソレンセンが忘れ去られたことを誰かが記憶にとどめているならば，ロイ・ソレンセンは忘れ去られているはずだからである．結局のところ，記憶は必然的に真実をもたらす．忘れ去られた者は誰であっても記憶にとどめられていない．私は，記憶にとどめられることも，とどめられないこともできない．私の言葉はこの矛盾に跳ね返り，背理法によって，はるか未来に及ぶまで愉快なほど響きわたる．

　私の墓碑銘に自己論駁が現れることは，それ自体が自己論駁である．私の墓碑銘は，一種の二重否定によって，自己充足する予言になる．

　この不死鳥現象は，いつもうまく機能するというわけではない．栄光を求める者は，ときには取り締まりに直面する．紀元前 355 年，拷

[訳注 101] 邦訳は高木八尺/斎藤光共訳『リンカーン演説集』（岩波書店，1957）による．

175. 忘れ去られた哲学者としての名声

問されたヘロスタラトスは，自分の名前を広めるためにエフェソスにあるアルテミス神殿を全焼させたと告白した．エフェソスの人々は，ヘロスタラトスの名を歴史から抹消すると法令で定めた．

あきらかに，この取り締まりは失敗した．歴史家テオポンポスは，ヘロスタラトスに言及することで，エフェソスの法令を無駄に終わらせた．しかし，うまくいかなかった取り締まりの例に慰めを見出すべきではない．失敗したもみ消し行為は，熱心な取り締まりを過小評価させるような偏りのある標本になっている．

幸いなことに，私の墓碑銘は，放火行為ではない．取り締まりは，無害な衒学をやめさせようとまではしない．私の構想を本当に脅かすのは，恒久的な無関心である．私の墓碑銘が十分に広まらなければ，その心理学的効果を得にくい．

私の友人は，パラドックスはそれが認識されなくても存在しうるという意見によって私を慰めてくれた．ネルソン・グッドマンのグルーのパラドックスは，彼がそれを発見する前からパラドックスであり，そのことを忘れ去られた後もパラドックスでありつづけるだろう．墓碑銘のパラドックスは，プラトン学派の天国において適切な場所を永遠に保持する抽象的な対象である．

そう，これはある程度の慰めにはなる．しかしながら，サミュエル・ジョンソンのほこりっぽい蔵書に少し似すぎている．作家は，一般的に，彼らの作品が実際に後世の人々の心に遺産として残すことに心を動かされる．ローマの詩人ホラティウスは，単なる鉄や石で提供されるものに対して，この心の遺産を好意的に比較している．

> 私は遂に記念塔を
> 完成せしめた，青銅より
> 歴史に残る記念塔を ……
> エジプト王を記念する

ピラミッドよりも高い塔を……

それは雨にも犯されず,

年月がたち,時を経ても,

手のつけられない北風にも,

この記念碑は崩れまい.

私が死んでも,残るだろう.

私の仕事の大部分は

リビティーナ(死神)を避けるだろう.

そして,私は,新しく

後の評価を受けるだろう. [訳注 102]

少し大げさすぎるよ,ホラティウス.あなたは完全に死んでいる.
そして,私はあなたとともに進もう.あなたが実際になしえたこと
は,同志となる人類との何千年にも及ぶ素晴らしい関係性である.こ
の価値ある結びつきは,不朽の名声をほのめかすことで補強する必要
なない.

そして,ホラティウス,あなたは危険を冒した.あなたの詩が低く
評価されたならば,あなたの詩ではなく虚栄心が記憶にとどめられた
ことだろう.正しく記憶にとどめられることは重要である.そう,私
の墓碑銘は,同じような危険にさらされるかもしれない.しかし,そ
の自惚れがパラドックスとしてその目的には不可欠である.墓碑銘の
パラドックスをとことん考える者は誰でも私が死ぬまで仕事に捧げて
いたことに気づくだろう.

もちろん,その間にすべきことはたくさんある.私は,評判を広め
なければならない.もっと具体的に言えば,私の墓碑銘が広くそして
復元力のあるさまざまな形式で伝えられることを確実にしなければな
らない.私の墓碑銘が新聞のお悔やみ欄担当者の仕事をどれほど軽減

[訳注 102] 邦訳は鈴木一郎訳『ホラティウス全集』(玉川大学出版部,2001)による.

175. 忘れ去られた哲学者としての名声

させるかに注意しよう．彼らは，私の死に人間くさい一面を加えるための風変わりで面白い逸話を見つけるのに骨を折る必要はない．彼らの表明が哲学的傾向に自信を与える．したがって，私は，私の死を彼らが歓迎することを期待する．こうして，熱心なお悔やみ欄担当者は，私が未来の歴史家と出会うことを部分的に助けてくれるだろう．

　私の墓碑銘は，心の安寧を私にもたらす．1874年，ルイス・キャロルは，散歩をしているときに「そう　かのスナークはブージャムだったのさ[訳注103]」という一節を思いついた．キャロルはこの一行に意味を与えることはしなかったが，作詩を進めるため，いやむしろ，逆行させるための着想を得て，まさにこの一節で終わる叙事詩を作った．これは，ルイス・キャロルのような論理学者にとっては自然なことである．結論は，それを最初に規定して，前提に向かって逆向きに考えることで，もっとも簡単に証明できる．あきらかに，キャロルの『スナーク狩り』はナンセンス詩である．私は虚無主義者ではないので，私の最後の言葉は文字通り結論となるように機能してほしい．私は，墓碑銘を先に決めて，死から逆向きに私の人生を計画することができる．したがって，私は，人生の全工程が妥当であることを導く前提と補題に忙殺されている．

[訳注103] 邦訳は高橋康也訳『スナーク狩り』（新書館，2007）による．

♀♀♀ 解答 ♀♀♀

はじめに

解答 1： 砂.

解答 2： その人の砂山から少量の砂粒と取り除く．彼に残った砂山をもう一度数えるように頼む．彼の数えた数にあなたの取り除いた砂の数を加えたものが元の砂粒の数に等しければ，それは彼が正しく砂粒を数えている証拠になる．このような検査に彼が繰り返し成功するならば，砂粒の数について彼の言うことは正しいと信用することができるだろう．

解答 3： エルキュール・ポアロの助手ヘイスティングズ大尉を思い出させる．「それがどちらかといえば奇妙な問題だと分かる．しかし，どちらかといえば奇妙な人物がそれを知りたいのだろう．」この世界には有限種類の原子しかないと仮定しよう．そして，それぞれの個体は，どのような組み合わせであれ，ある原子の組み合わせと同じであると仮定する．このことから，原子の組み合わせとぴったり同じ種類の個体があることが導かれる．n 種類の原子があるならば，$2^n - 1$ 種類の組み合わせがある．n としてどのような数を選んだとしても，$2^n - 1$ は奇数である．それゆえ，あなたがいる世界は奇数である．

あなたが存在することは，この世界の原子が 0 種類である可能性を除外する．0 は偶数である．（偶数は 2 で割ると余りがでない．0 を 2 で割ると 0 に等しく，余りはない．）したがって，何もない世界を論

理的に除外することができなければ，世界は偶数であったかもしれない．これを除外することは，「なぜ何もないのではなく，何かがあるのか」の前提に意義を唱えることになる．

$2^n - 1$ の公式は，0 種類の原子の場合でも成り立つことに注意しよう．$2^0 = 1$ である．べき乗は掛け算の繰り返しではない．べき乗は，数をどれだけ拡大するかを定める．拡大することができない，すなわち 0 乗は，もとの数と同じ大きさになるだけである．

解答 4： 「無数」は，そのクラスの構成要素の性質というよりも，そのクラスの性質である．5 フィートを超える男性のクラスが無数なのであって，それぞれの構成要素が無数なのではない．トマス・アクィナスは，「唯一」を使った食い違いの例を示している．

人間は唯一，理性的である．
ソクラテスは，人間である．
ソクラテスは唯一，理性的である．

一つ目の前提で，「人間」はそのクラスを指定するために使われている．人間のクラスは，理性的な構成要素をもつことにおいて唯一である．したがって，「唯一」は，その構成要素ではなくクラスを修飾している．

バートランド・ラッセルは，「存在する」が「無数」と同じような働きをすると論じている．「人間は存在する」は，人間のクラスに少なくとも一人の構成要素があると述べている．ラッセルによれば，「存在する」はそのクラスの構成要素に適用することはできない．「ソクラテスは存在する」と言うと，実際には「プラトンとクセノポンによって詳細に擁護された人間のクラスには，少なくとも一人の構成要素がいる」ことを意味する．

解答 5: 屋根は明日に修理される.

3. 歌に隠されたメッセージ

隠されている結論は「私は私の赤ちゃんである」だ.

4. ありがたい本の呪いの言葉

解答 1: 証明には,n 羽より多い鳩が n 個の巣に入らなければならないならば,少なくとも 2 羽の鳩が同じ巣に入らなければならないという鳩の巣の原理を用いる.巣を,最長の本の単語数以下の可能な単語数とする.最長の単語数よりも多くの本があるのだから,単語数(鳩の巣)よりも多くの本(鳩)がある.したがって,少なくとも 2 冊の本は,同じ単語数の「巣」に入らなければならない.

解答 2: この証明も,鳩の巣の原理を用いる.同じ単語数をもつ本は禁じられているのであるから,最大の単語数よりも多くの本がある唯一の可能性は,0 単語の本がある場合である.単語を含まない本は,無に関する本である.

5. 反例に耳を傾ける

答: 静寂(Silence).

静寂を聞くことは,音の欠如をうまく知覚するということだ.それは,音を聞くのをしくじったのではない.耳の不自由な人は静寂を聞くことができない.

静寂を聞くことは,聞くことの失敗から音の欠如を推論しただけではないのか.そうではない.怪我をして耳が不自由になってしまうかもしれないと心配する戦士は,静寂を聞くことができる一方で,彼が

静寂を聞いているかどうかについてははっきりとしない．彼は，静寂を聞きたいと願っているが，静寂を聞いてると信じているわけでも信じていないわけでもない．

6. ショーペンハウアーの知能試験

都会の狭い通りにひびきわたる真に地獄の物音，鞭の音を告発せざるをえない．これは人生からあらゆる静寂と思慮をとりあげる雑音だ．鞭をならすのが天下ごめんであるということほど，人類の愚鈍と無思慮についての明確な概念をわたしに与えるものはない．このぴしっという物音はとつぜん鋭くひびき，頭脳を麻痺させ，いっさいの思慮を切りさいなみ，思想を殺す．[訳注 104]

特別な場合として鞭の音を選び出すとは，ショーペンハウアーの洞察力は鋭い．なぜなら，この音は，人間によって作り出された最初の衝撃音波だからである．鞭は，音速の壁を超える最初の人工物であった．

この衝撃音波のタイミングは，物理学者をまごつかせる．なぜなら，この衝撃音波は，鞭の先端が音速の2倍の速さで移動するときに生じる．なぜ，それより前の，鞭の先端が音速の壁を最初に超えたときではないのか．最新の計算では，鞭の先端は物音を立てていないことが分かる．鞭のぴしっという音は，鞭の先端ではなく，鞭に沿って移動する環状部分から生じているのである．

9. 生死にかかわる問題

おそらく，あなたはハーバード大学医学大学院の同僚と協議したほうがいいだろう．1982年に，エイモス・トベルスキーは，半数の医者

[訳注 104] 邦訳は秋山英夫訳『ショーペンハウアー全集 14』（白水社，1973）による．

には手術の1ヶ月生存率が90％だと言った．この前提の下で，84％の医者が放射線治療よりも手術することを勧めた．トベルスキーは，残りの半数には，最初の1ヶ月に死亡する確率が10％だと言った．すると，こう言われた医者の50％だけが手術することを勧めた．

しかし，待たれよ．この二つの言明は論理的には同値である．一方は，「生存」という語を用いて楽観的に構成されている．もう一方は，「死亡」という語を用いて悲観的に構成されている．

私があなたに提示した統計値を「修正」したとき，私は単に肯定的に構成された言明を，それと同値で否定的に構成された言明に置き換えただけである．すなわち，あなたが得られる情報を私は変更したわけではない．したがって，あなたが完全に理性的であれば，これで考えを変えるべきではない．

しかし，あなたが完全に理性的ではないならば，自分自身について，最初の提言についての自信を揺るがす何かを学んだのかもしれない．

10. 不可識別者同一の原理

マックス・ブラックは，うりふたつの球体以外には何もない宇宙を想定した．このような完全な対称性の下で，この二つの球体を識別することはできないだろう．

完全な双子がありうるというブラックの結論に哲学者の大多数は同意するものの，ブラックの反例に疑う余地がないかどうかについては興味深い議論がある．たとえば，イアン・ハッキングは，その状況が非ユークリッド空間にある一つの球体という再解釈も可能だと言っている．ブラックが一方の球体からもう一方の球体への移動と語ったことを，ハッキングは空間を一回りして最初と同じ球体に戻る移動だと言い直したのだ．

11. 識別不可能な錠剤

錠剤 A をもう 1 錠追加する．4 個の錠剤をそれぞれ半分に割る．すると，① ① ① ① のようになる．それぞれの錠剤の左半分を飲む．これは，錠剤 A を 1 錠と錠剤 B を 1 錠を飲むことと等価である．翌日，残りの半分を飲む．あとは，通常の飲み方に戻ればよい．

このような問題を解くための経験則の一つは，あなたのいるところとあなたのいたいところの類似点を増やすというものだ．これは，丘に登ったり，黒板を消したりするやり方である．だが例外もある．シャツのボタンを掛け違ったとき，全部のボタンを留めると，一つだけボタンが余る．あなたにできるのは，シャツのボタンを全部外してから，もう一度留め直すことだけである．識別不可能な錠剤の問題は，どちらの錠剤かが分からなくなったということだ．したがって，もう一度見分けたいという衝動にかられる．しかし，答えは，もう一つ別の錠剤を混ぜるということである．

12. クローバーと千鳥の見分け方

あなたは無理をしてその違いを見分けようとするかもしれないが，蜂には見分けることができる．この問題とそれに関連する問題は，物理学者であり発明家でもあるロバート・W・ウッドによって，『鳥と花の見分け方』（1907）の中で解答が示された．

ロバート・ウィリアム・ウッド
『初心者のための花鳥類学マニュアル改訂版』より

　この本は,『動物の類似体』(1908)とともに,(「自然のペテン師についての論争」の一部分としての)擬人化された自然の描写による風刺である.

　また,ウッドはN線の偽りを暴いた.ルネ＝プロスペル・ブロンドロは,N線がX線と同じように一種の放射線であると主張した.フランスの物理学者だけがこの新しい現象を検出することができたので,ネイチャー誌はブロンドロの研究室を視察するためにウッドを派遣した.ウッドは,実演が行われている間にN線の装置から絶対必要となるプリズムをこっそりと抜き取った.フランス人はそれでもまだN線を観測しつづけた.

　ウォルター・ブルーノ・グラットザーの『ヘウレーカ！ ひらめきの瞬間』によると,ウッドは「雨の日になると,そっと見つからないように金属ナトリウムの小片を水たまりに落とし,同時に水たまりに唾を吐いて,黄色い炎の爆発を起こしてボルティモアの人々をびっくりさせたりした.[訳注 105]」

[訳注 105] 邦訳は安藤喬志/井山弘幸共訳『ヘウレーカ！ ひらめきの瞬間：誰も知ら

13. 論理学者の感情の範囲

エリカが生まれた数分後にエヴァが生まれた．エリザベス・キューブラー＝ロスは，三つ子の姉妹だったのである．

15. 暗殺の証明

それはネロの後継者である．次の皇帝はガルバであった．しかし，セネカは，ガルバを殺すことはできないと主張したのではない．ガルバは，彼を殺そうとするネロの意向を運よくかわしたにすぎない．セネカは，次のように論理的に主張したのだ．「あなたがいくら多くの者を死に追いやろうと，あなたの後継者を殺すことはできない．」セネカの主張は正しかった．しかしながら，ネロが後継者に追いやられる前に，ネロはセネカを死に追いやることに成功した．

16. 後継者の後を継ぐ方法

アメリカ合衆国の歴史の中で，自分の後継者の後を継いだもう一人の大統領は，ベンジャミン・ハリソンである．このパズルはアメリカ合衆国の大統領の知識が要求されるようにみえるが，解答するのに十分な情報が問題中に与えられている．ベンジャミン・ハリソンは，彼の後継者の後を継いだ．なぜなら，彼の後継者はグローバー・クリーブランドだからである．ハリソンは，クリーブランドの1期目の後に，大統領に選出された．ハリソンは，一度だけしか大統領になっていないが，彼の後継者の後を継いだのである．

なかった科学者の逸話集』（化学同人，2006）による．

17. すべての論理学者が聖人ではない

解答 1： 狼とキャベツを残して，山羊を運ぶ．山羊を向こう岸に下ろしたら，戻って狼かキャベツのどちらか，たとえば狼を運ぶ．狼を向こう岸に下ろしたら，山羊を連れて戻る．これでキャベツを向こう岸に運ぶことができる．なぜなら，キャベツと狼を一緒にしておいても安全だからである．キャベツを向こう岸に下ろして船を空にしたら，最後に山羊を連れて河を渡る．

解答 2： 3人の食人種の問題を解くためには，まず食人種全員を河の向こう岸に連れていく必要がある．これは，求める状態とまったく逆の状態である．初期状態をできるだけ目的の状態に近づけよという経験則を覆さなければならないのだ．

18. ルイス・キャロルに垣間見る『メノン』の奴隷少年

ベンジャミン・ジョウェットの翻訳（1865）にある『メノン』の図（84b–d）を見れば，答えはすぐに分かる．

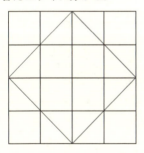

『メノン』の図

斜めになった正方形の面積は，大きい正方形のちょうど半分である．正方形を半分にするもっとも単純な方法は，その4個の角を正方形の

中心に折りたたむと考えることである．4個の角は中心でぴったりと合うから，斜めになった正方形の面積は，大きい正方形のちょうど半分になる．

キャロルのなぞなぞは，どうすれば正方形の面積を2倍にできるかというソクラテスが奴隷少年に提示した問題の逆である．

少年は，分からないと答える．しかし，ソクラテスが対話によって考えを引き出すと，少年はどうすれば正方形の面積が2倍になるかを発見する．この奴隷少年がこれまでに幾何学を学んだことはないとメノンは知っているので，ソクラテスは，この名もなき少年が生まれる前にこの知識を手に入れたと推論する．ソクラテスは，たんに少年が答えを思い出すのを手助けしただけである．幾何学は，誰しもがすでに知っていることであるから，教えられないのである．

19. 古参科学者

確実にこの古参科学者は正しい．その理由は，いかなる不可能性の表明も，ある可能性の言明と同値だからである．「p が不可能である」というのは，「p が不可能であることはありうる」と同値，すなわち，$\sim\Diamond p \leftrightarrow \Diamond\sim\Diamond p$ ということだ．したがって，クラークは不可能性の言明には低い確率を割り当て，可能性の言明には高い確率を割り当てなければならない．クラークの二つの確率の割り当て方がともに正しいということはありえないのだ．

$\sim\Diamond p \leftrightarrow \Diamond\sim\Diamond p$ の同値性の証明：$\sim\Diamond p \to \Diamond\sim\Diamond p$ は，何であれ現実に起きていることは起こりうるという原理から導かれる．

$\Diamond\sim\Diamond p \to \sim\Diamond p$ は，何であれ起こりうることは必ず起こりうるという原理，すなわち $\Diamond p \to \Box\Diamond p$ から導かれる．（これは，よく知られた様相論理体系 S5 を特徴づける論理式である．）この論理式の対偶は，$\sim\Box\Diamond p \to \sim\Diamond p$ である．あることが必然でない，すなわち $\sim\Box$ という

のは，そのような場合ではない可能性がある，すなわち ◇〜 というのと同値である．したがって，この対偶は，◇〜◇p → 〜◇p と書き換えることができる．

　これら二つの条件式を合わせると，〜◇p ↔ ◇〜◇p という同値が成り立つ．

21. エミリ・ディキンスンのハチドリ

　ハチドリの卵を部屋の隅に置くと安全である．ボウリングの玉は大きいので，小さなハチドリの卵に触れることはない．

23. うっかり者のテレパシー

　すべての三つ組を取り除き，もとの三つ組それぞれの一文字だけを変えた三つ組で置き換えることによって，あなたの選んだ三つ組は確実に見つからない．

　あなたには，あなたの選んだ三つ組がないことは分かった．しかし，また，そのほかの五つの三つ組もないことは見落とした．すなわち，すべての三つ組がない状況を作り出す（そして，よく似た三つ組に置き換えることですべての三つ組がない状況を隠した）ことで，あなたの選んだ三つ組がない状況を作り出したのである．ある三つ組がないことを見るのは，その三つ組を見落とすことではない．あなたはほかの三つ組を見落としたのではなく，それらがないことを見なかったのである．

24. 順序の不在と不在の順序

　弾倉を回すべきではない．鍵となるのは，銃弾は隣り合った弾倉にあるという事実である．弾倉の無作為な回転は，順序の不在を伴うが，

338　♀♀♀ 解答 ♀♀♀

不在の順序は保たれる.

　次の表のそれぞれの行は，相手が引き金を引く前の拳銃のとりうる 6 通りの状態を表す.

1	銃弾	銃弾				
2		銃弾	銃弾			
3			銃弾	銃弾		
4				銃弾	銃弾	
5					銃弾	銃弾
6	銃弾					銃弾

　相手が引き金を引いても弾は出なかったので，1 番目と 6 番目の場合が除外される. これで，それらの間にある 4 通りの場合が残る. あなたが弾倉を回さなければ，次は右隣の弾倉へと進む. このとき，2 番目の場合だけが死に至る. したがって，弾倉を回さないならば，あなたに弾が当たる確率は 1/4 である. あなたが弾倉を無作為に回せば，死に至る確率は 2/6 に戻ってしまう.

25. 不在者の無視

　TNWOENTYTLHEITNTEGRS には 20 文字しかないので，そこから 20 文字を取り除くと何も残らない. しかし，TWENTY LETTERS に含まれる文字を取り除くと NOTHING という語が残る.

　私はなんとしてでも，あなたにこのなぞなぞを解いてもらいたいのだ.

26. 子供耐性

解答 1:　必ずそうなる. 球面の等しい幅の輪切りの表面積は等しくなるので，子供たちは同じ量の表面がもらえることがすでに確実に

なっている．そう，とにかく，私の妻が焼くような理想的なパンがあるとしよう．「パンの皮を味わうとき，すべての星や天空を味わっているのだ」（ロバート・ブラウニング）

解答2： プールの直径は100メートルである．タレスの定理を用いると，円に内接するどのような直角三角形においても，その斜辺は円の直径になる．言い伝えによると，これを発見した最初の哲学者は，感謝のしるしとしてアポロンに牡牛を捧げたという．そう，彼こそが，すべては水であると論じることで形而上学を始めたタレスである．

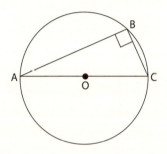

解答3： 見つけ出すことができる．硬貨に1から9までの番号をつける．まず，硬貨1，2，3と4，5，6を秤に載せる．これが釣り合わなければ，偽金は軽いほうのグループにある．これが釣り合えば，偽金は秤に載せなかった3枚の硬貨の中にある．

疑わしい硬貨の範囲を3枚に絞ることができたので，1回目と同じ原理を2回目にも使うことができる．それぞれの皿に1枚の硬貨を載せ，それが釣り合わなければ，軽いほうの硬貨が偽金である．これが釣り合えば，残った硬貨が軽い偽金でなければならない．

アポステリオリな推論からアプリオリな推論に切り替わるとき，心地よい解放を感じる．この心地よさは万国共通である．J.E.リトルウッドは，同じようなパズルによって，第二次世界大戦中に1万科学

者時間の労働が無駄になったと見ている.「これをドイツに投下するという提案があった」

27. ウィトゲンシュタインの平行四辺形

ルートヴィヒ・ウィトゲンシュタインはこれを認めるだろう.しかし,ウィトゲンシュタインは,長方形が二つの平行四辺形と二つの三角形からできているというあなたの証明を小さな子供は詭弁的とみなすと考える.証明:

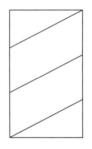

子供にはこれらの成分から矩形を組合せることに気付くのはむずかしく,平行四辺形の二つの辺が一直線をつくるのに驚くであろう.この平行四辺形は傾いているのだが. ── かれには,矩形がいわば魔法によってこれらの図形から生まれるように思われるかもしれない.なるほど,それらの図形が矩形をつくることは認めなければならないが,トリックによって,奇妙な並べ方で,不自然な方法でなされている.

私はつぎのように想像することができる,子供は二つの平行四辺形をこのやり方で並べて,このようにうまく合うのを見ても,自分の目を信じない.〈それらはうまくそのように合うようには見えない.〉また,人がつぎのようにいうのを想像できる.それらの平行四辺形が矩形を与えるようにみえる

のは，まったく手品による —— 実際それらは自分の性質を変
えた，それらはもはや平行四辺形ではないのだ，と．[訳注 106]
　　　　—— ウィトゲンシュタイン『数学の基礎』第一部，§50

32. もっとも公平に分配されたモノ

　「良識はこの世で最も公平に分配されたものである．というのも，だ
れでもそれを十分に備えていると思っているので，他のどんなことに
もなかなか満足しない人でさえも，自分がいま持っている以上を決し
て望まないものだからである．[訳注 107]」（ルネ・デカルト『方法序説』）

35. 食器洗い当番が見落としたこと

　私用と彼女用の二組のトランプを用いる．彼女は自分のトランプの
束から，私に分からないように同じ枚数の赤札と黒札からなる部分集
合を選ぶ．私も自分のトランプの束から同じように選ぶ．その二つの
部分集合を一つにしてよく混ぜる．ジョーカーを，選ばれなかった残
りの札の束の上に置く．このジョーカーは，その上に混ぜ合わせた札
の束を置いたときに，隠れた境界になる．これで，いつジョーカーが
現れて束が終わりになるのかを二人とも予見できない．

36. 発展的自滅

　コディは，TOO COOL TO DO DRUGS と刻印された鉛筆を削って
いくと，いつかは COOL TO DO DRUGS（ドラッグをきめるのはイカ
す）になることを見つけた．それをさらに削っていくと，DO DRUGS

[訳注 106] 邦訳は中村秀吉/藤田晋吾共訳『ウィトゲンシュタイン全集 7』（大修館書
店，1976）による．
[訳注 107] 邦訳は山田弘明訳『方法序説』（筑摩書房，2010）による．

（ドラッグをきめろ）になる. そして, もう少し削ると, DRUGS（ド
ラッグ）になる.

37. 抜き打ち試験

答: 翌日（火曜日）.

なぜなら, 次の小テストが水曜日ならば, それは, 火曜日には小テス
トは行われない（その確率は 5/6）のと, 水曜日には小テストが行
われる（その確率は 1/6）という二つの事象が同時発生しなければな
らないからである. あとの日になればなるほど, その日に次の小テス
トが行われる確率は小さくなる.（次の小テストが今から 100 日後に
行われるとしたらとんでもないことだろう.）問題は, それぞれの日に
6 の目が出るかどうかではなく, 次に 6 の目が出るのはいつかという
ことである. 次の小テストがいつ行われるかは, その日のサイコロの
目に一部依存するが, その日までに何が起きたかにも一部依存する.

38. グレシャムの法則を強要する[原注 38]

「混在」という札が貼られている容器から銀貨を 1 枚取り出して調
べる. その銀貨が銀であれば, その容器は実は「銀」の容器だったも
のである. したがって, その容器に「銀」の札を貼る.「非銀」の札が
貼られた容器も正しくないのだから, それは「混在」の容器でなけれ
ばならない. そして, 残った札を残った容器に貼る.

調べた銀貨が銀でない場合も,「銀」と「非銀」が入れ替わることを

[原注 38] エリザベス女王は, 劣化したシリング硬貨が代わりに使われたのち, なぜ
英国の古いシリング硬貨は消えてしまったのかとトーマス・グレシャム卿に尋ね
た. 1558 年の女王の即位に際して書かれた手紙では, 女王の金融代理人であるグ
レシャムは悪貨は良貨を駆逐すると説明した. 硬貨が法定通貨と同じ価値である
が,（たとえば価値のある金属といった）別の視点からは価値が異なるとき, 価値の
低い硬貨が支払いに使われる. 価値の高い硬貨はため込まれるのだ.

除いて，まったく同じ手順を実行すればよい．

40. 一番不精な背理法

　少なくとも引き分けにもちこめる．スヴェトスラフ・サブチェフは，Mathematical Miniatures（2003）の中で次のように証明した．矛盾を導くために，黒が勝つことの保証された戦略があると仮定する．その戦略を知った仮想的な相手である白は，自分のナイトを1手動かしたあと元の位置に戻す．これで，白は後手である黒と同じ状態になる．すると，両方に必勝戦略があることになる．しかし，これは矛盾である．したがって，白は少なくとも引き分けにもちこむことができる．

41. 旅のエア連れ

解答 1:　その確率は1/2である．私は，空想の友人を正反対の方角から国防省の正5角形の建物に向かって歩かせる．私と友人には，正5角形の2辺ではなく3辺が見える確率は同じだけある．

解答 2:　その確率は1である．私が山に登る際に，空想の友人は山を降りてくると想像してみよう．その友人はその道のどこかで私と出会うことになるはずである．

42. 双子都市の競争

　双子のほうが先にセントポールに着く．双子の姉妹がそれぞれ一輪車を置く場所でもう一人が来るのを待つならば，ソロの論証は理にかなっている．しかし，彼女らは一輪車を下りたあと，歩いている．このようにして稼いだ距離が，セントポールへと近づく割合を増加させる．

344   ♥♥♥ 解答 ♥♥♥

44. 名前当て

解答 1 :　5 人めの娘の名前は「テオグニス」である．テオグニスの
父親は，ディオドロス・クロヌスである．

解答 2 :　看護教員の以前の生徒は，外科医の夫だった．夫が以前の
生徒だったので，看護教員はその名前を覚えていた．その少年の名前
が父親の名前と一致したので，看護教員はその少年がジェイク・ジュ
ニアだと推測した．

解答 3 :　問題の最初の行にあるように，彼の名前はアンドリュー
(And Drew His Name) である．

解答 4 :　夫の名前は「クルト・ゲーデル」である．「クルト・ゲーデ
ル夫人の夫の名前」の中にある自己参照に注意すること．

解答 5 :　答えはあなたの名前である．パイロットはあなたである．

50. 言語の獄舎

　簡単なことである．出入り口を歩いて通るか，窓によじ登ればよい．
扉も窓もないのだから，あなたを妨げるものは何もない．
　この謎かけは，ルートヴィヒ・ウィトゲンシュタインのメタ哲学に
ふさわしいパロディーになっている．ウィトゲンシュタインは，哲学
者は言語の混乱が作り出した偽りの監獄を打ち立てているにすぎない
ととらえた．そこには哲学的な問題はなく，ただ擬似問題があるだけ
だというのだ．
　言語学的な観点から言うと，この謎かけは，「扉」と「窓」における
面白い両義性を利用している．それぞれの言葉は，開いている空間を

意味することも，その空間を満たす物を意味することもある．開いている空間には何もないのだから，一つの言葉によってまったく異質の「物」を表しているのだ．

51. バイリンガルのユーモア

解答 1：　アメリカ人．

解答 2：　卵 1 個で un oeuf（＝enough（十分））だから．

53. 大文字の発音[訳注 108]

そのような言語のひとつに英語がある．詠み人知らずの詩「ヨブ（Job）の仕事 (job)」は，それを実証している．

8 月に，威厳のある族長が
August　　　august
[ɔ́:gəst]　　[ɔ:gʌ́st]

マサチューセッツ州レディングの広告を読んでいた
　　　　　　　　Reading　　　　　　　　reading
　　　　　　　　[rédiŋ]　　　　　　　　[rí:diŋ]

長い間病気であったヨブは，仕事を確保した
　　　　　　　Job　　　job
　　　　　　　[dʒóub]　[dʒʌ́b]

それは山積みのポーランドの真鍮を磨くこと
　　　　Polish　　　　　　polish
　　　　[póuliʃ]　　　　　[páliʃ]

この詩人は北米出身ではないかと思われる．なぜなら，彼の二つ目の例「ハーブ（Herb）の薬草 (herb)」は英国式の発音では同じになってしまうからである．

薬草店の店主，名前はハーブ，
herb　　　　　　　　　　　　Herb
[hə́:b]　　　　　　　　　　　[hə́:rb]

[訳注 108] 本項目には適宜英語および発音記号を添えた．

もっと雨の降るレーニア山に引っ越した.
rainier   Rainier
[réiniər]   [rəníər]

それがニースだったらどんなによかったか,
Nice   nice
[níːs]   [náis]

そして, タンジールだったら, もっと匂ってさえいただろう.
Tangier   tangier
[tændʒíər]   [tǽŋiər]

54. 論理的に完璧な言語

書面にすると自動的に曖昧さがなくなり, 謎かけではなくなってしまう. what は 4 文字の単語, for は 3 文字, which は 5 文字, yet は 3 文字であり, 一方, it は 2 文字だけ, rarely は 6 文字, never は 5 文字である.

文末のピリオドは, この文が平叙文であり, 疑問形ではないことを示している. 書かれた英文では, 単語が使用されているのではなく言及されていることを明確にするために引用符をつけなければならない. カンマは, 語のグループ化を表している. 句読点は何世紀にもわたって段階的に導入されてきた. プラトンは, 書き物による哲学よりも口述による哲学を好んだ.

その理由のひとつは, プラトンの時代のギリシア語の文章には単語を空白で分けるというような現代的な区切り方がなかったことである. それはよみにくかったにちがいない

57. 片目を閉じる

解答 1: 条件に合う数は 43 だけである. 彼は, $43^2 = 1849$ 年に 43 歳であった. したがって, 彼は $1849 - 43 = 1806$ 年生まれである. マーチン・ガードナーは, Augustus De Morgan が O Gus, tug a mean surd! (おおガス (オーガスタスの愛称) よ, さもしいぼんくら

を引っ張れ！）のアナグラムであると指摘した.

解答 2：　あなたが 1980 年生まれならば, 2025 年には 45 歳になるだろう. 2025 は 45 の平方である. あなたが 2070 年生まれならば, 2116 年には 46 歳になるだろう. この年は, 本書発刊 100 周年である. そして, あの世からわずかながら賛辞を送ろう. この古いパズル本を見つけたあなたの学識を称賛する.

59. 18 頭目のラクダ

　若い裁判官は, 父親の遺言はうまく定義されていないと裁定した. $1/2 + 1/3 + 1/9$ は, 1 よりも小さい. （これで, 老裁判官の計算では 18 頭目のラクダを含めたり, 余ったりしたかを説明できる.）正当な相続では, 遺産は完全に分配されなければならない. 息子たちは, 遺言検認裁判所で自分たちの取り分について争うしかなかった.

　どちらの裁定のほうがよいだろうか. 老裁判官は, 混乱した論争者全員が公平と認める割り算にするために, 正しくない計算を用いた. 息子たちは, 3 人が平等に扱われたと判断し, 和解して引き下がった.

　2 人目の裁判官は, 人の些細な弱点に頼ることはなかった. 彼は, 父親の遺言にある数学的な欠陥を露呈させた. これで, 遺産相続は相次ぐ訴訟となった.

　ある日, 若い裁判官は, 18 頭目のラクダの話を耳にした. 仕事のあと, 彼は老裁判官の静かな庭を訪れた. 若い裁判官は, 老裁判官にその間違いを根気よく説明した. 老裁判官は落日を満喫するために向きを変えると, 真理と平和に関するユダヤのことわざを言い換えてみせた.「正当性のあるところに平和なく, 平和のあるところに正当性なし」

61. 0のやりくり

解答 1： ポテイトーズ（Pot 8 o's）.

解答 2： アボットは背後からコステロを蹴飛ばし，コステロは「オォ！」と大声で叫んだ．

64. 何事も可能なのか

そうではない．何事も可能だとしたら，あることが不可能だと証明することも可能である．そして，あることが不可能だと証明することが可能であれば，必然的に，あることは不可能である．

この論証を使うと，「統計を使って何でも証明できる」にも反論できる．（マーク・トウェインは，この主張が英国のベンジャミン・ディスラエリ首相によるものとしている．）

無傷でいられるのは，マルクス・アウレリウスの次の警句である．「物事があなたには困難に見えるからといって，それを成し遂げることが誰にも不可能だとは考えるな．」将軍たちは，砂漠，沼地，強力な緩衝国などの難攻不落に思える障壁を元にして防御を作る．防衛者の侵犯を想像する能力のなさは，創意工夫の欠如に起因する．創意工夫のない思想家が，この欠点を晒すことはない．彼は，ただ障壁上で守りを固めるか，もっと想像力のある思想家を雇うことで埋め合わせをするだけである．

「何でも可能だ」が嘘だというのは，悪いことばかりなのだろうか．そうではない．活発なよちよち歩きの子供は，息を止めても自殺することはできない．

原理的には，幼児は，浴槽の排水管に吸い込まれないと知ることから安心感を得ることができる．しかし，経験から言えば，幼児の手を小さな排水口に当てて吸い込まれないことの実演してはいけない．

67. 無自制はイカれているのか

J.L. オースティンは，1956 年の小論「弁解の弁」において，非常に影響力のある反例を提示した．

> 私はアイスクリームに対してはまったく目がない．ハイ・テーブル [教師用食堂] にいる各人に一切れずつゆきわたるようにボンブ [アイスクリームの一種] が切り分けられている．私は二切れを自分のものにしたい誘惑に駆られ，実際にそうしてしまう．したがってこの場合，誘惑に屈し，(必ず，と言うことはできないであろうが) おそらくは，私の原則に反してさえいるのである．しかし，この場合，私は自制心を失っているのであろうか．私はアイスクリームをむさぼり食べているのであろうか．私は皿からアイスクリームの小片を奪うようにとって，同僚の驚愕をものともせずにペロリとたいらげているのであろうか．そのようなことはまったくない．われわれはしばしば，静かに，そして時には気品さえ漂わせて誘惑に屈することがあるのである．[訳注 109]

69. ルイス・キャロルの豚のパズル

解答 1： 賢くて若い豚は，決して風船には乗らない．

解答 2： PIG, BIG, BAG, BAY, SAY, STY.

解答 3：

6	8
0	10

[訳注 109] 邦訳は坂本百大監訳『オースティン哲学論文集』(勁草書房，1991) による．

このように豚を配置すると，キャロルの要求を満たす．北西の豚小屋から巡回を始める．北東の豚小屋に歩を進めると，8 は 6 よりも 10 に近い．そこから南東の豚小屋に進むと，10 は 8 よりも 10 に近いことが分かる．そこから南西の豚小屋に進むと，10 自身よりも 10 に近いのは皆無（0）である．そして，北西の豚小屋に進むと，6 は 0 よりも10 に近いことが分かる．

70. 小から大へ行ったり来たり

ONE OCTILLION とタイプするまでにおおよそ 3 垓（3×10^{20}）年かかる．これで大きく（LARGE）拡げることができたので，ここから単語の梯子を使って小さく（SMALL）戻れるだろうか．もちろん，できる．しかし，単語の梯子を降りるので，下に着くまでの道のりは長い．

LARGE
SARGE
SERGE
VERGE
VERSE
TERSE
TENSE
TEASE
CEASE
CHASE
CHOSE
CHORE
SHORE
SHARE
SHALE
SHALL
SMALL

♔♕♔ 解答 ♔♕♔

71. 滑りやすい坂を途中まで下りる

解答 1: 足掛かりは午後1時である. 滑りやすい坂の論証は, $n = 29$ の段階で正しくない.

解答 2: 加速による滑りやすい坂の議論の二つ目の前提は直感的である. 物体がある一定の速度で移動しているならば, それをもうひと押しして, もっと速く動かすことができる. このひと押しを繰り返すことで, 物体をどんな速度にも加速することができる.

アルバート・アインシュタインは, $n = 299{,}792{,}458$（真空中での光速）のときに二つ目の前提が正しくないことを示した. アインシュタインは, 加速の最善の理論に速度制限を埋め込むことによって, 反例を成立させたのだ.

73. 常軌を逸した量

答: 25匹. 最初の漁師は, 1匹を取り除いて, 3で割り, $24/3 = 8$ 匹を取り分とした. 残りは, $24 - 8 = 16$ 匹になる. 彼は, ほかの二人の漁師が翌朝にこの偶数匹の魚を二等分すると考えた. 2番目の漁師は, 1匹を取り除いた15を3で割り, $15/3 = 5$ 匹を取り分とした. 残りは, $15 - 5 = 10$ 匹になる. 彼は, ほかの二人の漁師がこの10匹を二等分すると考えた. 3番目の漁師は, 1匹を取り除いた9を3で割り, $9/3 = 3$ 匹を取り分とした. これで6匹の魚が残った. 残念ながら, これらの魚は引き取り手がない.

彼らのやり方は公正だがお粗末である.

75. もっとも離れている首都

ヒントの答: その解であることを除いて一意.

謎かけの答： ほかのどの首都からももっとも離れた首都はない．記録によれば，オーストラリアの首都キャンベラとニュージーランドの首都ウェーリントンが引き分けになる．この二つの首都は互いに2,318 キロメートル離れている．しかし，バートランド・ラッセルが確定記述の理論において強調しているように，the は一意性を伴う．一意性を支持する the を強調することができるので，「ウェーリントンはもっとも南に位置する首都（the most southernmost capital city）である」は正しい．しかし，キャンベラもウェーリントンも，「もっとも離れた首都（THE most remote capital city）」という強調による判定に合格しない．

the の一意性は，マーク・トウェインの『アーサー王宮廷のコネチカット・ヤンキー』の語り手によって味付けされる．

> この肩書きは，ふとしたことからある日，村で一人の鍛冶屋の口から出たものだった．それがなかなかいい思いつきだということになって，口から口へと伝わり，みんな笑いながら賛成の一票を投ずることになった．それで十日もすると，その肩書きは国じゅうに広がってしまい，国王の名と同じくらいよく知られるようになった．それからというもの，わたしはそれ以外の呼び名では知られなくなった．国民たちのする噂話の中でも，また枢密院で行われる国政に関する厳かな討議の中ででもだ．その肩書きというのは，現代の言葉に翻訳すれば，「ザ・ボス」ということになるだろう．国民によって選ばれた称号だ．わたしにはふさわしいものだった．そしてじつに崇高な称号だった．ほんらい普通名詞であるものを固有名詞として用いられる例はごくわずかしかないが，わたしはその中の一人となった．もし人が，公爵がとか，伯爵がとか，司教がとか言った場合，それがいったい誰を指している

のか相手にわかるだろうか？しかし，王さまがとか，王妃さ
まがとか，ザ・ボスがとか言った場合は，ちゃんとわかった
のだ．[訳注 110]

77. 予言者を予言する

答： 正しくない．スクリブンは，予言者と回避者がすべての必要な
データ，法則，計算能力を同時に手に入れると仮定している．デビッ
ド・ルイスとジェイン・リチャードソンは，これに正しく異議を唱え
ている．

> 予言者がその予言を完了するために必要な計算の量は，回避
> 者が行う計算の量に依存し，回避者が予言者の計算を繰り返
> し終えるために必要な計算の量は，予言者が行う計算の量に
> 依存する．スクリブンは，要求関数が両立する，すなわち，
> 予言者と回避者それぞれが行える計算の量のある対で，それ
> ぞれの計算量は相手の計算の量が与えられたときに計算を終
> えるのに十分であるようなものがあることを当然とみなして
> いる．

　言い換えると，「予言者と回避者はともに，それぞれの計算を終え
るのに十分時間がある」ことに関してスクリブンは言葉を濁してい
る．この文を読むと，どのような回避者に対しても予言者は計算を終
えられ，どのような予言者に対しても回避者は計算を終えられるのは
正しいことになる．しかしながら，両立性の前提から，予言者と回避
者がお互いに対して計算を終えられると読み取ることは誤りである．

[訳注 110] 邦訳は大久保博訳『アーサー王宮廷のヤンキー』（角川書店，2009）によ
る．

354   ♚♚♚ 解答 ♚♚♚

79. 偏りのある硬貨で公平な硬貨投げ

　可能である．硬貨を2回投げることによって，その偏りを帳消し
にすることができる．ジョン・フォン・ノイマンは，論文 Various
Techniques Used in Connection with Random Digits (1951) の中で，
そのアルゴリズムを提示した．

1.　硬貨を2回投げる．
2.　それらが同じ面（両方とも表か，両方とも裏）ならば，ステップ
　　1からやり直す．
3.　表裏の順に出た場合は，表とみなす．裏表の順に出た場合は，裏
　　とみなす．

81. 氷上のウィトゲンシュタイン

答：　息を吹く．

87. 無限チェス

解答 1：　引き分けの規則を調べて，最大手数を計算しようとした数
学者もいた．ステイルメイトは，強制的に引き分けになる規則である．
あなたには，引き分けを宣言する権利と義務がある．これは，オース
トラリアの投票する権利に似ている．それは，投票する法的義務があ
るのだ．しかし，そのほかの引き分けの規則は，米国の投票のような
ものだ．投票する権利はあるが，投票する法的義務はない．50手ルー
ルは，どちらかのプレーヤーに引き分けを宣言する権利を与える．し
かし，その権利を行使する必要はない．連続王手による千日手および
同形三復の規則についても同じことがいえる．

解答 2：　できない．詰むためには盤の縁が必要である．この例に

よって，チェス盤の形状の重要性が具体的に示されている．

88. 2分間の無限論争

答： どちらか一方が勝つ必要はない．私の議論のやり方は，正午より前の時点で起きることを規定しているだけで，正午に起きることではない．この論争の記述は，その一連の応酬が続いている間だけを扱っているのであり，その一連の応酬が終わった後については何も示していない．この議論は引き分けでさえない．矛盾しているように見えるのは，私の前提の不完全さによって生じた幻影である．

89. インド式討論競技会

答： 大きなトーナメント図を書けば解くことができる．しかし，単純な解法は，勝者ではなく敗者に焦点を当てることだ．それぞれの対戦で敗者が一人生まれる．したがって，$29 - 1 = 28$ 回の討論が行われなければならない．

90. 負けるが勝ち

答： 修道僧の助言は，互いの馬を交換するというものだった．ヤシの木にあとに着いた馬の持ち主に賞金が与えられるのだから，遊牧民には今や相手の馬を早くゴールに着かせるという目標ができた．

92. アラビアのロレンス，ヒョウに首輪をつける

なぜヒョウは隠れることができないのか．なぜなら，つねに目星をつけられているから．

どのようにしてヒョウはその点を変えるのか．ほかの場所に移動す

ることによって.

どのようにしてヒョウに首輪をつければよいか. 十分に注意を払って, ロレンスの時代に一般的であった答えを実行する.

93. 橋桁のない橋

解答 1: まず, 橋桁のある橋を建てる. それから橋桁を取り除く. その橋が崩れ落ちるのにある場所がほかの場所に比べて多くの理由があるわけではない. したがって, この橋は, 無差別の原理により宙吊りになる.

無差別は, 理由としてあまりにも乏しく見えるかもしれない. しかし, 「なぜ地球は落ちないのか」にどう答えるかを考えてみよう. 地球が落ちるのにある方向がほかの方向に比べて多くの理由があるわけではないというアナクシマンドロス (紀元前 610–546) の答えに, あなたは同意するだろう.

天文学者は, 土星の輪の安定性を説明する思考実験として, この地球を取り囲む橋を使った. それは, 土星の輪がどのようにして回転するかも説明した.

これは, そもそも土星の輪がそこにどのようにできたのかに答えていなかった. しかし, 本当の困難はその構造を作り上げることだというのを分からせた. 一度できあがってしまえば, それを支える根拠は不要なのである.

解答 2: 約 2 インチ (約 5 cm) である. 周長は $2\pi r$ で与えられる. r_e を地球の半径とし, r_b を橋の半径とする. 橋の周長は, 地球の周長に 12 インチ (2 フィート) を加えたものに等しい. すなわち, $2\pi r_b = 2\pi r_e + 12$ インチ である. 右辺は $2\pi(r_e + 12/2\pi)$ に等しい. 両辺を 2π で割ると, $r_b = r_e + 12/2\pi$ が得られる. それゆえ, 半径の

差は $r_b - r_e = 12/2\pi = 1.9$ インチ である.

96. 牛痘伝染問題

スペイン国王は, 22 人の孤児で構成した伝染の連鎖を用意した. 最初の二人の少年に牛痘を接種した後, 22 人の少年は植民地に向かう航海に出た. 彼らの腕の皮膚からは, 次の二人の少年に感染させる液体がにじみ出る. (用意周到な冗長性に注意のこと. 連鎖はもっとも弱い鎖よりも弱いので, 滑りやすい坂の論証が失敗する傾向にある.) このやり方がうまくいった. 10 年間で, 牛痘はスペイン帝国全体に広まり, それよりもひどい病気である天然痘への抵抗力を生み出した.

この孤児たちはどうなったか. 彼らは, その貢献に対する褒美として, 植民地の家族の養子となった.

97. カントの手袋

カントは, 左手の手袋は右手にはぴったり合わないと言った. しかし, これは, カントが手袋を剛体として理想化したために成り立つのである. 左手用の柔軟な手袋は, カチコチではない. 内側を表に引き出して, 右手にぴったり合う形状にすることができる. この柔軟性を利用して, 手袋の別の使い方が可能になる.

二組の手袋を重ねてはめる. 最初の手術を行う. 外側の手袋を外し, それをとっておく. 2 番目の手術を行う. とっておいた手袋を裏返し, それを汚れたもう一方の手袋の上にはめる. この操作は手術で汚れた二つの側を接触させるが, あなたの手を消毒された状態に保つ. また, 裏返した手袋の残りの (当初は内側であった) 消毒された側を 3 番目の手術に使うことができる.

106. アプリオリな受動的ごまかし

買い物客と八百屋は，どちらも嘘を言っている．買い物客は，幾何学的関係を線形関係として扱うという自発的な誤りで口火を切る．直径が半分の円は，4分の1の面積しかない．小さな束二つには，大きな束に含まれるアスパラガスの半分の量しかない．値段は半額にするのが正当であろう．それを同じ値段で売るだけでは満足せず，八百屋のおばちゃんは，二つの束のほうがアスパラガスが多いと主張して，誤りに気づかない買い物客からさらに金をむしり取った．

道徳上の問題は，どこまで八百屋のおばちゃんは許されるかである．八百屋のおばちゃんが値段は同じであるべきという買い物客の結論を受け入れただけならば，彼女はアプリオリなごまかしに受動的に関わったことになる．彼女は，買い物客の計算間違いを正すのを差し控えた．しかしながら，小さい束のほうがアスパラガスが多いと主張したとき，八百屋のおばちゃんはアプリオリなごまかしに能動的に関わったのである．

まさしく，買い物客は，この嘘を捕まえるのに必要となる資質をすべて持ち合わせている．したがって，問題は，カントが八百屋のおばちゃんに対して道徳的に異議を唱えるかどうかである．

107. クレタ島再訪

本当のことを言っているのはクレタ人 108,309 である．各人の発言は，それぞれそのほかの発言と両立しない．したがって，真な発言はちょうど一つしかない．それは，クレタ人 108,309 が言っていることである．したがって，すべてのクレタ人が嘘つきであるというのは偽である．

♀♀♀ 解答 ♀♀♀   359

109. 石には何も書かれていない

　誤りである．なぜなら，石には何かが書かれているからである．実際，石には「石には何も書かれていない」と書かれている．この碑文は自己論駁文である．

　真理を追求する者として，私は，次のような文が彫られたものを探した．

　　　‘Nothing’ is written in stone.

　この文は，Nothing という単語が石に書かれていると述べている．この文が石に書かれていたとしたら，それは自己論駁文ではなく自己充足文であろう．この謎かけは，言葉の使用と言及の間の違いをうまく例示している．また，自己論駁文が自己充足文のように見えることも示している．通りがかりの者は，この文が自己論駁文か自己充足文のいずれかであると確信できるが，そのどちらであるかは分からない．

110. 自己実現的かつ自己破滅的な予言

　ありえる．なぜなら，一つの発話が異なる言語行為を構成しうるからである．異なる言語行為は，異なる基準によって格付けされる．予言は，その正確性だけで評価される．警告は，正確性と有用性によって評価される．したがって，警告は，有用性の基準では自己破滅的であり，正確性の基準では自己実現的になることがありうる．

　気象予報士が「深夜，津波によって沿岸に死者が出るだろう」と警告したとしよう．この警告のせいで，野次馬はその波を見ようとわざわざ出むく．そして，何人かが溺れ死ぬ．気象予報士の発言は，警告としては裏目に出ることによって，予言としては的中している．

111. 哲学者の陳情

　筋は通っている，しかし，辛うじてであるが．この動議の反対派は，この提案が矛盾しているとして異議を唱えた．ある候補者がほかの候補者全員の身元を知ったとしたら，残りの候補者はほかの候補者全員の身元を知りえない．一人の候補者に情報を提供しつづけることは，ほかの候補者に情報を提供しつづけることと相容れない．これは相互認識可能性に失敗している．

　実際には，それぞれの候補者にほかの候補者全員のことをあらかじめ知らせるという陳情書は，まったく矛盾しているわけではない．ただ，この陳情書からは，候補者は一人もおらず，提案された候補者も一人もいないことが導かれるだけである．

　すべての管理職務は虚構だと考える形而上学的無政府主義者は，この陳情書を一貫して支持するだろう．陳情書の存在について心配しなければならないことを除いては．

113. 演繹に関するハンディキャップ

課題 1 の解：　1 番目の課題はいかなる制約もないので，自由に反例を探してよい．たとえば，オックスフォード大学の図書館には，ある汎化からほかの汎化を推論するような演繹の例が記載された論理学の教科書があるだろう．

　　すべての辞書編纂者は人間である．

　　すべての人間は哺乳類である．

　　それゆえ，すべての辞書編纂者は哺乳類である．

　また，その教科書には特称文からほかの特称文を推論する演繹もあるだろう．

　　サミュエル・ジョンソンは辞書編纂者である．

サミュエル・ジョンソンには鼻がある.

それゆえ，サミュエル・ジョンソンの鼻は，辞書編纂者の鼻である.

課題2の解： 「P, それゆえ, P」という形式の演繹は,「すべての演繹は全称から特称へと推論し, すべての帰納は特称から一般へと推論する」という原理に対する反例になるだろう. この前提と結論の間の一般性に違いはない. しかしながら, 実際に OED は説得力のある論証だと文句を言う人がいるかもしれない. 多くの人は, 循環論法は合理的に誰も納得させることはないと信じている. 実際, 一部の人は「P, それゆえ, P'」は論証でさえないと断言する. それは, 再表明である.

こうしたことに対して, 次の論証を考える.

　　一部の演繹的論証は, 一般から特称へと推論することはない.

　　　　それゆえ, 一部の演繹的論証は, 一般から特称へと推論することはない.

前提と結論において一般性に違いはないので, この演繹は, それが具体例を挙げて説明されていると主張する性質そのものの実例になっている. したがって, この論証は,「P, それゆえ, P」の形式の具体例であるにもかかわらず, 合理的な説得力をもつ.

課題3の解： それでは, いかなる前提も用いることなしに一般性の神話に反論しよう.

課題2の解を念頭に置いて, 次のような前提のない論証を考えてみよう.

　　それゆえ, すべての演繹的論証は一般から特称へと推論するか, または, すべての演繹的論証が一般から特称へと推論す

るというわけではない.

　論理学の定理が結論となるような任意の論証は妥当な論証である. この演繹には前提がないので, 一般前提から特称結論を推論することはできない. これはこの結論の一つ目の選択肢に対する反例であり, 二つ目の選択肢に対する例なので, この論証は, トートロジーの形式をした結論が示唆することよりも情報を提供する.

114. 論理的侮辱

　パウリはこの話を次のように続けた. 「そして, ツェルメロは甲高い声で得意気に話した. 『しかし, みなさん, これは非常に簡単です. フェリックス・クラインは数学者ではないのです.』」 パウリはこの逸話に「ゲッチンゲンではツェルメロへの教授職の申し出はなかった」と脚注を加えている. 20世紀初期のドイツの教授よりも知識をひけらかしていると見られる危険を冒しても, このジョークをさらに説明しよう. ツェルメロは「嫌い」を「好きではない」すなわち, 好くことの欠如と解釈する. 好くことの欠如は, 関節を鳴らす音を私が好きでないように, 嫌悪はなくてもよい. また, ツェルメロは, フェリックス・クラインが数学者ならば, ゲッチンゲンの数学者であると仮定する. この論証は, 破壊的な二律背反によって次のように進む.

　　フェリックス・クラインが数学者ならば, 彼は次の二つのグループのいずれかに属する.

　　フェリックス・クラインは好むが自分たちは嫌うことを行う数学者

　　自分たちは好むがフェリックス・クラインは嫌うことを行う数学者

　　フェリックス・クラインが前者に属するならば, フェリック

ス・クラインは彼が好み，かつ，嫌うことを行う．これは矛盾している．

フェリックス・クラインが後者に属するならば，フェリックス・クラインは彼が嫌い，かつ，好むことを行う．これは矛盾している．

それゆえ，フェリックス・クラインは数学者ではない．

115. 論理的謙遜

答：　ツォルンのレミング．

118. ありなのか，そして，ありではないのか

答：　蜂．

説明：　オスのミツバチは，禁欲によって生み出される．メスの働き蜂を作るには，女王蜂は交配によって精子を蓄積し，それを卵に与える．オスの蜂を作るには，女王蜂は卵を受精させないようにする．このオスの蜂は，女王蜂のクローンである．ミツバチにとって，性別はうわべだけの特徴である．同じことがエンゼルフィッシュにも当てはまる．エンゼルフィッシュは，社会変化や環境変化に応じて性別を変える．ミツバチは，秩序正しい家系を保っている．さらにその血筋はフィボナッチ数列 $0, 1, 1, 2, 3, 5, 8, 13, 21, 34, 55, 89, 144, \ldots$ に従う．

	父母	祖父母	曾祖父母	高祖父母	五世祖父母
オス蜂	1 匹	2 匹	3 匹	5 匹	8 匹
メス蜂	2 匹	3 匹	5 匹	8 匹	13 匹

119. ロブスターの論理

答: (パチンと挟むような) 手厳しい反撃.

122. 聖書の数え上げ

ほとんどの人は「2」と答える. しかしながら, 実際には, 彼らはノアがそれぞれの種類の動物を2頭ずつ箱舟に乗せたと信じている. モーゼの幻惑に魅せられた人たちは, 信じていないことを主張する. 彼らは嘘をついていないのだろうか.

128. 非論理的硬貨蒐集

歯車は回ることができない. 歯車が適切な大きさだったとしても, 奇数個の歯車を輪になるように噛み合わせると回らない. それぞれの歯車はそれに隣接する歯車を逆向きに回すことが問題である.

この膠着状態は, もっと少ない歯車で簡単に見ることができる. 次の図のように配置された歯車を考えてみよう. 表面的には, これらはすべて回ることができるように見える. しかし, よく見れば, 実際には歯車は動かないことが理解できる.

ここで, あなたの心の眼を, 噛み合った4個の歯車を含む状況に集

中させよう．4個の歯車を組み合わせたものは回る．

噛み合った歯車が偶数個ならば回るし，奇数個ならば回らないというのが，この原理である．歯車の大きさや歯の数は問題ではない．この原理が，2ポンド硬貨に描かれた一巡する19個の歯車の膠着状態を動かぬものにしている．

138. 外れなしの数当てゲーム

外れることのない質問は次のとおり：「私の思い浮かべている数は1であるか，または，私の思い浮かべている数は2である．あなたの思い浮かべている数は私の思い浮かべている数より大きいか．」アボットが「はい」と答えたならば，彼の思い浮かべている数は3である．アボットが「いいえ」と答えたならば，彼の思い浮かべている数は1である．アボットが「分からない」と答えたならば，彼の思い浮かべている数は2である．

140. 最古のイスラム教寺院

イスタンブールにいたとき，私は，ハギア・ソフィア（アヤソフィア）が最古のイスラム教寺院だと言われた．当初，これは不可能であ

るような印象を受けた. いかにして, イスラム教寺院は, イスラム教よりも古くなりえたのか.

しかし, ものの年齢は, その記述が当てはまるようになった時期よりも古くなりうる. 月は, 時計が存在するより何十億年も前から地球の周りを反時計回りに公転している. 548年には「イスラム教寺院」という言葉はどのような建物も正確に記述してはいないにもかかわらず, ハギア・ソフィアのイスラム教寺院は548年に建てられた. (イスラム教が始まったのは, 610年になってからである.) ハギア・ソフィアのイスラム教寺院は, ビザンチン帝国の教会として建てられ, 1453年にイスラム教寺院に改修された. 古いイスラム教寺院の一覧は, 一般的にイスラム教寺院として建立された建物だけに限定されている. したがって, それらが建てられた日付は610年よりも後である.

143. 悲惨なトートロジー?

トートロジーではない. この文は, どことなくトートロジーのように思われるが, 実際には, 矛盾の底知れぬ深い穴に向かって猛スピードで進んでいる.

誰もが盗まれたのならば, すべての盗みを行ったのはわずか二人の盗人かもしれない. 盗人がたった一人ということはありえない. なぜなら, 盗人は自分自身から盗むことはできないからである. 自分自身から盗むのは不可能であるということは, 全員が全員から盗むのは不可能だということだ. 結論が矛盾していて前提が無矛盾だとしたら, その推論は妥当ではない.

しかしながら, その前の「所有という概念はすべて破壊された」という文が, 矛盾に陥る前に列車を脱線させる. なぜなら, 所有という概念がなければ, 盗まれるという可能性もないからである. 誰一人として盗まれることはない. 論証には意味のある前提と結論がなければ

ならない．したがって，前述の文は推論に頓挫している．

　この日記の内容は，乱暴な論理の傑作である．このベルリンの女性は日記を書く前にどれほど熟慮したのかを知りたいものだ．

144. 量化子を含む標語

答：　生.

149. 一文惜しみ

　もしあなたが1ペニーで入札したら，相手は2ペニーで入札するかもしれない．このとき，あなたは2ペニーしか手に入らない．あなたが19.99ポンドで入札したら，あなたはほぼ確実にこの入札で勝利するが，実質的に1ペニーしか手に入らない．

スコットランド人の解：　もっとも賢いのは，10ポンドで入札することだ．これで，少なくとも10ポンドのもうけが保証される．相手がこれよりも高く入札すれば，相手はその入札金額を払わなければならない．相手は20ポンド紙幣を獲得するだろうが，実質のもうけは10ポンドよりも少ない．

ヨークシャー人の解：　スコットランド人の解にどのような強みがあったとしても，10ポンドが最良の入札額ではない．なぜなら，9.99ポンドで入札しても，10ポンドは保証されるからである．9.99ポンドのほうが1ペニー余計にもうかる．

150. プラトンの言葉遊び

答：　「閹人（去勢された男）が葦の上にとまっている蝙蝠をよくは

見ないで，軽石を投げつけ損なった」[訳注 111]

151. チェス問題の問題

　最古のチェス問題は，チェスよりも古い．チェスよりも前に，さまざまな駒のよく似たゲームがあった．シャトランジでは，ビショップの代わりに象が，クイーンの代わりに相談役（将）がいて，それぞれの駒の動きは異なる．しかしながら，ルーク，ナイト，キングは，現代のチェスと同じ動きをする．現存するシャトランジの問題の一つは，チェスとは異なる駒を含んでいない．このシャトランジの問題は，最初のチェス問題か，少なくとも，チェスよりも古いチェス問題である．それは，紀元前 840 年にまで遡る．白は 3 手で詰めよという問題である．

　チェスが消滅しても，現在のチェス問題は生き残れるだろう．

152. スパイの謎

　それは秘密である．

[訳注 111] 邦訳は山本光雄編集『プラトン全集 7』（角川書店，1973）による．

155. 言い逃れを逃がさない

　船長は，それぞれの船員に自分の硬貨の枚数を答えるように言った．船長は，その合計が実際の硬貨の枚数と一致しなければ，すべての硬貨を海に投げ込むと警告した．

158. 卵の行動主義

　その挙動によって見分けることができる．もっとも驚くべき違いは，茹で卵は独楽のように回るということだ．ケンブリッジ大学のキース・モファットは，卵とテーブルの表面の間の摩擦からジャイロ効果が生じると説明する．一部の運動エネルギーを位置エネルギーと交換することによって，卵の重心が上昇するのだ．モファットは次のように歌い上げる．

　　　固茹で卵を机に置いて
　　　できるかぎり早く回転させると
　　　極めて安定な歳差運動と回転の
　　　ベクトルの調和によって
　　　卵はその一端で立つ

　それとは対照的に，回転させても生卵の重心は上がらない．なぜなら，殻に対して流動的な内部が遅れをとるからである．しかし，生卵は，回転を中断されても，往生際が悪い．回転を止められた生卵は，それ自体で動き始める．残存する内部の乱流によって，揺動するのである．茹で卵は動かずにいる．

161. ガードナーの触れて解く問題

　Tの形になるように，一方の棒の先端をもう一方の棒の真ん中を触

れさせる．これで，二つの棒がくっついたら，先端で触れている棒が磁石である．そうでなけば，真ん中で触れている棒が磁石である．

162. 不慮の悪意

　ジョナサン・グラヴァー教授は私を落第させるだろう．グラヴァーは，次のような分割可能性原理を提唱している．「害が程度の問題であるケースでは，限界値以下の行為はそれが害をもたらす程度に応じて不正であって，感知できるほどの相違をもたらすために私の行為のような行為が百必要ならば，私はその感知できる害の百分の一をもたらした，というものである．[訳注 112]」限界値以下の行為には害がないとすると，それを集めた効果に対して脆弱になる．

　　昼食をとっている百人の無防備な村人からなる村を考えてみよう．百人の飢えた武装山賊がその村に下りてきて，彼らは銃でおどして，各人につき一人ずつの村人の昼食を取り上げて食べてしまう．山賊が引き上げると，各人は一人ずつの村人に，感知できるだけの害を与えたことになる．翌週山賊たちはまた同じことをする気になるが，そのような襲撃の道徳性について，新たに見いだされた疑念に悩まされる．だが彼らの疑念は，そのメンバーの一人によって静められる．彼は分割可能性原理を信じていない．山賊たちは今度は村を襲い村人をしばりつけ，彼らの昼食を見る．予想されたように，それぞれの皿は百粒のベイクトビーンズを含んでいる．その一粒から得られる快楽は識別可能な限界値以下である．先週のように山賊の一人一人が一皿を全部食べる代わりに，各人はそれぞれの皿から一粒ずつ食べることにする．彼らは豆を

[訳注 112] 邦訳は森村進訳『理由と人格』（勁草書房，1998）による．
[訳注 113] 同上．

すべて食べたあと引き上げる──各人はそれぞれの村人に限界
値以下の害しか与えなかったのだから，何の害も与えなかっ
たのだということに満足して，分割可能性原理を退ける人は
これに同意しなけばならない．[訳注 113]

──「私がそれを行うかどうかで違いは生じない」
（アリストテレス協会会議録補巻，1975）より

取るに足りない害になるものは，取るに足りない恩恵になる．ジョー
ジ・エリオットの『ミドルマーチ』は次のように結ばれている．

しかし彼女の存在が周囲の者に与えた影響は，数えきれぬほ
ど広くゆきわたっている．なぜなら，この世界の善が増大す
るのは，一部は歴史に記録をとどめない行為によるからであ
る．そして世の中が，お互いにとって，思ったほど悪くなら
ないのは，その半ばは，一目につかないところで誠実な一生
を送り，死後は訪れる人もない墓に眠る人が少なくないからで
ある．[訳注 114]

163. 100万桁乱数表の書評

右往左往するアリがいつまでも棒の上にいつづけるかどうかは，あ
なたを驚かせるもしれない．それぞれのアリに異なる色を割り当てる
と，分かりやすい．そして，衝突したアリは互いの色を交換すること
にする．これで，アリがもう衝突することはないことが分かるだろう．
その代わりに，25色に塗り分けられたアリがずっと同じ方向に進みつ
づけるのを見ることになる．1メートルの棒の端からもっとも遠くに
アリが置かれたとしてもその距離は1メートルである．100秒の間に，
一様に秒速0.01メートルで移動するそれぞれの「アリ」は棒から落ち

[訳注 114] 邦訳は工藤好美/淀川郁子共訳『ジョージ・エリオット著作集5 ミドルマー
チ II』（文泉堂出版，1994）による．

てしまうだろう．それゆえ，棒の上にアリがいなくなるまでの最長待ち時間は 100 秒である．

1898 年 5 月にパリから出された手紙の中で，オスカー・ワイルドはこう書いている．「卵からかえる前に，ひよこの数を数える人は賢明である．なぜならひよこはやたらと走り回るから，正確に数えることはほとんど不可能だからだ」[訳注 115]

168. 最小の類似性

これは組合せ論によって解くことができる．しかし，それもよりも簡単な幾何学的解法がある．

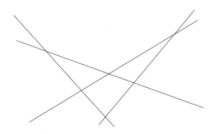

それぞれの直線を対象とすると，その性質は交点によって表現される．

169. 義理の兄弟の類似性

ジョン・ウィリアム・ハレルドは，1889 年 10 月 20 日にローラ・ワードと結婚した．ローラが亡くなったのち，ジョンはローラの妹サーロー・ワードと結婚した．1950 年にジョンが亡くなったとき，サーローはジョンの未亡人になった．したがって，1889 年に遡ると，ジョ

[訳注 115] 邦訳は鈴木晶/富山英俊/椹正行/保坂嘉恵美/葉月陽子共訳『性のペルソナ（下）』（河出書房新社，1998）による．

ン・ウィリアム・ハレルドは彼の未亡人の姉妹と結婚したことになる.
1889年には,ジョン・ハレルドがサーローと結婚することになるとは
誰も知らない.したがって,サーローをジョン・ハレルドの未亡人と
は表現する者はいないだろう.(ジョニー・カーソンが彼の新婦ジョ
アン・コープランドを彼の未来の元妻だと紹介したのと似ている.こ
れは正しいが少し自己充足的予言になっている.)

この謎かけが難しいのは,私たちが時間軸を遡るような記述を避け
るからである.私たちは,行為者の行いを説明するのに自己移入の方
法に頼っている.私たちは,行為者の立場で考え,行為者の時間と場
所から彼の行いを理解しようとする.ジョン・ハレルドにとって,彼
の未亡人の姉妹と意図的に結婚するのは難しかったであろう.

しかし,それは不可能ではない.男が若い女性と恋に落ちるが,彼
女は裕福な姉と疎遠になっている.どうすれば,男はその財産を彼女
に移すことができるだろうか.彼はその裕福な女性がすぐに死に,そ
の後すぐに彼も死ぬだろうと予想し,彼はその年上の女性と結婚す
る.彼はその妹に待つように頼む.その姉が亡くなる.彼は若い妹と
結婚する.そして,彼が死ぬ.その結果として,その若い女性に財産
が残る.

彼がこの若い妹ともうけた子供は,その父親をパパ叔父さんとして
記憶にとどめるだろう.

174. 最後から2番目の州

答: ニューハンプシャー州.ニューハンプシャー州はメイン州と隣
接する唯一の州であり,したがって,最後の一つ前として残しておか
なければならない.

謝　辞

　次の三つは，インディペンデント・オン・サンデー紙の文化欄から再構成したものである．「蝶は夢を見るか」(1998 年 11 月 22 日，p.3)，「より公正な食器洗いの分担に向けて」(1999 年 7 月 6 日，p.7)，「論理的帰結の耐えられない軽さ」(1999 年 1 月 24 日，p.3)．また，次の三つは当初マインド誌に掲載された．「楕円よりも卵が先」(101/403 (1992 年 7 月) 541–2)，「無自制の治療法」(106/424 (1997 年 10 月) 743)，「ルイス・キャロルの回文たっぷり」(109 付録 (2000 年 1 月) 17–20)．

　「予期しない最初の日の授業視察」は，学部の後輩に対する覚書として始まり，*Analysis* 53/4 (1993 年 10 月) 252 に掲載されるまでに昇格した．「忘れ去られた哲学者としての名声」は，*Philosophy* 77 (2002): 109–114 に発表した．「視覚の哲学」は，当初 *The Philosopher's Magazine* 42, 3 (2008): 31–9 に掲載された．そして，「中国式オルゴール」は，*Deutsche Zeitschrift für Philosophie*: (2011) 59/1: 61–3 に掲載された Das Chinesische Musikzimmer の英訳である．

　いくつかの項目は，ほかの記事と一部重複がある．「100 万桁乱数表の書評」は，'Yablo's Paradox and Kindred Infinite Liars', *Mind*, 107/425 (January 1998): 137–55 から取り込んだ．「最初の女性哲学者は誰か」は，'Borderline Hermaphrodites', *Mind*, 119 (2010): 393–408 の一節を取り込んでいる．「鏡映的真理値表」は，'Mirror Notation: Symbol Manipulation without Inscription Manipulation' (*Journal for Philosophical Logic*) 28 (April 1999): 141–64 の冒頭の題

材を使った.「スケール効果の哲学」は, 'Parsimony for Empty Space' (*Australasian Journal of Philosophy* 92/2 (2014): 215–30) のいくつかの段落を要約した.「必要な無駄」は, 'Simpler without a Simplest', *Analysis*, 71/2 (2011): 260–264 のいくつかの段落を再利用した. 最後に,「早すぎる説明飽和」,「平行四辺形の面積を求める」,「二人でフグを」は, 'Fugu for Logicians', *Philosophy and Phenomenological Research* 91/3 (2014) を 3 枚に下ろした.

上記の記事やその一部を再掲することを許可してくれた新聞, 雑誌, 専門誌の編集者に感謝する.

また, 初期の草稿を読んで意見をくれた C. フェリペ・ロメロとマックスウェル・ソレンセンにはお礼を言いたい. そして, 何より, 本書の執筆という長い旅を提案し, 旅の途中で軌道修正するよう連絡を入れ, 編集というタグボートによって港まで案内してくれたジョン・デイヴィーには感謝する.

訳者あとがき

本書は，Roy Sorensen 著 *A Cabinet of Philosophical Curiosities : A Collection of Puzzles, Oddities, Riddles and Dilemmas*（Profile Books, 2016 年）の翻訳である．

著者のロイ・ソレンセンは，ワシントン大学セントルイス校の哲学科教授である．原著の著者紹介は，次のように始まる．「ロイ・ソレンセンは，ケネディ大統領の演説原稿作成者であり友人でもあったテッド・ソレンセンの息子だとは，これまで一度も述べたことはなかった．なぜなら，それは真実ではないからである．」これを見て，この人はなんと正直な人だろうと感心された方は，本書をお読みいただくと同じように感心する話がゴマンと見つかるはずだ．一方，これを見て，この人は何をバカなことを言っているのだろうとあきれ返った方は，本書をお読みいただくと同じようにあきれるほどの楽しい話がゴマンと見つかるはずだ．

本書では，このようなソレンセン教授の蒐集した「教室の外で見つかる興味深い論理」が次から次へと紹介される．なんらかの関連のあるものが続くように並べられている部分もあるが，基本的にはどこから読み始めても楽しめる．そのような興味深い論理には，もちろん，スロバキアのハイ・タトラ山やローマのカラカラ浴場への旅行の際に蒐集されたものもあるが，家族や同僚との会話や，病院のポスター，そして，夢の中での出来事など，すぐ身近なことを発端とするものもある．さらに，ハリー・ニルソンやピーター・ポール・アンド・マリーな

どの歌詞や，モンティ・パイソンやアボットとコステロのコメディーから蒐集されたものもある．

　また，さまざまな文献から取り上げられた題材も数多くある．そのような文献の著者としては，古今東西の著名な哲学者だけに限らず，ルイス・キャロルやマーク・トウェインといった作家，スティーヴン・ホーキングやリチャード・ファインマンといった科学者，チャーチル首相やルーズベルト大統領といった政治家など枚挙にいとまがない．このような多岐にわたる文献の引用に加えて，言葉遊びや英語特有の表現に関する題材もあり，苦労しながらも大いに楽しんで翻訳させていただいた．

　翻訳に際して，原著者のソレンセン教授には，訳者の理解の足りない部分などいくつかの質問に対して，すぐに電子メールで返事をいただいた．また，「鄧析の助言」では，原著では Shih Teng と表記されている中国の思想家の漢字表記が分からず文献を探すのにも苦労していたが，拙訳『量子プログラミングの基礎』（共立出版，2017）の原著者 Mingsheng Ying 教授とそのご子息から，それが鄧析であるとご教示いただいた．演奏法に関する記述については，田邊千陽氏から貴重な助言をいただいた．そして，日本語版の編集にあたっては，共立出版の大谷早紀氏に大変お世話になった．これらの方々に感謝の意を表したい．

　読者も，身の回りに奇妙と感じる話を見つけたら，それを少しばかり深く掘り下げてみてはどうだろうか．それが書棚へと育ってゆくにつれ，蒐集の楽しみは倍増し，さらに広い世界を見渡すことができるはずだ．

2018 年春　訳者

〈訳者紹介〉

川辺 治之（かわべ はるゆき）
1985年 東京大学理学部卒業
現　在 日本ユニシス（株）総合技術研究所 上席研究員
主　著 『Common Lisp 第 2 版』（共立出版，共訳）
　　　 『Common Lisp オブジェクトシステム—CLOS とその周辺』（共立出版，共著）
　　　 『群論の味わい—置換群で解き明かすルービックキューブと 15 パズル』
　　　　　　　　　　　　　　　　　　　　　　　　　　　（共立出版，翻訳）
　　　 『この本の名は？—嘘つきと正直者をめぐる不思議な論理パズル』
　　　　　　　　　　　　　　　　　　　　　　　　　　　（日本評論社，翻訳）
　　　 『ひとけたの数に魅せられて』（岩波書店，翻訳）
　　　 『100 人の囚人と 1 個の電球—知識と推論にまつわる論理パズル』
　　　　　　　　　　　　　　　　　　　　　　　　　　　（日本評論社，翻訳）
　　　 『量子プログラミングの基礎』（共立出版，翻訳）
　　　 『スマリヤン数理論理学講義 上巻』（日本評論社，翻訳）
　　　 『対称性—不変性の表現』（丸善出版，翻訳）ほか翻訳書多数

哲学の奇妙な書棚 パズル，パラドックス， なぞなぞ，へんてこ話 原題：*A Cabinet of Philosophical Curiosities: A Collection of Puzzles, Oddities, Riddles and Dilemmas* 2018 年 4 月 25 日　初版 1 刷発行	訳　者　川辺治之　ⓒ2018 原著者　Roy Sorensen（ロイ・ソレンセン） 発行者　南條光章 発行所　**共立出版株式会社** 郵便番号 112-0006 東京都文京区小日向 4 丁目 6 番 19 号 電話 (03) 3947-2511（代表） 振替口座 00110-2-57035 番 URL http://www.kyoritsu-pub.co.jp/ 印　刷　加藤文明社 製　本　ブロケード
検印廃止 NDC 100, 031.7, 410.79 ISBN 978-4-320-00599-0	一般社団法人 　　　　　　自然科学書協会 　　　　　　会員 Printed in Japan

---

JCOPY 〈出版者著作権管理機構委託出版物〉
本書の無断複製は著作権法上での例外を除き禁じられています．複製される場合は，そのつど事前に，
出版者著作権管理機構（TEL：03-3513-6969，FAX：03-3513-6979，e-mail：info@jcopy.or.jp）の
許諾を得てください．

川辺治之 訳書

数学探検コレクション 迷路の中のウシ

I.Stewart著／川辺治之訳

著者は英国ワーウィック大学の数学教授で，サイエンティフィック・アメリカン誌に連載の『数学探検』を一冊にまとめた選集。パズル，ゲームや日常生活でみかけるテーマから空想科学小説に至るまで，それらの背後にある数学理論をわかりやすく紹介。

【A5判・276頁・並製・定価(本体2,700円＋税) ISBN978-4-320-11101-1】

数学で織りなすカードマジックのからくり

P.Diaconis・R.Graham著／川辺治之訳

数理奇術のカジュアルな入門書。数々の美しいトランプ奇術は，ギルブレスの原理およびその一般化を利用しているが，本書ではそれらの中でも最も見事なトリックを紹介する。一人でできる見事なトリックから，本格的な数学へと読者を導く一冊である。

【A5判・324頁・並製・定価(本体3,200円＋税) ISBN978-4-320-11047-2】

組合せゲーム理論入門 —勝利の方程式—

M.H.Albert・R.J.Nowakowski・D.Wolfe著／川辺治之訳

組合せゲームとは，三目並べやチェスなど，偶然に左右される要素を含まず，二人の競技者にはゲームに関する必要な情報がすべて与えられているようなゲームのこと。本書はこの組合せゲームおよびそれらを解析するための数学的技法についての入門書。

【A5判・368頁・並製・定価(本体3,800円＋税) ISBN978-4-320-01975-1】

スマリヤン先生のブール代数入門
—嘘つきパズル・パラドックス・論理の花咲く庭園—

R.Smullyan著／川辺治之訳

前半はスマリヤンの真骨頂というべき論理パズル集，後半はブール代数入門の二部構成。読者はパズルを解いていく感覚で本書を読み進めることで，ブール代数の基本的な定理を理解できる。

【A5判・224頁・並製・定価(本体2,500円＋税) ISBN978-4-320-01869-3】

(価格は変更される場合がございます) **共立出版** http://www.kyoritsu-pub.co.jp/